全国高等职业教育“十二五”规划教材
中国电子教育学会推荐教材
全国高职高专院校规划教材·精品与示范系列

可编程控制器实训项目式教程

张胜宇　主　编
张亦慧　冯明发　副主编

電子工業出版社
Publishing House of Electronics Industry
北京·BEIJING

内 容 简 介

本书根据教育部最新的职业教育教学改革要求，在深圳职业技术学院电信学院 PLC 课程教学组多年来的课程改革经验基础上，结合当前的企业成熟技术和应用经验进行编写。全书共 6 章设有 25 个实训项目，主要介绍 PLC 基础知识、PLC 基本指令、PLC 顺序功能图、PLC 功能指令、PLC 扩展模块，以及 PLC 与变频器等常用系统的设计和调试内容等。本书注重岗位技能训练，采用实训项目引导教与学，内容贴近行业企业职业技能要求，同时介绍许多实用性较强的技术资料、经验和技巧等，具有较强的可读性和趣味性，便于读者在高效率学习操作技能的同时掌握相关理论知识。

本书为高职高专院校电子信息类、自动化类、机电类、机械制造类等专业可编程控制器技术课程的教材，也可作为应用型本科、成人教育、自学考试、电视大学、中职学校和 PLC 培训班的教材，以及相关行业工程技术人员的参考工具书。

本书配有免费的电子教学课件、PLC 源程序、精品课网站及配套实训设备相关资料，详见前言。

图书在版编目（CIP）数据

可编程控制器实训项目式教程/张胜宇主编．—北京：电子工业出版社，2012.7
全国高职高专院校规划教材．精品与示范系列
ISBN 978-7-121-17493-3

Ⅰ．①可…　Ⅱ．①张…　Ⅲ．①可编程序控制器－高等职业教育－教材　Ⅳ．①TM571.6

中国版本图书馆 CIP 数据核字（2012）第 143260 号

策划编辑：陈健德（E-mail:chenjd@phei.com.cn）
责任编辑：郝黎明　　文字编辑：裴　杰
印　　刷：
装　　订：三河市双峰印刷装订有限公司
出版发行：电子工业出版社
　　　　　北京市海淀区万寿路 173 信箱　邮编　100036
开　　本：787×1 092　1/16　印张：16　字数：410 千字
印　　次：2012 年 7 月第 1 次印刷
定　　价：30.00 元

凡所购买电子工业出版社图书有缺损问题，请向购买书店调换。若书店售缺，请与本社发行部联系，联系及邮购电话：（010）88254888。

质量投诉请发邮件至 zlts@phei.com.cn，盗版侵权举报请发邮件至 dbqq@phei.com.cn。

服务热线：（010）88258888。

职业教育　继往开来（序）

自我国经济在 21 世纪快速发展以来，各行各业都取得了前所未有的进步。随着我国工业生产规模的扩大和经济发展水平的提高，教育行业受到了各方面的重视。尤其对高等职业教育来说，近几年在教育部和财政部实施的国家示范性院校建设政策鼓舞下，高职院校以服务为宗旨、以就业为导向，开展工学结合与校企合作，进行了较大范围的专业建设和课程改革，涌现出一批示范专业和精品课程。高职教育在为区域经济建设服务的前提下，逐步加大校内生产性实训比例，引入企业参与教学过程和质量评价。在这种开放式人才培养模式下，教学以育人为目标，以掌握知识和技能为根本，克服了以学科体系进行教学的缺点和不足，为学生的顶岗实习和顺利就业创造了条件。

中国电子教育学会立足于工业和信息行业，为行业教育事业的改革和发展，为实施“科教兴国”战略做了许多工作。电子工业出版社作为国家职业教育教材出版大社，具有优秀的编辑人才队伍和丰富的职业教育教材出版经验，有义务和能力与广大的高职院校密切合作，参与创新职业教育的新方法，出版反映最新教学改革成果的新教材。中国电子教育学会经常与电子工业出版社开展交流与合作，在职业教育新的教学模式下，将共同为培养符合当今社会需要的、合格的职业技能人才而提供优质服务。

由电子工业出版社组织策划和编辑出版的“全国高职高专院校规划教材·精品与示范系列”，具有以下几个突出特点，特向全国的职业教育院校进行推荐。

(1) 本系列教材的课程研究专家和作者主要来自教育部和各省市评审通过的多所示范院校。他们对教育部倡导的职业教育教学改革精神理解得透彻准确，并且具有多年的职业教育教学经验及工学结合、校企合作经验，能够准确地对职业教育相关专业的知识点和技能点进行横向与纵向设计，能够把握创新型教材的出版方向。

(2) 本系列教材的编写以多所示范院校的课程改革成果为基础，体现重点突出、实用为主、够用为度的原则，采用项目驱动的教学方式。学习任务主要以本行业工作岗位群中的典型实例提炼后进行设置，项目实例较多，应用范围较广，图片数量较大，还引入了一些经验性的公式、表格等，文字叙述浅显易懂。增强了教学过程的互动性与趣味性，对全国许多职业教育院校具有较大的适用性，同时对企业技术人员具有操作参考性。

(3) 根据职业教育的特点，本系列教材在全国独创性地提出“职业导航、教学导航、知识分布网络、知识梳理与总结”及“封面重点知识”等内容，有利于老师选择合适的教材并有重点地开展教学过程，也有利于学生了解该教材相关的职业特点和对教材内容进行高效率的学习与归纳总结。

(4) 根据每门课程的内容特点，为方便教学过程对教材配备相应的电子教学课件、习题答案与操作指导、教学素材资源、程序源代码、教学网站支持等立体化教学资源。

职业教育要不断进行改革，创新型教材建设是一项长期而艰巨的任务。为了使职业教育能够更好地为区域经济和企业服务，殷切希望高职高专院校的各位职教专家和老师提出建议和撰写精品教材（联系邮箱:chenjd@phei.com.cn,电话:010-88254585），共同为我国的职业教育发展尽自己的责任与义务！

中国电子教育学会

前言

我国经过30多年来的改革开放，经济建设快速成长，工业自动化领域也得到迅猛发展，对工业生产过程也提出了更高的要求。控制过程及其对象更加先进与复杂、信息化程度更高，机械、电子与控制技术的相互渗透与融合更加深入与普及，同时也对自动化应用领域工作的工程技术人员提出了更高要求，需要技术人员熟悉和掌握先进的控制手段与方法以及新的机电控制应用技术。可编程控制器（PLC）就是满足工业领域新的技术发展要求、具有良好性能的自动化控制产品，也是电子信息类、自动化类、机电类、机械制造类等专业学生应该掌握的设计应用技术和设备。

面对社会本行业的发展和需求，设立针对职业岗位生产过程的教学与实训内容，已经是大多数院校的普遍共识和实践经验。深圳职业技术学院PLC课程教学组在校企合作经验基础上，从企业的实际需求和应用角度出发，组织有丰富教学经验的骨干教师和工程技术人员共同编写本书。本书也是深圳职业技术学院国家高职示范性专业的校级精品课配套教材，课程内容经过工学结合实践和毕业生就业验证，已受到使用人员的认可和欢迎。内容包含当前广大工程技术人员迫切需要的电子控制和机电应用等领域的新知识、新技术和新兴控制器应用技术等。

本书主要以掌握实用技术和提高就业能力为目标，采用企业普遍和典型的应用“案例”，以PLC课程的基本知识点为基础，培养和训练解决电子应用和控制工程中实际问题的应用技能。本书的内容选取原则是“企业要用，知识够用，学生会用”，内容安排遵循工程技术人员和工科及高职学生对新技术掌握和应用能力提高的规律，实训项目的组织采用“实际操作—知识学习—提高创新”的新方式。课程组在开展教学改革的过程中，同时设计了配套的教学实训设备，其中得到深圳麦格米特公司专家和技术人员的指导与帮助，他们对本教材出版也起到至关重要的作用，对此表示衷心的感谢。

本书共6章设有25个实训项目，主要介绍PLC基础知识、PLC基本指令、PLC顺序功能图、PLC功能指令、PLC扩展模块，以及PLC与变频器等常用系统的设计和调试内容等。本课程的参考学时为72学时，各院校可以根据具体教学安排和环境情况进行适当调整。使用本教材的院校如果需要本教材配套的实训设备或相关资料，可与深圳职业技术学院电信学院PLC教学组联系。

本书为高职高专院校电子信息类、自动化类、机电类、机械制造类等专业可编程控制器技术课程的教材，也可作为应用型本科、成人教育、自学考试、电视大学、中职学校和 PLC 培训班的教材，以及相关行业工程技术人员的参考工具书。

本书由张胜宇主编，张亦慧和冯明发副主编。其中张亦慧编写第 1 章和第 6 章部分内容，并对全书进行多次审阅；冯明发编写断续控制电路及实训内容；路勇、贾方亮设计部分电路和程序；万子峰绘制部分图表；吕俊、彭伟天、廖永军对所有 PLC 源程序进行测试；张胜宇负责总体规划，以及其余章节内容编写和统稿；深圳麦格米特公司林霄舸、谷鹏提供详细的技术资料和工程实例。

本书在教学和创建国家示范专业过程中已不断进行修改，但在教材编写和校对中难免会存在各种不足，恳请广大读者给予批评指正。

为方便教师教学，本书配有免费的电子教学课件、PLC 源程序，请有此需要的教师登录华信教育资源网（http://www.hxedu.com.cn）免费注册后再进行下载，有问题时请在网站留言或与电子工业出版社联系（E-mail:hxedu@phei.com.cn）。读者也可通过该精品课网站（http://jpkc.njcit.edu.cn/2010/dgjc/Index.asp）浏览和参考更多的教学资源。

编者 

职业导航

前期知识与技能

前期必备知识

1. 电路基础知识：常用元器件、串联并联电路、直流电路等。
2. 模拟电路知识：半导体器件、放大电路、直流稳压电源等。
3. 数字电路知识：数制与编码、组合电路、时序电路概念等。

前期必备技能

1. 计算机基本操作：软件安装与使用、资料搜索技能。
2. 常用仪器仪表使用：万用表、示波器等。
3. 基本元器件识别与使用：电阻、电容、按键、LED、二极管等。
4. 基本电子电路操作：电路识图、电路实现、电路功能分析等。

可编程控制器实训项目式教程

第1章 PLC基础知识
技能训练：实训项目 1
相关知识：①PLC 基本概念；② PLC 外观、用途；③ PLC 编程语言；④ PLC 仿真操作。

第2章 PLC基本指令
技能训练：实训项目 2～实训项目 9
相关知识：①PLC 基本指令；② 直、交流电动机基本控制和常见低压电器；③ PLC 编程规则。

第3章 PLC顺序功能图
技能训练：实训项目 10～实训项目 12
相关知识：①顺序功能图概念；② 顺序功能图指令；③ 顺序功能图编程方法。

第4章 PLC功能指令
技能训练：实训项目 13～实训项目 19
相关知识：①PLC 功能指令作用；② PLC 功能指令使用方法。

第5章 PLC扩展模块
技能训练：实训项目 20～实训项目 22
相关知识：①PLC 扩展模块的作用；② 扩展模块的使用方法；③扩展模块的分类。

第6章 PLC与变频器
技能训练：实训项目 23～实训项目 25
相关知识：①变频器的原理；②变频器结构、使用方法；③ PLC与变频器的配合使用。

知识学习由简单到复杂

技能训练由单一到综合

PLC技术应用能力逐渐贴近职业岗位

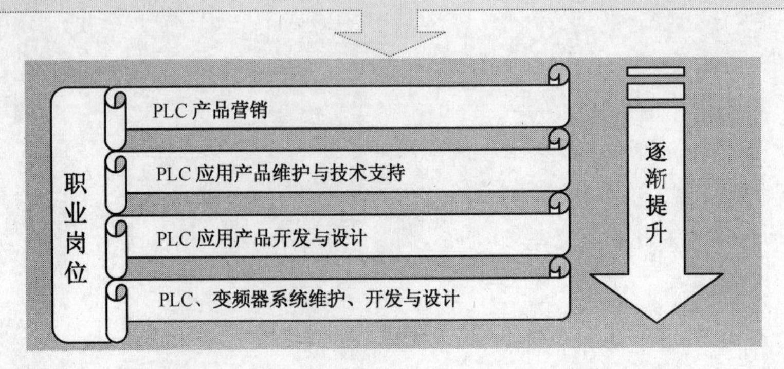

目　录

第1章 PLC基础知识

教学导航

教	知识重点	1. PLC概念； 2. PLC用途； 3. PLC外观和结构； 4. PLC编程语言； 5. PLC仿真操作
	知识难点	PLC外观和结构、PLC仿真操作
	推荐教学方法	结合实际工业自动化生产过程，从实训项目入手，通过仿真学习PLC的相关知识，掌握PLC的基本操作
	建议学时	4学时
学	推荐学习方法	实际动手操作PLC编程软件，利用仿真、监控学习 PLC 的工作原理，并和其他编程语言（C语言）对比，加深理解
	必须掌握的理论知识	PLC概念 、PLC外观和结构
	必须掌握的技能	PLC仿真操作

相关知识

PLC 即可编程逻辑控制器（Programmable Logical Controller），是现代工业自动化中重要的控制设备，居工业生产自动化三大支柱（PLC、机器人（Robot）、计算机辅助设计与制造（CAD/CAM））之首，其主要作用是控制按一定固定顺序运行的机械设备。

实训项目 1　液体搅拌控制系统设计

1．实训目的

通过对一个液体搅拌机系统的控制，对比断续控制方式和 PLC 控制方式，学习什么是 PLC 和 PLC 的基本组成、外观、端口定义、程序输入及仿真等基础知识，从而建立一个完整的工业自动化控制的知识概念。

2．实训要求

图 1-1 所示为一个液体搅拌控制系统，通过压力传感器、温度传感器和手动开关控制按键，实现对液体搅拌。当桶内液体的温度和压力达到规定值时，混合电动机开始自动搅拌液体，同时，还有一个独立的控制按键用于电动机的手动控制。

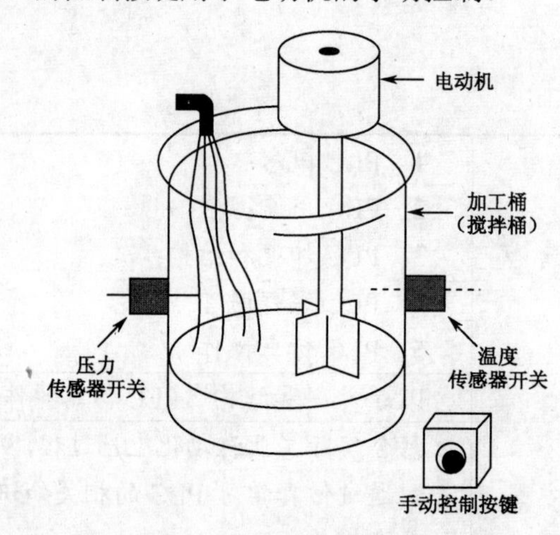

图 1-1　液体搅拌控制系统

3．断续控制实训电路及操作过程

1）第一种运行要求

当搅拌桶内的温度和压力达到设定值时，通过压力传感器和温度传感器开关的闭合实现对搅拌电动机的启动控制。这个控制问题可以用如图 1-2 所示的控制电动机的继电器断续控制电路实现，当压力开关和温度开关接通或者手动按键被按下时，电动机的启动线圈就被接通，则搅拌机开始按要求工作。

2）第二种运行要求

如果液体搅拌系统要求当温度达到某个特定值时，手动控制按键在任何压力下都可以启

动电动机，那么断续控制系统就要按照图 1-3 所示重新接线，操作重复，不方便。如果采用可编程控制器（PLC）来设计就可以迅速而有效地解决上述问题。

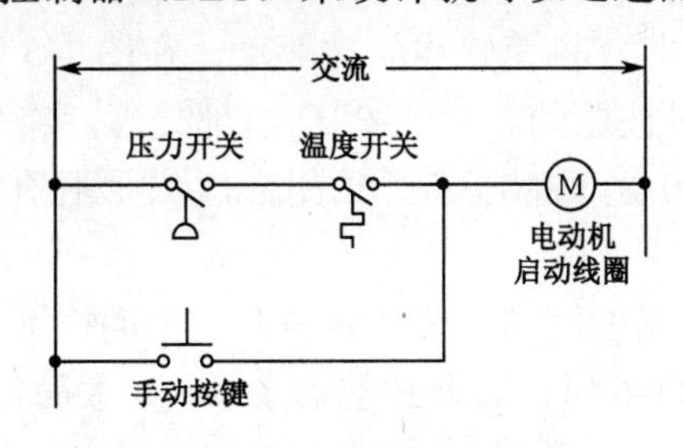

图 1-2　继电器断续控制电路图

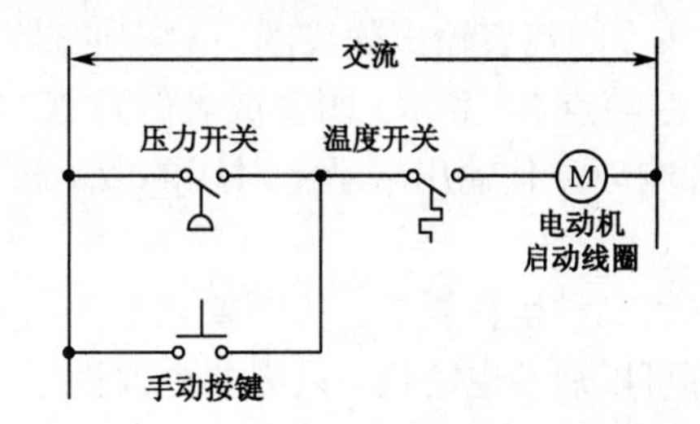

图 1-3　更改控制要求后的断续控制电路图

4．PLC 控制实训电路、程序及操作过程

1）控制要求

用手动按键模拟压力开关和温度开关，当手动按键被按下表示达到设定的压力和温度；发光二极管 LED 模拟交流电动机，当 LED 发光表示电动机旋转开始搅拌。

2）定义输入/输出口

输入：X0：压力开关 SB0（常开点动按键）；X1：温度开关 SB1（常开点动按键）；X2：手动开关 SB3（常开点动按键）。

输出：Y0：电动机（LED 模拟）。

3）PLC 控制电路

根据控制要求，其 PLC 控制电路图如图 1-4 所示。

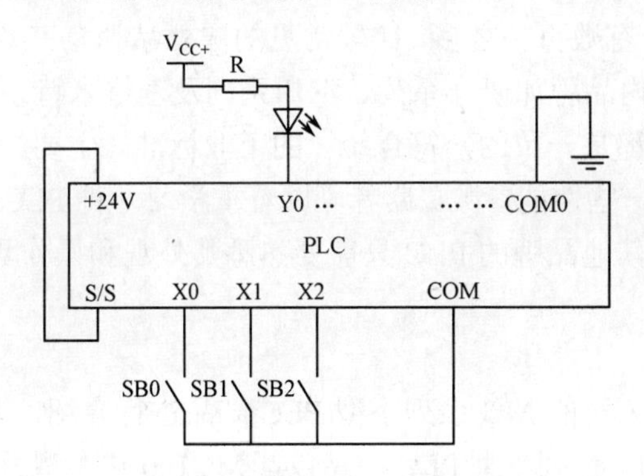

图 1-4　搅拌机 PLC 控制电路图

4）程序设计

（1）第一种运行要求。PLC 的程序如图 1-5 所示。

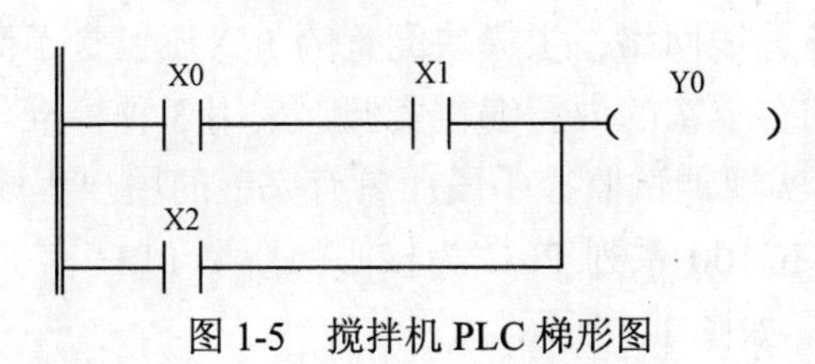

图 1-5　搅拌机 PLC 梯形图

当 PLC 处于运行状态或工作周期时，程序开始执行。在每一个工作周期，PLC 都完成检测输入设备的状态、执行用户程序并据此改变输出。每一个┤ ├代表一个输入常开触点，符号-(　　)则代表输出软线圈。对应的触点闭合时，将使软线圈被驱动，在图 1-5 中，软线圈 Y0 在触点 X0 和 X1 闭合或者触点 X2 闭合时被驱动。通过 PLC 内部处理，将程序转化为硬件响应，使输出端子上对应的 Y0 和 COM0 之间的电子开关闭合，从而驱动负载电动机。

（2）第二种运行要求。控制要求更改后要求当温度达到某个特定值时，手动按键在任何压力下都可以启动电动机。只需要更改程序，如图 1-6 所示。不必重新接线，大大简化工作，便于操作。

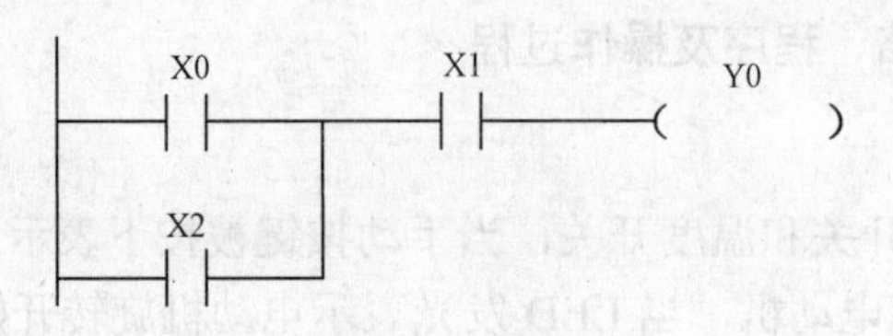

图 1-6　更改控制要求后的 PLC 梯形图

5）操作运行

搭建断续控制电路硬件系统，完成两种控制要求。

1.1　PLC 外观、命名和运行原理

目前业界使用的 PLC 有数百种之多，比较常见的国外品牌有三菱 FX 系列、西门子 S200 系列、欧姆龙系列等，国内品牌如研祥系列、汇川系列及麦格米特系列等。各家厂商的 PLC 就其本质来说原理和特性都是一致的，符合统一的工业标准。主要的不同点集中在具体的指令形式、端口定义和其他一些性能参数。读者可以着重学习一种 PLC，就可以了解 PLC 基本内容和编程方法等，对于其他品牌的 PLC 只需要熟悉其外观和操作界面即可。

1．PLC 的外观

本书主要以麦格米特公司的 MC 系列小型 PLC 产品进行介绍，其他名牌 PLC 的主要性能与应用技术与此类似。MC 系列小型 PLC 产品包括 MC100 超小型系列和 MC200 小型系列，是适应各种现代工业控制应用的高性能产品。这两个系列的产品都是一体式结构的 PLC，拥有内置的高性能微处理器和核心运算控制系统，集成了输入点和输出点、扩展模块总线等；产品系列中还包括了 I/O 扩展模块、特殊模块；主模块集成了 2 个通信端口，系统还可通过现场总线扩展模块连接现场总线网络；主模块配置的 I/O 还包含了高速计数、高速脉冲输出通道，可用于精确定位；拥有丰富的内置编程资源，采用 3 种标准化编程语言，通过性能强大的 X_Builder 编程软件可实现调试监控手段；具有完善的用户程序安全保护机制。

本书实训项目都是以 MC100 系列 PLC 为核心的新型 PLC 实训平台完成的。MC100 系列 PLC 主模块的外形结构，如图 1-7 所示。

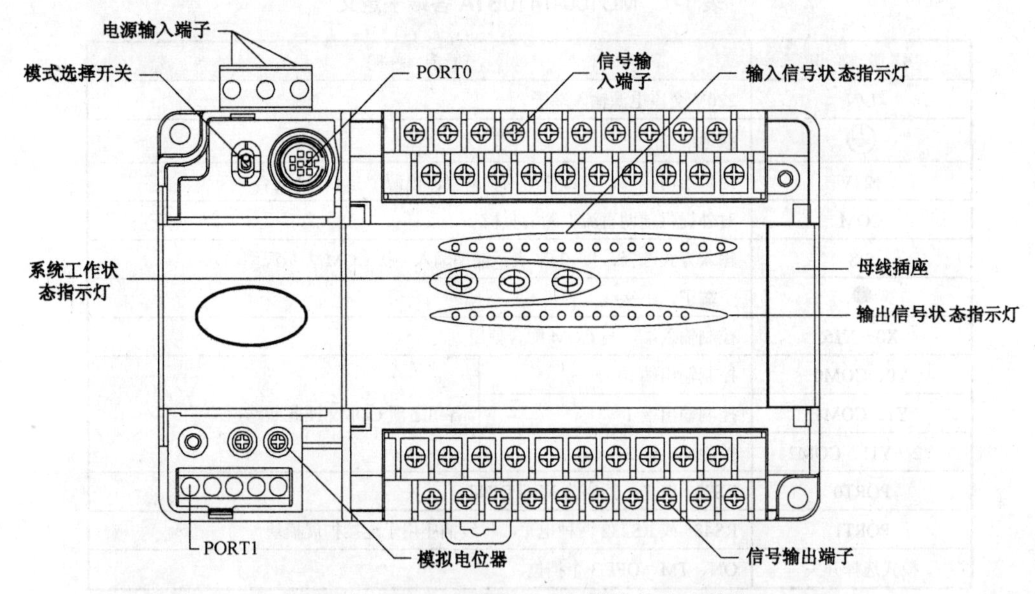

图 1-7　MC100 系列 PLC 主模块的外形结构

MC100-1410BTA 各端子的分布如图 1-8 所示，其定义如表 1-1 所示。

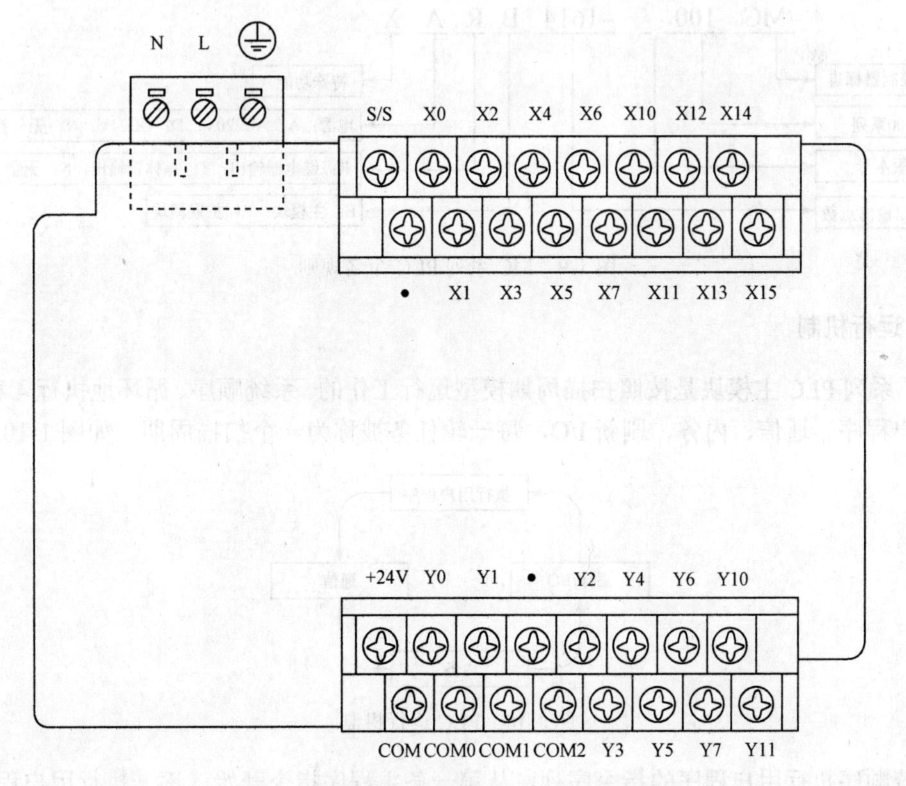

图 1-8　MC100-1410BTA 各端子的分布图

表 1-1　MC100-1410BTA 各端子定义

引脚标识	功能说明	
L/N	220V 交流电源输入端子	
⏚	接地线端子	
+24V	提供给用户外部设备使用的辅助直流电源，与 COM 配合	
COM	对外提供辅助直流电源的负极	
S/S	输入方式选择：接+24V 表示漏型输入，接 COM 表示源型输入	
●	空端子，不接线	
X0～X15	控制输入端，与 COM 配合使用	
Y0、COM0	控制输出端 0	各组之间 COMx 彼此断路
Y1、COM1	控制输出端 1	
Y2～Y11、COM2	控制输出端 2	
PORT0	RS232 电平，插座为 Mini DIN8	
PORT1	RS485 或 RS232 两种电平。母线插座用于连接扩展模块	
模式选择开关	ON、TM、OFF 3 个挡位	

2．型号命名

MC 系列 PLC 的命名规则以 MC100-1614BRAX 为例，如图 1-9 所示。

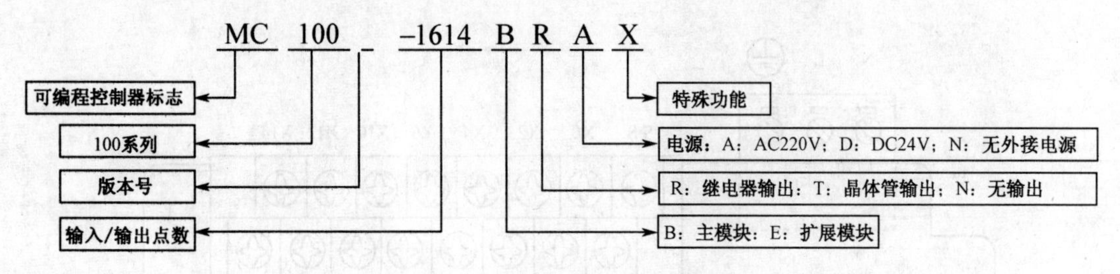

图 1-9　MC 系列 PLC 命名规则

3．运行机制

MC 系列 PLC 主模块是按照扫描周期模型运行工作的。系统顺序、循环地执行 4 种任务：执行用户程序、通信、内务、刷新 I/O，每一轮任务被称为一个扫描周期，如图 1-10 所示。

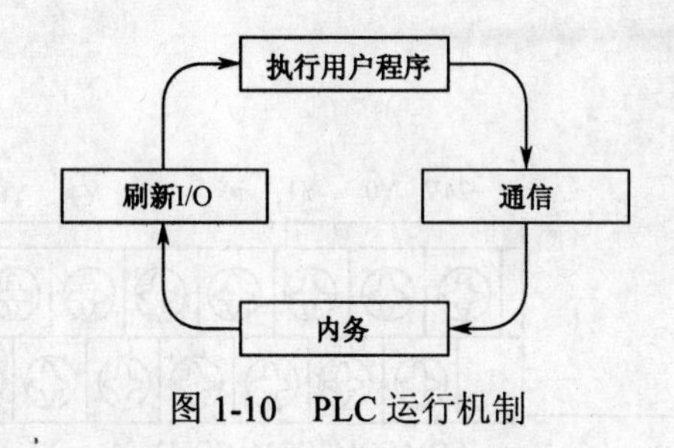

图 1-10　PLC 运行机制

系统顺序执行用户程序的指令序列，从第一条主程序指令开始，逐一执行用户程序中的指令序列，直到执行完主程序结束指令为止。然后 PLC 与编程软件通信，响应编程软件下达

的下载、运行、停止等编程通信命令。再次，处理各种系统内务，如刷新面板指示灯、更新软件计时器计时值、刷新特殊辅助继电器和特殊数据寄存器。最后，系统刷新 I/O，包含输出刷新阶段和输入刷新阶段，输出刷新阶段根据 Y 元件的值（ON 或 OFF），接通或断开对应的硬件输出点；输入刷新阶段将硬件输入点的接通/断开状态，转换为对应的 X 元件值（ON 或 OFF）。

PLC 根据外部信号通过编程决定动作的顺序和状态，最终控制外部设备，如图 1-11 所示。

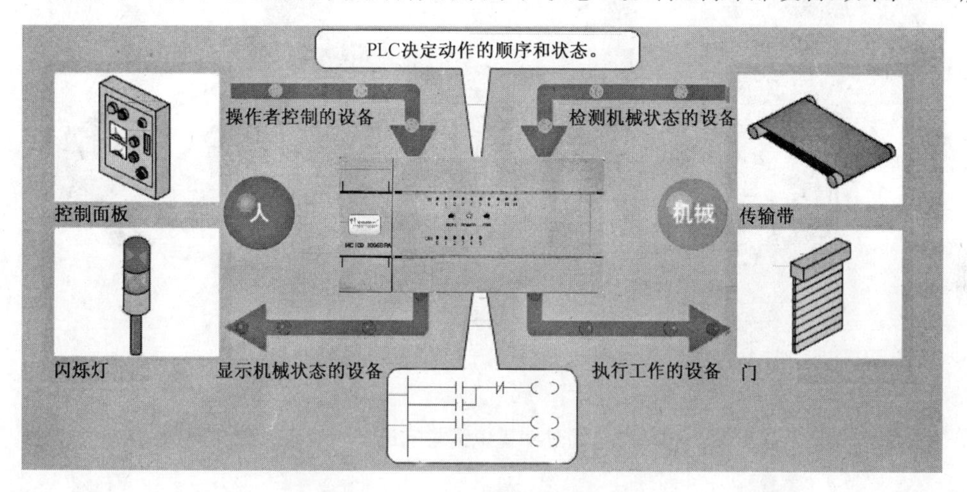

图 1-11　PLC 输入信号及控制设备

4．内部软元件

MC 系列 PLC 内部有许多具有不同功能的元件，实际上这些元件是由电子电路和存储器组成的。例如，输入继电器 X 是由输入电路和输入映像寄存器组成；定时器 T 是由存储器组成。为了把它们和硬元件区分开，通常称为软元件，是等效概念抽象模拟的元件，不是实际的物理元件。软元件按种类名称简称为“××元件”。

1.2　PLC 程序操作

PLC 的编程软件有很多，常用的有三菱 Fxgpwin、GX-developer、OMRON CX-P、SIEMENS STEP7-MicroWIN V4.0 等，本书以 MC 系列 PLC 编程软件 X Builder 进行介绍，其他软件的操作与此类似。

1．连接方式

PLC 的编程软件使用 X_Builder 编程软件，其与 PLC 的连接采用串口编程电缆。PLC 通过编程电缆与笔记本电脑连接图，如图 1-12 所示。

2．运行界面

X_Builder 的主界面基本包括 7 个部分：菜单、工具栏、工程管理器窗口、指令列表、信息窗口、状态栏和工作区，如图 1-13 所示。

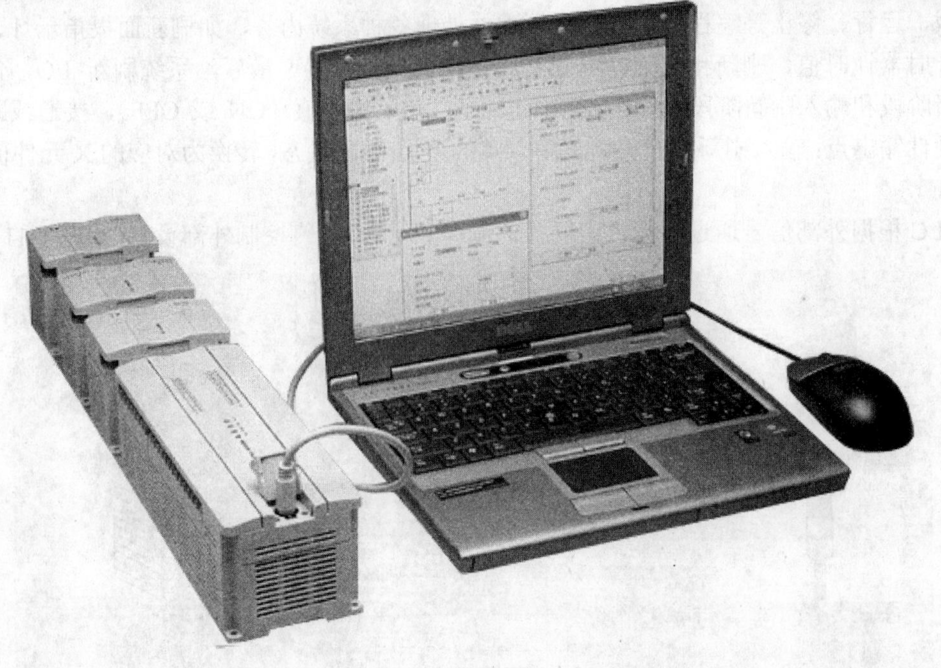

图 1-12　PLC 通过编程电缆与笔记本电脑连接图

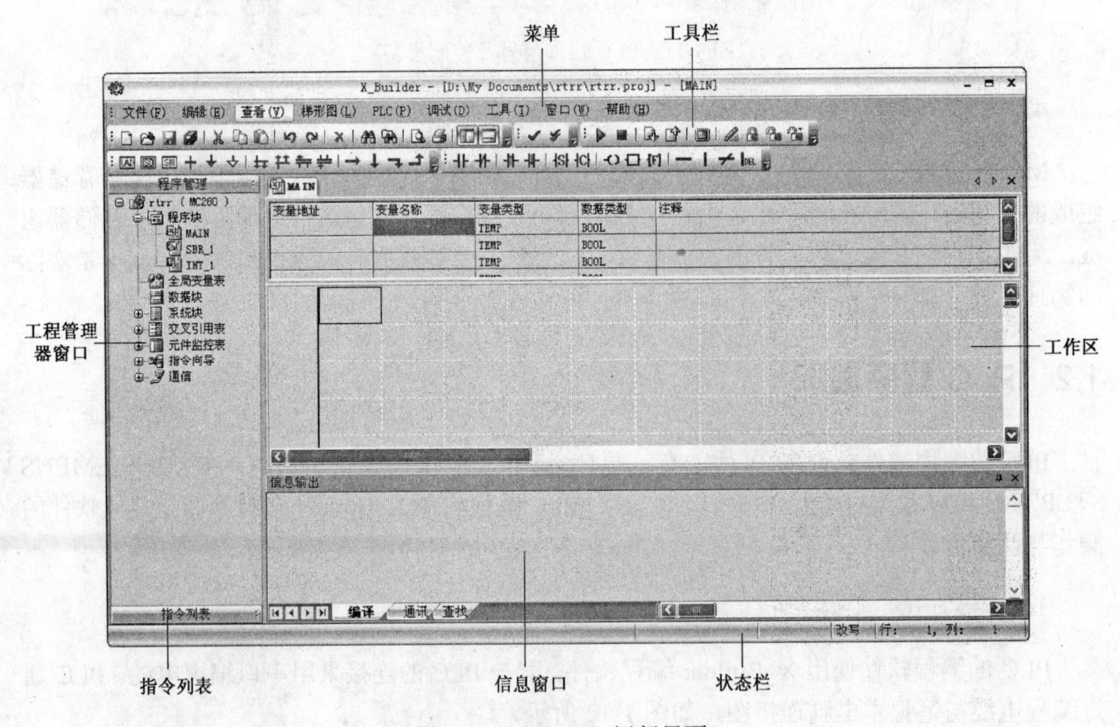

图 1-13　X_Builder 运行界面

3. 程序启动

X_Builder 正确安装后，从“开始”菜单中单击 X_Builder图标启动软件，并进入界面，如图 1-14 所示。

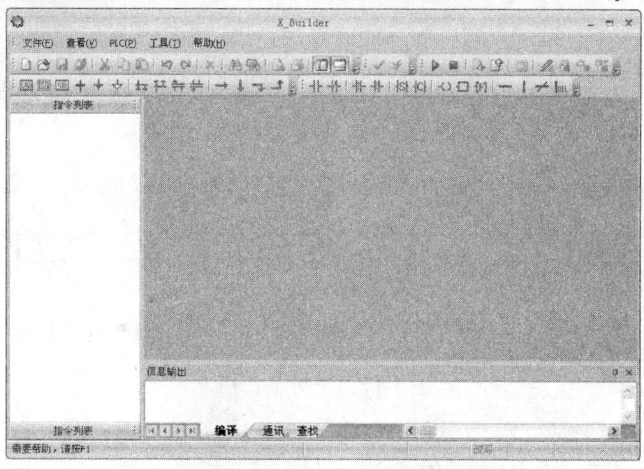

图 1-14　X_Builder 编程软件界面

4．建立工程

启动编程环境后，首先需要为编写的程序创建一个工程。单击“文件”菜单中的“新建工程”菜单项，软件系统弹出如图 1-15 的界面，并输入相应信息。

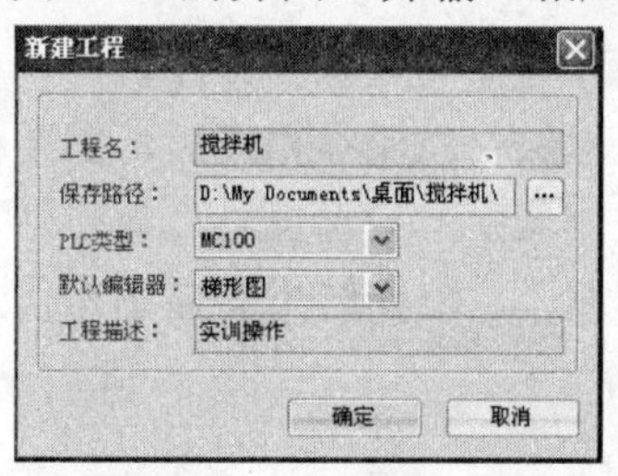

图 1-15　新建工程界面

在本实训中，选择 PLC 类型为 MC100，默认编辑器为梯形图，选择完毕，单击新建工程界面中的“确定”按钮后，一个新的工程被创建，并且默认打开了主程序进入程序编辑状态，如图 1-16 所示。

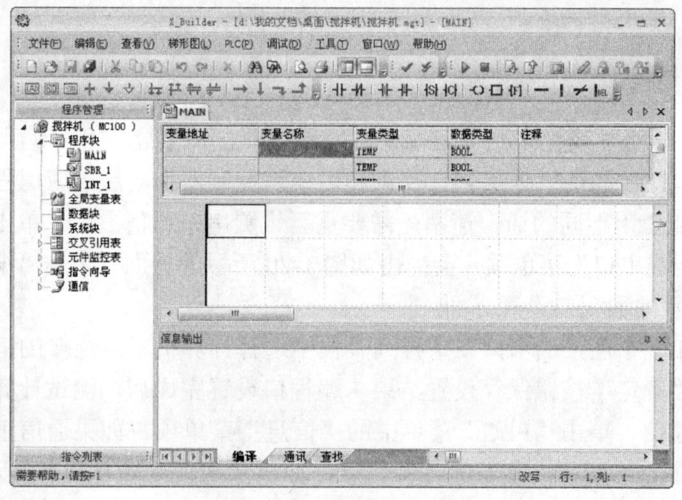

图 1-16　程序编辑界面

5．程序编写

在编程环境中使用如图 1-17 的快捷工具栏可以输入如图 1-5 的梯形图程序，最终的实现结果如图 1-18 所示。

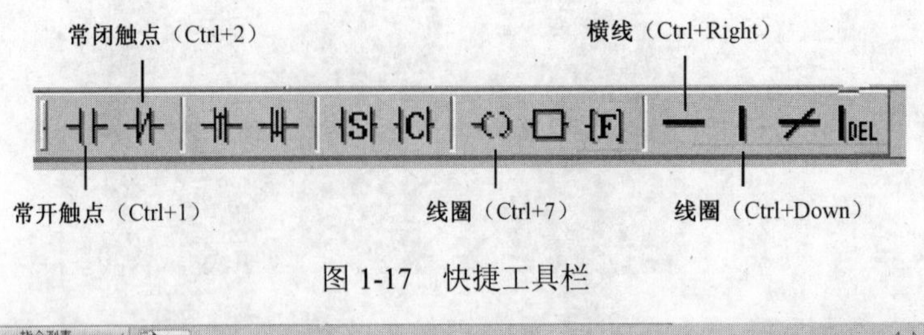

图 1-17　快捷工具栏

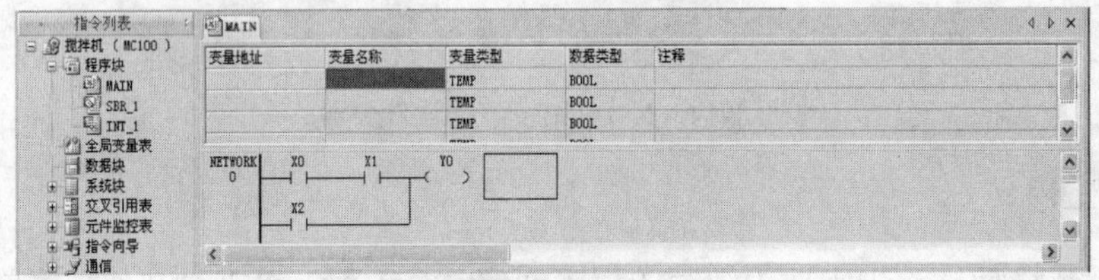

图 1-18　程序输入

程序编写完成后，可以先保存当前的工程到计算机中，单击“文件”菜单中的“保存工程”菜单项即可将当前编写的工程保存。保存完成后，需要检查当前编写的程序是否有错误并且编译为可以下载到可编程控制器中的目标文件。单击“PLC”菜单中的“全部编译”菜单项，软件将当前程序进行全部编译，编译结果会显示在信息输出窗口中，如果没有错误的话，会显示如图 1-19 所示的内容。

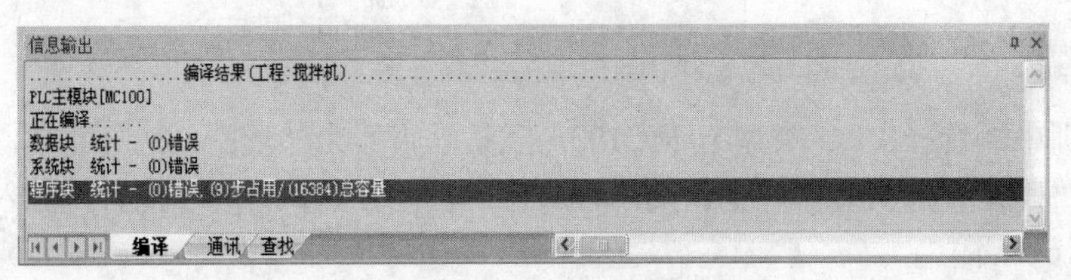

图 1-19　信息输出界面

6．建立通信连接

X_Builder 在开始下载程序到可编程控制器硬件前，需要建立和可编程控制器的串口通信连接，首先将串口线的两端连接到计算机和可编程控制器上，启动应用程序，如果不能和 PLC 通信或者需要使用不同的通信速率，需要重新设置串口通信参数。单击“工具”菜单中的“串口”→“配置串口”菜单项，会弹出如图 1-20 所示的界面，单击“编程口设置”按钮弹出如图 1-21 所示的编程口设置界面。

在“PC 和 PLC 相连接的串口”下拉列表框中选择计算机实际连接的串口，选择连接的波特率后，单击“确定”按钮保存设置结果。编程口设置完成后，测试计算机是否可以和可编程控制器正常通信，单击“PLC”菜单中的“信息”菜单项，如果通信正常，会弹出一个窗口显示当前连接的可编程控制器的各种信息，如果多次使用本功能都提示“命令超时”，则说明串口连接或者设置可能不正确，请重新检查硬件连接和通信设置内容。

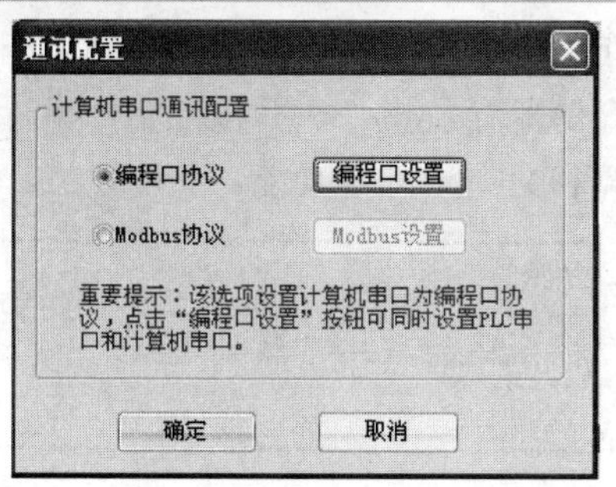

图 1-20　通信配置界面

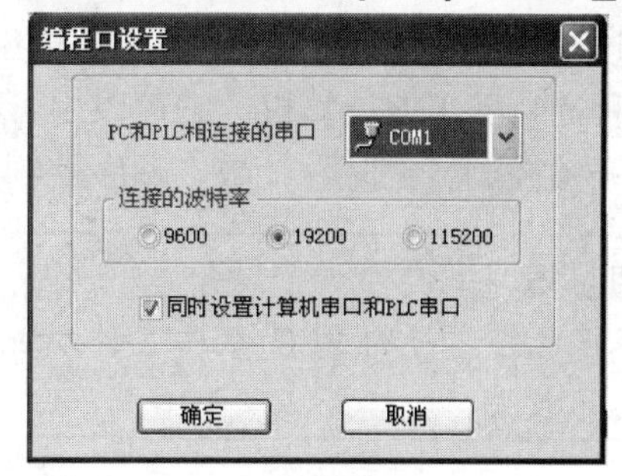

图 1-21　编程口设置界面

7．下载程序

单击“PLC”菜单中的“下载”菜单项，下载程序时，必须要求处于停止状态，如果 PLC 正在运行，软件会提示如图 1-22 所示的界面。

单击“是”按钮停止 PLC 的运行，软件会弹出如图 1-23 的编译提示界面。

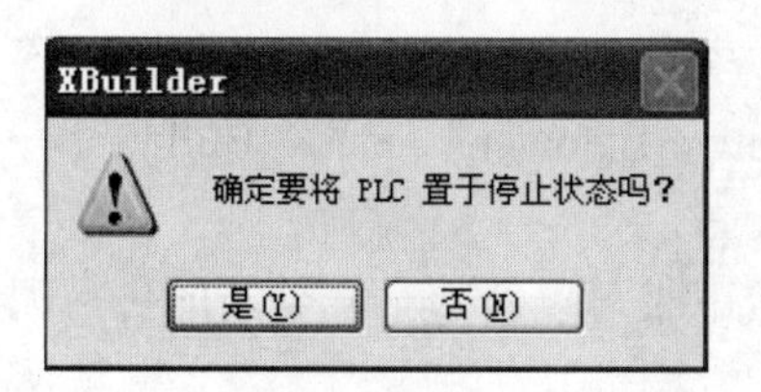

图 1-22　下载提示界面

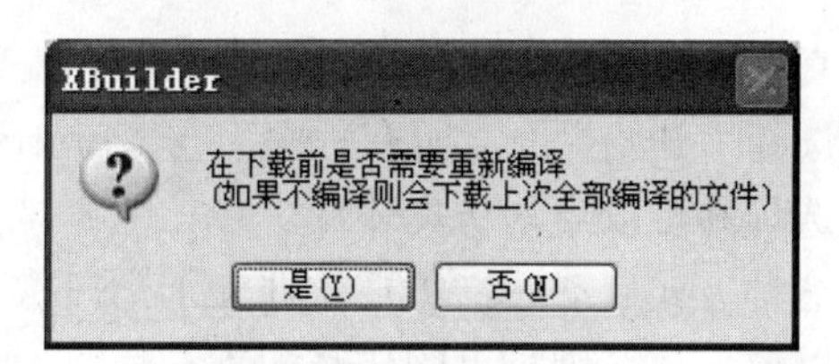

图 1-23　编译提示界面

如果不重新编译下载上次的编译结果，可以单击“否”按钮，否则单击“是”按钮重新编译程序，编译完毕后，会出现如图 1-24 的下载界面。

根据需要，在“下载选项”中选择需要下载的内容，本示例只需要下载编写的应用程序，选中后单击“下载”按钮即可开始下载，下载过程中会显示如图 1-25 所示的进度条，完成后将会提示下载成功。

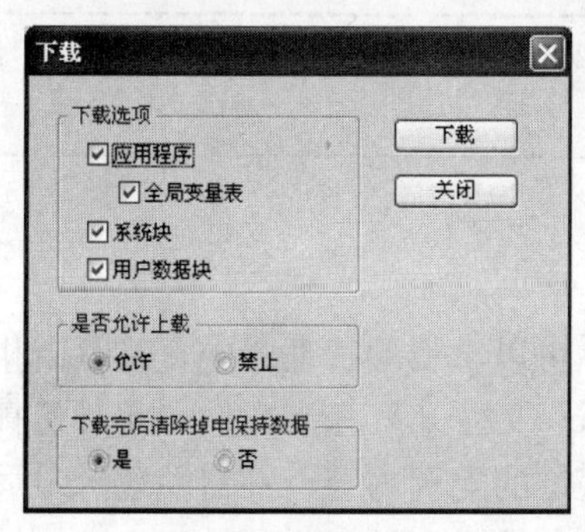

图 1-24　下载界面

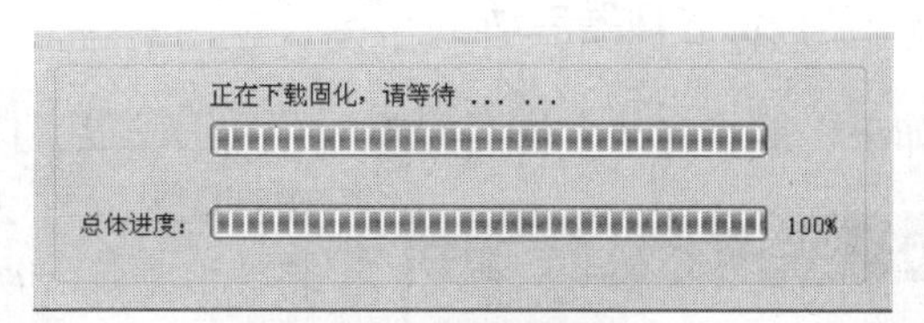

图 1-25　下载进度条

8．启动可编程控制器

程序下载完成后，需要启动可编程控制器运行，在“PLC”菜单中选择“启动”菜单项，或者拨向可编程序控制器的开关到 RUN 处，在可编程控制器正常运行后，将接在输入点 X0、X1、X2 的开关闭合，就可以看到接在输出点 Y0 的指示灯以及 LED 按照控制要求点亮。

通过上述的例子，可以看出可编程控制器，即 PLC 实际上就是一种用于控制生产机器和工作过程的特殊工业计算机。它可以用可编程序的存储器存放指令，并按照指令执行，完成相应的开关控制、定时、计数、顺序控制、算术运算和数据处理等功能。

自己练习

根据已经学习的 PLC 程序下载方法，将液体搅拌系统的程序下载到 PLC 中，运行并观察实际效果。

1.3 PLC 仿真功能

X_Builder 软件带有仿真功能，即不用连接实际硬件 PLC 也可以运行程序，便于编程者调试、修改程序。

1. 正常启动

仿真软件是与编程软件 X_Builder 一起安装的，安装完毕后，单击任务栏上的“开始”菜单，选择“开始”→“所有程序”→“Emerson Network Power”→“X_Builder”→“PLC 仿真”选项，可以启动仿真软件。

用这种方式启动后，仿真软件处于空白状态，接下来可以新建一套全新的仿真配置，或者打开以前保存在硬盘上的仿真配置。

2. 从 X_Builder 启动

仿真也可以从 X_Builder 中直接启动，当 X_Builder 处于有工程的状态时，选择“工具”中的“工作在仿真状态”菜单项，仿真软件就会自动启动起来，并按照当前工程的 PLC 系列类型（如 MC100、MC20、MC100A 等），自动创建一套与该类型对应的仿真配置，然后用户可以直接使用这套仿真配置进行下载和调试程序。

注意：自动创建仿真配置时，主模块使用的是某系列中默认的主模块，如果点数不能符合要求，用户可以再手动切换主模块型号。

3. 从资源管理器启动

如果以前曾将某个仿真配置保存到了硬盘文件中，可以从资源管理器中直接双击相应的仿真配置文件（*.smp 文件）打开该文件，此时仿真软件将读取最后一次保存过的配置内容，并自动载入最后一次下载到这个仿真配置中的用户程序。

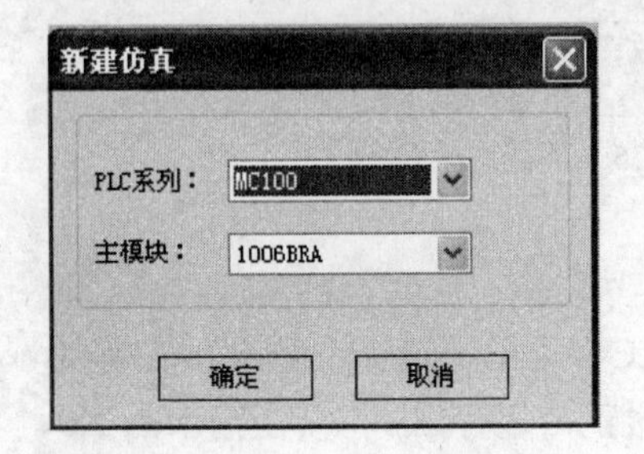

图 1-26　新建仿真界面

4. 新建配置

仿真启动后，选择“文件”菜单中的“新建”菜单项，会弹出新建仿真界面，如图 1-26 所示。

在此界面中用户可以指定该配置所要仿真的PLC系列

（如 MC100、MC200 等），并选择一个合适的 I/O 点数的主模块，单击“确定”按钮后，将出现仿真图形界面，如图 1-27 所示。

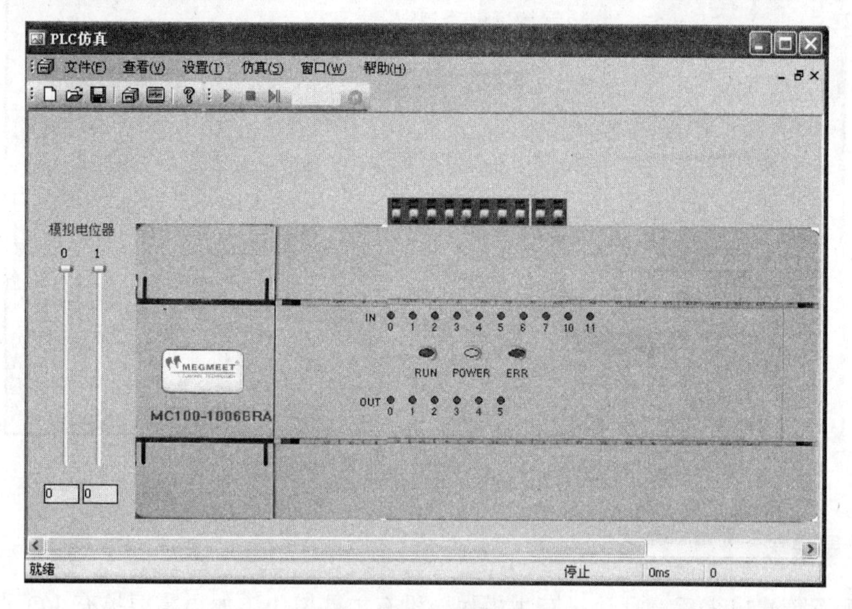

图 1-27　PLC 仿真图形界面

5. 打开配置

如果以前曾经将某个仿真配置保存到硬盘文件（*.smp 文件），则可以通过“文件”菜单中的“打开”功能，将该仿真配置重新读取出来。

6. 保存配置

用户可以选择将仿真配置保存到硬盘文件，以备日后继续使用。当需要保存时，选择“文件”→“保存”选项。此时如果该仿真配置已经保存过，则直接保存到上次指定的文件中，否则将弹出提示框提示用户选择要保存的位置。

保存到磁盘的仿真配置文件包含以下内容：

（1）当前配置的 PLC 系列、主模块、扩展模块；
（2）用户下载的程序；
（3）用户下载的系统块配置；
（4）用户下载的数据块配置；
（5）掉电保存元件的值；
（6）时序图中的所有元件地址。

7. 仿真界面介绍

运行后的仿真界面如图 1-28 所示，某个仿真配置新建或打开后，默认都会打开仿真界面。此界面可以随时关闭，关闭后再打开可以通过选择“查看”→“仿真图”选项或单击工具栏中的▣按钮。

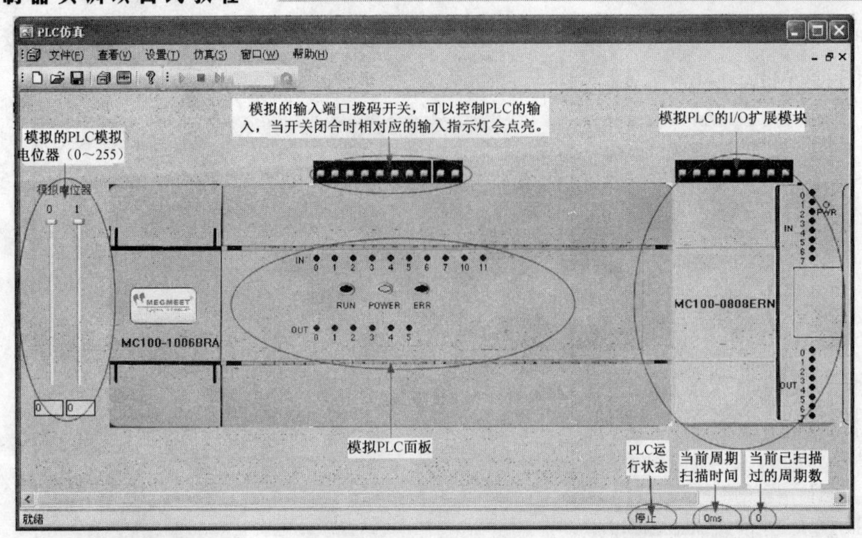

图 1-28　仿真界面介绍

8. 扩展模块

仿真配置创建出来后，默认只有主模块，没有扩展模块，如果需要扩充 I/O 点数，可以手动添加扩展模块。初始情况下，主模块后面紧跟着一个扩展模块空位，在此空位上使用鼠标左键双击，会弹出扩展模块界面，如图 1-29 所示。

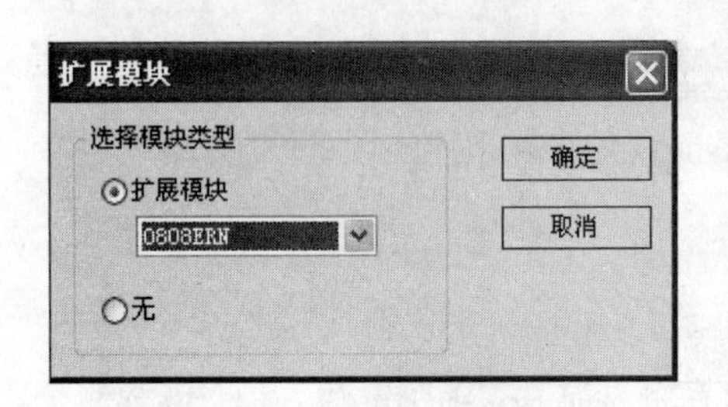

图 1-29　扩张模块界面

用户可以在此界面中指定要在当前位置放置某种扩展模块，如果用户在空位上新增了某个扩展模块，则系统会自动在后面新增一个空位以备下次扩展（在扩展模块数量允许的情况下）。在主模块或者已存在的某个扩展模块上使用鼠标左键双击，可以切换模块类型，选择“无”单选按钮可以删除该模块（主模块不能删除）。

9. 仿真运行状态控制

可以通过“仿真”菜单中的各菜单项或控制工具栏中的各个按钮控制仿真 PLC 的运行和停止。除正常的运行和停止状态外，仿真软件还提供了调试运行的方式，可以更方便地调试用户程序。使用此方式前，应先确保仿真 PLC 处于停止状态，然后选择“仿真”→“调试”选项，此后仿真 PLC 将进入调试暂停状态（从状态栏可以看到，此时 PLC 不执行用户程序，但是各元件值都会保存），此时在控制工具栏中的输入框中输入希望运行的周期数，然后选择“仿真”→“继续”选项或单击按钮，则仿真 PLC 将会在连续运行指定周期数后再次暂停。使用这种方式就可以观察到各元件在每一个或每几个周期运行结束后的值，从而判断程序运行是否正确。

10. 高速输入设置

当需要模拟高速脉冲输入时，请先确保仿真 PLC 处于停止状态，然后在仿真界面中选择

“设置”→“高速输入”选项，此时将弹出高速输入设置界面，如图 1-30 所示。

用户可以在此设置 X0～X5 6 个输入点中，哪些需要模拟高速输入。图 1-30 中选择 X0 和 X4，单击“确定”按钮后，在原仿真图的输入按钮区域上方，会出现输入频率设置滑动条，相应的输入点外观也将变换为脉冲输入模拟图，如图 1-31 所示。

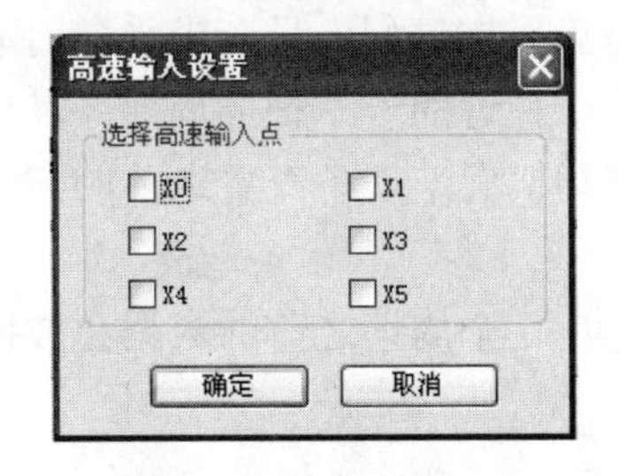

图 1-30　高速输入设置界面

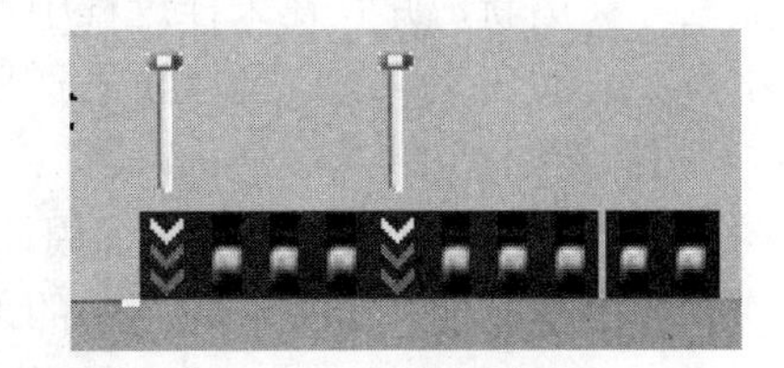
图 1-31　输入点外观

此时原来控制输入点打开和闭合的开关则变为控制高速输入脉冲的启动和停止，在脉冲输入启动后，脉冲输入图标将会以定时闪烁以提示当前正在输入。通过滑动条可以设置某路输入的脉冲频率（以 k 为单位调节），将鼠标移至某个滑动条上方可以看到脉冲输入的确切频率，也可以使用键盘的上下箭头键及 PageDown 或 PageUp 键进行精确调节。

11. 时序图介绍

使用时序图，可以观察元件值随扫描周期变换的曲线，从而判断用户程序的运行过程。时序图配合调试运行模式，对调试程序逻辑的正确性可以起到很大作用。

仿真软件启动后，默认时序图窗口是不打开的。需要打开时，可通过选择“查看”→“时序图”选项或单击工具栏中的按钮。

例如，某典型的时序图如图 1-32 所示。

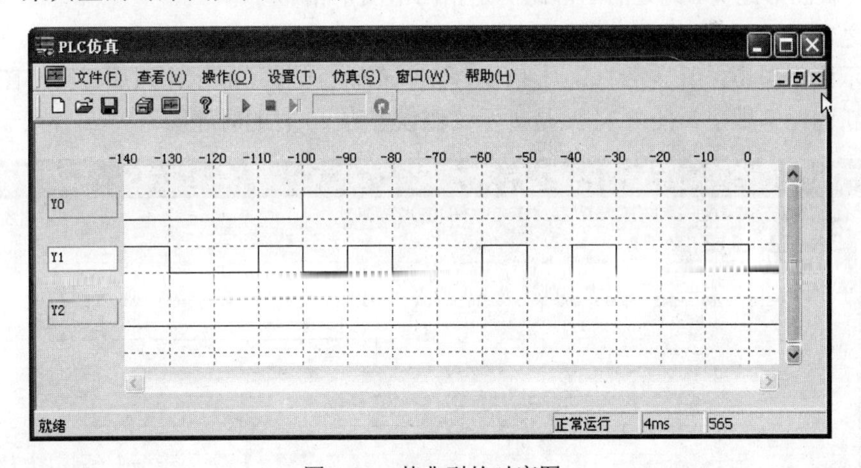

图 1-32　某典型的时序图

在图 1-32 中左边列出了所有采样的元件，网格图中则显示了每个元件随每个扫描周期的变换过程；网格图中的每条竖线表示了一个扫描周期，从上方的数字中可以看出每条线对应的是第几个周期，随着程序的运行，网格图向左逐渐推进，最右面固定为第“0”周期，即当前周期，其左边的第一个周期为“-1”周期，代码刚刚过去的那个周期，以此类推，越左边的周期表明时间越靠前；每个元件在网格图中都对应相邻的上下两条横线，分别对应该元件的 0 和 1 值，将每个周期的值连接起来，即可看出该元件在运行期间整个变换过程；用作高速输出的 Y 端口，有特殊的表示方式，当该端口有脉冲输出时，其图形为正弦波曲线，没有输出则为直线。

通过选择“操作”→“采样”选项，可以启动或停止采样过程。只有当采样启动时，图中的元件数据才会更新，并且在采样过程中，图中只显示最近的若干扫描周期（具体周期数与窗口大小有关）的变化情况。当停止采样后，可以拖动横向滚动条查看之前的扫描周期的变化情况。

时序图中可以存储最近 4000 个扫描周期的数据，4000 个周期之前的数据会被抛弃。并且，在每次开始采样之前，会先清除图中的现有数据。

12．添加、删除采样元件

在时序图窗口中，通过操作菜单下的各菜单项，可以添加或删除需要采样的元件，包括添加元件、插入元件、删除元件和删除所有元件。其中添加元件和插入元件的区别在于：采用添加元件时，新元件将放在元件列表的最后；而采用插入元件时，新元件将放在当前选择的元件前面。新增监控元件界面如图 1-33 所示。

采样元件仅限于位元件，包括 X、Y、M、S、T、C、SM，且同时采样的元件数量不能超过 64 个。

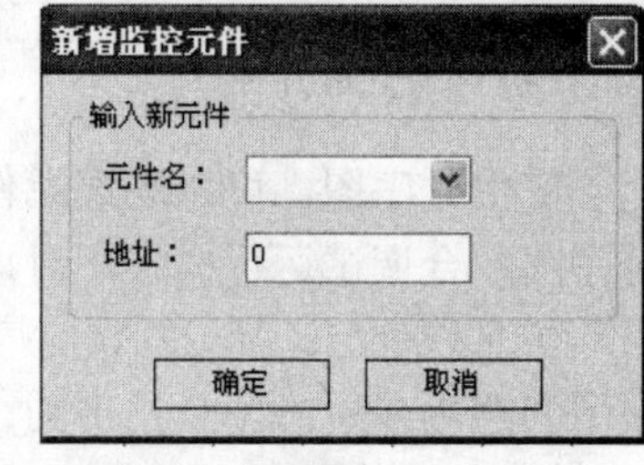

图 1-33　新增监控元件界面

13．时序图相关设置

1）显示比例

在时序图窗口中，通过选择“设置”→“显示比例”选项，可以设置图形比例。此处的图形比例是指网格图中相邻两条竖线之前代表的周期数目，显示比例最大为 40，最小为 1。显示比例越小，所显示的数据变化过程越详细。改变了显示比例后，网格图上方的数字会显示新的比例数字。图 1-34 就是显示比例设置为 20 时的时序图。

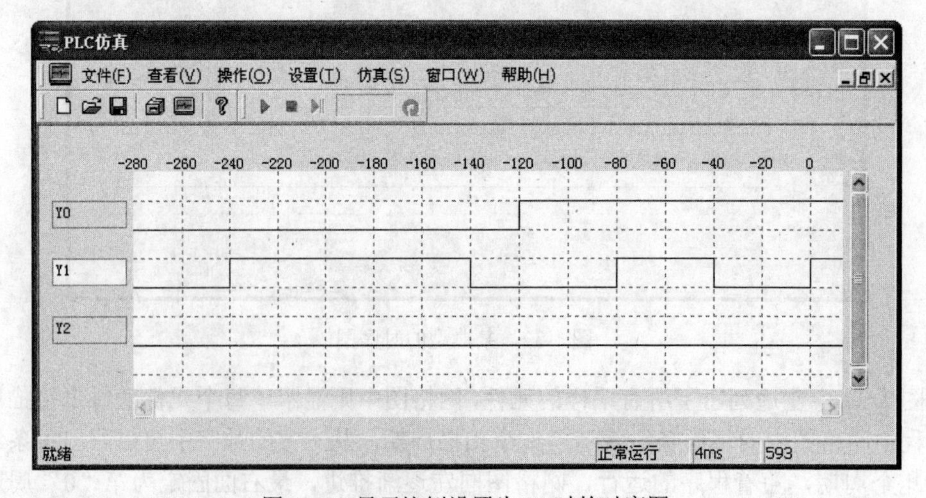

图 1-34　显示比例设置为 20 时的时序图

2）扫描时间

仿真软件运行时，会受到计算机硬件资源和同时运行的其他软件的影响，扫描周期常会有较大变化，并且当扫描周期很短时，时序图会由于更新过快而无法看清楚数据的变化。因此，如果需要比较精确地查看变化曲线，建议在系统块中设置一个比较大的恒定扫描时间，这样可以使得图形更加稳定也更加准确。

14．PLC 仿真的通信功能

PLC 仿真软件单独运行时，可以模拟 PLC 运行用户程序、模拟 PLC 输入/输出及其面板指示灯等，除了单独运行外，PLC 仿真还可以与 X_Builder 进行通信，由 X_Builder 监控仿真的执行情况。

1）X_Builder 建立与仿真的连接

在 X_Builder 的运行环境内选择“工具”→“工作在仿真状态”选项，可以连接当前已经启动的仿真软件。如果仿真软件还没有运行，则启动默认的仿真器。默认的仿真器的型号与当前工程的 PLC 型号相同，I/O 点数均为默认值。如果 X_Builder 与仿真连接成功，则在信息输出窗口显示仿真连接成功，如图 1-35 所示，同时“工作在仿真状态”子菜单会被选中（✓ 工作在仿真状态(W)）。连接成功后，即可像使用真实的 PLC 一样操作。

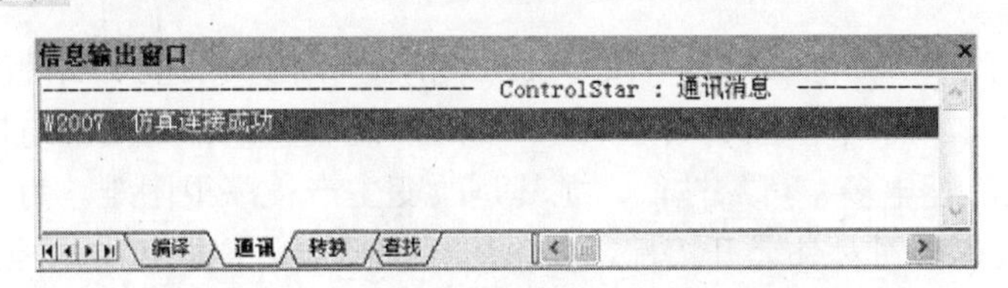

图 1-35　仿真连接成功时的信息输出

2）PLC 仿真的监控

当 X_Builder 与 PLC 仿真软件连接成功后，X_Builder 即可与 PLC 仿真软件进行通信并对其进行监控。PLC 仿真的监控的实质是 X_Builder 与 PLC 仿真软件之间数据交换的过程。在监控过程中，X_Builder 读取 PLC 仿真软件的数据；而 PLC 监控则是 X_Builder 通过串口通信协议读取 PLC 数据的过程；当用户在 X_Builder 内执行“监控”命令时，X_Builder 首先检测当前的配置，如果是工作在仿真状态，则与 PLC 仿真软件进行数据交互，否则发送通信命名到串口。

15．PLC 仿真和 PLC 区别

PLC 仿真程序主要用于调试用户程序逻辑的正确性，以及方便用户在没有 PLC 的情况下学习和了解 PLC 的使用，实现了模拟 PLC 运行用户程序的功能，包括子程序和中断子程序；模拟 PLC 输入、输出端子及面板指示灯、支持 PLC 所有的逻辑运算、数据运算指令和部分高速、外设等指令；支持运行状态控制、扫描周期控制、实时时钟、I/O 控制等系统功能；支持系统块、数据块配置；仿真程序可以与编程软件（X_Builder）进行通信，使编程软件可以像操作真正的 PLC 一样，进行下载、上载、控制、监控等功能。

由于 PLC 仿真侧重于调试用户程序的逻辑性，在具体指令方面，PLC 的某些指令 PLC

仿真不支持，具体来说，PLC 仿真不支持以下指令：

（1）通信指令（MODBUS、XMT、RCV）；

（2）定位指令（ABS、ZRN、PLSV、DRVI、DRVA）；

（3）变频器指令（EVFWD、EVREV、EVDFWD、EVDREV、EVSTOP、EVFRQ、EVWRT、EVRDST、EVRD）；

（4）外设指令（FROM、DFROM、TO、DTO、REF、REFF、EROMWR）；

（5）程序流控制指令（WDT）。

仿真程序支持的中断也与 PLC 有一定的差别，主要支持 X0～X7 的上升沿与下降沿中断，高速计数器中断、定时中断，但不支持失电中断和串口中断。

自己练习

通过学习 PLC 仿真的使用，将实训项目 1 的程序下载到仿真器中，进行模拟仿真，验证控制效果，并观察时序波形。

1.4 PLC 产生和应用

1. PLC 的产生

20 世纪 60 年代末，随着市场的转变，工业生产开始由大批量少品种的生产转变为小批量多品种的生产方式，而当时这类大规模生产线的控制装置大都是由继电控制盘构成的，这种控制装置体积大、耗电多、可靠性低，尤其是改变生产程序很困难。为了改变这种状况，1968 年美国通用汽车公司对外公开招标，要求用新的控制装置取代继电控制盘以改善生产，公司提出了如下 10 项招标指标：

（1）编程方便，现场可修改程序；

（2）维修方便，采用插件式结构；

（3）可靠性高于继电控制盘；

（4）体积小于继电控制盘；

（5）数据可直接送入管理计算机；

（6）成本可与继电控制盘竞争；

（7）输入可为市电；

（8）输出可为市电，输出电流在 2A 以上，可直接驱动电磁阀、接触器等；

（9）系统扩展时原系统变更很少；

（10）用户程序存储器容量大于 4KB。

针对上述 10 项指标，美国的数字设备公司（DEC 公司）于 1969 年研制出了第一台可编程控制器，投入通用汽车公司的生产线中，实现了生产的自动化控制，取得了满意的效果。此后，1971 年日本开始生产可编程控制器，1973 年欧洲开始生产可编程控制器。这一时期，它主要用于取代继电器控制，只能进行逻辑运算，故称为可编程逻辑控制器（Programmable Logical Controller），简称 PLC。

20 世纪 70 年代后期，随着微电子技术和计算机技术的迅速发展，可编程逻辑控制器更多地具有计算机的功能，不仅用于逻辑控制场合、用来代替继电控制盘，还可以用于定位控

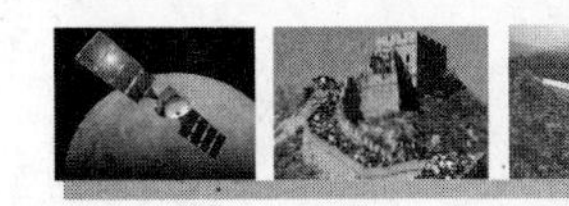

制、过程控制、PID 控制等所有控制领域，故称为可编程控制器（Programmable Controller，PC）。但为了与 PC（Personal Computer，个人计算机）相区别，通常人们仍习惯地用 PLC 作为可编程控制器的简称。

我国从 1974 年也开始研制 PLC。如今，PLC 已经大量应用在进口和国产设备中，各行各业也涌现了大批应用 PLC 改造设备的成果，并且已经实现了 PLC 的国产化。例如，由麦格米特控制技术有限公司出品的 MC 系列 PLC，其各项性能指标均可以与同类的国外产品相媲美。

现在生产的设备越来越多地采用 PLC 作为控制装置。因此了解 PLC 工作原理，具备设计、调试和维修 PLC 控制系统的能力，已经成为现代工业对电气工作人员和工科学生的基本要求。

2．PLC 的应用

PLC 随着其性价比的不断提高，其应用范围正不断扩大，总体来讲，PLC 的用途大致有以下几个方面。

1）开关量逻辑控制

这是 PLC 最基本、最广泛的应用领域。PLC 具有“与”、“或”、“非”等逻辑指令，可以实现触点和电路的串、并联，代替继电器进行组合逻辑控制、定时控制与顺序逻辑控制。开关量逻辑控制可以用于单台设备，也可以用于自动生产线，其应用领域已遍及各行各业。

2）运动控制

PLC 使用专用的指令或运动控制模块，对直线运动或圆周运动进行控制，可实现单轴、双轴、三轴和多轴位置控制，使运动控制与顺序控制功能有机地结合在一起。PLC 的运动控制功能广泛地用于各种机械，如金属切削机床、金属成形机械、装配机械、机器人、电梯等。

3）过程控制

过程控制是指对温度、压力、流量等连续变化的模拟量的闭环控制。PLC 通过模拟量 I/O 模块，实现模拟量（Analog）和数字量（Digital）之间的 A/D 与 D/A 转换，并对模拟量实行闭环 PID（比例—积分—微分）控制。现代的 PLC 一般都有 PID 闭环控制功能，这一功能可以用 PID 功能指令或专用的 PID 模块来实现。PLC 的 PID 闭环控制功能已经广泛地应用于塑料挤压成型机、加热炉、热处理炉、锅炉等设备，以及轻工、化工、机械、冶金、电力、建材等行业。

4）数据处理

现代的 PLC 具有数学运算（包括四则运算、矩阵运算、函数运算、字逻辑运算、求反、循环、移位和浮点数运算等）、数据传送、转换、排序和查表、位操作等功能，可以完成数据的采集、分析和处理。这些数据可以与储存在数据存储器中的参考值比较，也可以用通信功能传送到别的智能装置，或者将它们打印制表。

5）通信和联网

PLC 的通信包括主机与远程 I/O 之间的通信、多台 PLC 之间的通信、PLC 与其他智能控

制设备（如计算机、变频器、数控装置）之间的通信。PLC 与其他智能控制设备一起，可以组成“分散控制、集中管理”的分布式控制系统，以满足工厂自动化系统发展的需要。

目前，可编程控制器在国内外已广泛应用于钢铁、石油、化工、电力、建材、机械制造、汽车、轻纺、交通运输、环保等各行各业，如图 1-36 所示。

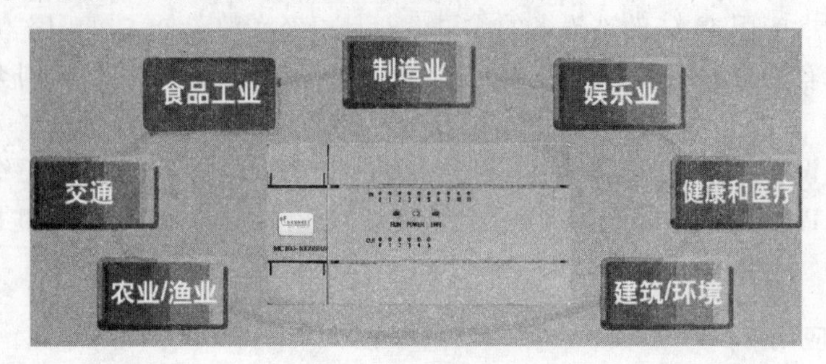

图 1-36　PLC 的应用

1.5　PLC 特点和结构

1. PLC 的特点

PLC 之所以能够迅速发展，除了它顺应了工业自动化的客观要求之外，更重要的一方面是由于它具有许多适合工业控制的优点，较好地解决了工业控制领域中普遍关心的可靠、安全、灵活、方便、经济等问题。PLC 具有以下几个显著的特点。

1）可靠性高，抗干扰强

传统的继电器控制系统中使用了大量的中间继电器、时间继电器，由于触点接触不良，容易出现故障。PLC 用软件代替大量的中间继电器和时间继电器，仅剩下与输入和输出有关的少量硬件，接线可减少到继电器控制系统的 1/10～1/100，因触点接触不良造成的故障大为减少。PLC 使用了一系列硬件和软件抗干扰措施，如电源有 1kV/μs 的脉冲干扰时，PLC 不会出现误动作；它还具有很强的抗震动和抗冲击能力；可以直接用于有强烈干扰的工业生产现场，PLC 已被广大用户公认为最可靠的工业控制设备之一。

2）功能强大，性价比高

一台小型 PLC 内有成百上千个可供用户使用的编程元件，有很强的功能，可以实现非常复杂的控制功能，与相同功能的继电器系统相比，具有很高的性价比。

3）编程简易，现场可修改

梯形图是使用得最多的 PLC 的编程语言，其图形符号和表达方式与继电器电路原理图相似。梯形图语言形象直观，易学易懂，熟悉继电器电路图的电气技术人员，只需花几天时间就可以熟悉梯形图语言，并用来编制用户程序，而且可以根据现场情况，在生产现场边调试边修改程序，以适应生产需要。

4）配套齐全，使用方便

PLC 产品已经标准化、系列化、模块化，配备有品种齐全的各种硬件和软件供用户选用，

用户能灵活方便地进行系统配置，组成不同功能、不同规模的系统。PLC的安装接线也很方便，一般通过接线端子连接外部设备。PLC有较强的带负载能力，可以直接驱动一般的电磁阀和中小型交流接触器，使用起来极为方便。

5）寿命长，体积小，能耗低

PLC平均无故障时间可达到数万小时以上，使用寿命可达几十年。对于复杂的控制系统，使用PLC后，可以减少大量的中间继电器和时间继电器，因此，控制柜的体积可以缩小到原来的1/2～1/10。特别是小型PLC的体积仅相当于两个继电器的大小，且能耗仅为数瓦，所以它是机电一体化设备的理想控制装置。

6）系统的设计、安装、调试、维修工作量少，维修方便

PLC用软件取代了继电器控制系统中大量的硬件，使控制柜的设计、安装、接线工作量大大减少。对于复杂的控制系统，如果掌握了正确的设计方法，设计梯形图的时间比设计继电器系统电路图的时间要少得多。PLC可以将现场调试过程中发现的问题通过修改程序来解决，而且还可以在实验室里模拟调试用户程序，系统的调试时间比继电器系统少得多。PLC的故障率很低，且有完善的自诊断和显示功能。当PLC外部的输入装置和执行机构发生故障时，可以根据PLC上的发光二极管或编程器提供的信息方便地查明故障的原因和部位，可以迅速地排除故障，维修极为方便。

CPU板、输入板、输出板、电源板等紧凑地安装在一个标准机壳内，构成一个整体，组成PLC的一个基本单元（主机）或扩展单元。基本单元上设有扩展接口，通过扩展电缆与扩展单元相连。整体式PLC一般配有许多专用的特殊功能模块，如模拟量I/O模块、热电偶/热电阻模块、通信模块等，以构成PLC的不同配置。整体式PLC的体积小、成本低、安装方便。

2．PLC的结构

可编程控制器的结构多种多样，但其组成的一般原理基本相同，都是以微处理器为核心的结构，其功能的实现不仅基于硬件的作用，更要靠软件的支持，实际上可编程控制器就是一种新型的工业控制计算机。

可编程控制器主要由中央处理器（CPU）、存储器（RAM、ROM）、输入/输出（I/O）单元、电源和编程器等几部分组成，其结构框图如图1-37所示。

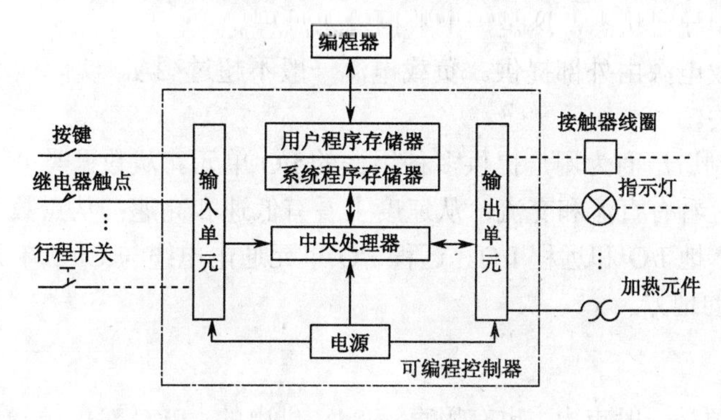

图1-37　小型可编程控制器结构框图

1）中央处理器（CPU）

可编程控制器中常用的CPU主要采用通用微处理器（如8080、8086、80286、80386等）、单片机（如8031、8096等）和双极型位片式微处理器（如AM2900、AM290l、AM2903等）3种类型。可编程控制器的档次越高，CPU的位数也越多，运算速度也越快，功能指令越强，MC100/MC200系列可编程控制器使用的微处理器是MSP430系列单片机。

2）存储器

可编程控制器配有两种存储器：系统程序存储器和用户程序存储器。系统程序存储器存放系统管理程序；用户程序存储器存放用户编制的控制程序。小型可编程控制器的存储器容量一般在8K字节以下。常用的存储器有CMOSRAM、EPROM和EEPROM。CMOSRAM是一种可进行读写操作的随机存储器存放用户程序，生成用户数据区，存放在RAM中的用户程序可方便地修改。CMOSRAM存储器是一种高密度、低功耗、价格便宜的半导体存储器，可用锂电池作备用电源。掉电时，可以有效地保持存储的信息。锂电池的寿命一般为5～10年，若经常带负载可维持2～5年。EPROM、EEPOM都是只读存储器。往往用这些类型存储器固化系统管理程序和用户程序。EEPROM存储器又可写成E^2PROM，是一种电可擦除可编程的只读存储器，既可按字节进行擦除又有可整片擦除的功能。

3）输入/输出（I/O）单元

实际生产过程中的信号电平是多种多样的，外部执行机构所需的电平也是千差万别的，而可编程控制器的CPU所处理的信号只能是标准电平，正是通过输入/输出单元实现了这些信号电平的转换。输入/输出单元实际上是PLC与被控对象间传递输入/输出信号的接口部件。输入/输出单元有良好的电隔离和滤波作用。接到PLC输入接口的输入器件是各种开关、按钮、传感器等。PLC的各种输出控制器件往往是电磁阀、接触器、继电器，而继电器有交流型和直流型、高电压型和低电压型、电压型和电流型之分。

各种PLC的输入电路大都相同，通常有3种类型。一是直流（12～24V）输入，二是交流（100～120V、200～240V）输入，三是交直流（12～24V）输入。外界输入器件可以是无源触点或者有源传感器的集电极开路的晶体管，这些外部输入器件是通过PLC输入端子和PLC相连的。

PLC输入电路中有光耦合器隔离，并设有RC滤波器，用以消除输入触点的抖动和外部噪声干扰。当输入开关闭合时，电路中流过电流，输入指示灯亮，光耦合器被激励，三极管从截止状态变为饱和导通状态，这是一个数据输入过程。

输出电路的负载电源由外部提供。负载电流一般不超过2A。实际应用中，输出电流额定值与负载性质有关。

通常，PLC的制造厂商为用户提供多种用途的I/O单元。从数据类型上看有开关量和模拟量；从电压等级上看有直流和交流；从速度上看有低速和高速；从点数上看有多种类型；从距离上看可分为本地I/O和远程I/O。远程I/O单元通电电缆与CPU单元连接，可放在距CPU单元数百米远的地方。

4）电源

PLC的供电电源是一般市电，也有用直流24V供电的。PLC对电源稳定度要求不高，一般允许电源电压额定值在–15%～+10%的范围内波动。PLC 内有一个稳压电源用于对 PLC 的 CPU 单元和 I/O 单元供电，小型 PLC 电源往往和 CPU 单元合为一体，中大型 PLC 都有专门电源。有些 PLC 电源部分还有 24VDC 输出，用于对外部传感器供电，但电流往往是毫安级。

5）编程器

编程器是 PLC 的最重要外围设备。利用编程器将用户程序送入 PLC 的存储器，还可以用编程器检查程序、修改程序。利用编程器还可以监视 PLC 的工作状态。编程器一般分简易型编程器和智能型编程器。小型 PLC 常用简易型编程器，大中型 PLC 多用智能型 CRT 编程器。除此以外，在个人计算机上添加适当的硬件接口和软件包，即可用个人计算机对 PLC 编程。利用微机作为编程器，可以直接编制并显示梯形图。目前文本编辑器、触摸屏等也有大规模的应用。

1.6 PLC 编程语言

目前 PLC 普遍采用的编程语言——梯形图，以其直观、形象、简单等特点为广大用户所熟悉和接受。但是，随着 PLC 功能的不断增强，梯形图一统天下的局面将被打破。新一代的 PLC 除了采用梯形图编制用户程序以外，还可以采用 IMC 规定的用于顺序控制的标准化语言——SFC（顺序功能图）。此外，有些 PLC 还采用与计算机兼容的 BASIC 语言、C 语言及汇编语言等编制用户程序。多种语言并存、互补不足将是今后 PLC 编程语言发展的趋势。

1. 程序分类

PLC 编程语言标准（IMC61131-3）中有 5 种编程语言，即梯形图（LAdder Diagram）、指令表（Instruction List）、顺序功能图（Sequential Function Chart）、功能块图（Function Block Diagram）、结构文本（Structured Text）。MC 系列 PLC 主要应用梯形图（LAD）、顺序功能图（SFC）、指令表（IL）。

1）梯形图（LAD）

梯形图是一种以图形符号及其在图中的相互关系来表示控制关系的编程语言，是从继电器电路图演变过来的，是使用得最多的 PLC 图形编程语言。梯形图与继电器控制系统的电路图很相似，直观易懂，很容易被熟悉继电器控制的电气人员掌握，特别适用于开关量逻辑控制。梯形图由触点、线圈和应用指令等组成，触点代表逻辑输入条件，如外部的开关、按钮和内部条件等；线圈通常代表逻辑输出结果，用来控制外部的指示灯、交流接触器等。

梯形图根据电气（继电器）控制图的原理，抽象出几种基本编程元素。

（1）左母线：对应于电气控制图中的控制母线，为控制回路提供控制电源。

（2）连接线（— |）：代表电气控制图的电气连接，用于导通彼此相连的其他元件。

（3）触点（⊣⊢）：代表电气控制图中的输入接点，控制着回路中的控制电流的通断，决定着控制电流的方向。触点的并联、串联的连接关系，实质上是代表了控制电路输入逻辑的运算关系，控制着能流的传递。

（4）线圈（-○）：代表电气控制图中的继电器输出。

（5）功能块（□）：又称应用指令，对应于电气控制图中连接的完成特殊功能的执行机

构或功能器件，功能块可以完成特定的控制功能或控制计算功能（如数据传输、数据运算、计时器、计数器等）。

（6）能流：能流在梯形图程序中是一个很重要的概念，能流用于驱动线圈元件和应用指令，与电气控制图中驱动线圈输出和机构执行的控制电流相类似。在梯形图中线圈或应用指令前端必须接入能流，当能流有效时，线圈元件才能输出，应用指令才能被有效执行。图 1-38 演示了梯形图中的能流传递及能流对线圈或功能块的驱动作用。

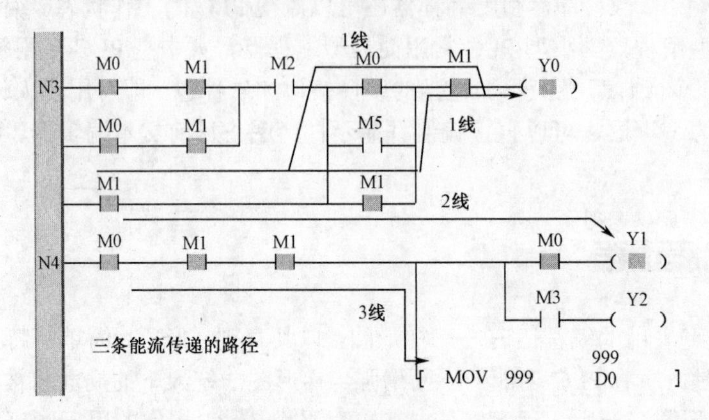

图 1-38　能流驱动作用

梯形图具有如下的特点。

（1）PLC 梯形图中的某些编程元件沿用了继电器这一名称，如输入继电器、输出继电器、内部辅助继电器等，它们不是真实的物理继电器（即硬件继电器），而是在梯形图中使用的编程元件（即软元件）。每一软元件与 PLC 存储器中元件映像寄存器的一个存储单元相对应，以辅助继电器为例，如果该存储单元为 0 状态，则梯形图中对应的软元件的线圈“断电”，其常开触点断开，常闭触点闭合，该软元件称为 0 状态或称为 OFF（断开）。如果该存储单元为 1 状态，则对应软元件的线圈“有电”，其常开触点接通，常闭触点断开，该软元件称为 1 状态或称为 ON（接通）。

（2）根据梯形图中各触点的状态和逻辑关系，求出图中各线圈对应的软元件的 ON/OFF 状态，称为梯形图的逻辑运算。逻辑运算是按梯形图中从上到下、从左至右的顺序进行的，运算的结果可以马上被后面的逻辑运算所利用。逻辑运算是根据元件映像寄存器中的状态，而不是根据运算瞬时外部输入触点的状态来进行的。

（3）梯形图中各软元件的常开触点和常闭触点均可以无限多次地使用。

（4）输入继电器的状态仅取决于对应的外部输入电路的通断状态，因此在梯形图中不能出现输入继电器的线圈。

（5）辅助继电器相当于继电控制系统中的中间继电器，用来保存运算的中间结果，不对外驱动负载，负载只能由输出继电器来驱动。

2）指令表（IL）

PLC 的指令是一种与微型计算机的汇编语言中的指令相似的助记符表达式，由指令组成的程序称为指令表程序。指令表程序较难阅读，其中的逻辑关系很难一眼看出，所以在设计时一般使用梯形图语言。如果使用手持式编程器，必须将梯形图转换成指令表后再写入 PLC。

在用户程序存储器中，指令按步序号顺序排列。

指令列表是文本化的用户程序，是用户编写的指令序列集。存储在 PLC 主模块中用于执行的用户程序，实际上是主模块可识别的指令序列，系统逐条执行序列中的每一条指令，实现用户程序的控制功能。图 1-39 是梯形图转换成指令列表的示例。

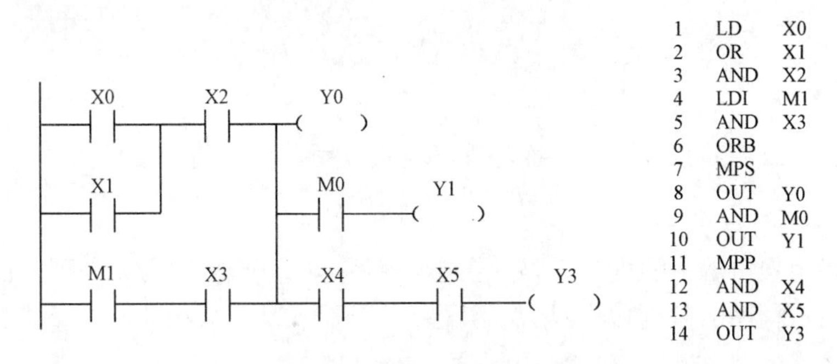

图 1-39　梯形图转换成指令语句表

3）顺序功能图（SFC）

顺序功能图用来描述开关量控制系统的功能，是一种位于其他编程语言之上的图形语言，用于编制顺序控制程序。顺序功能图提供了一种组织程序的图形方法，根据它可以很容易地画出顺序控制梯形图程序。

顺序控制是指可划分多个工序（处理步骤），并按一定工作顺序进行处理的控制过程。按顺序功能图设计出的用户程序，程序结构与实际的顺序控制过程相符合，比较直观清晰。图 1-40 是一个简单顺序功能图的示例。

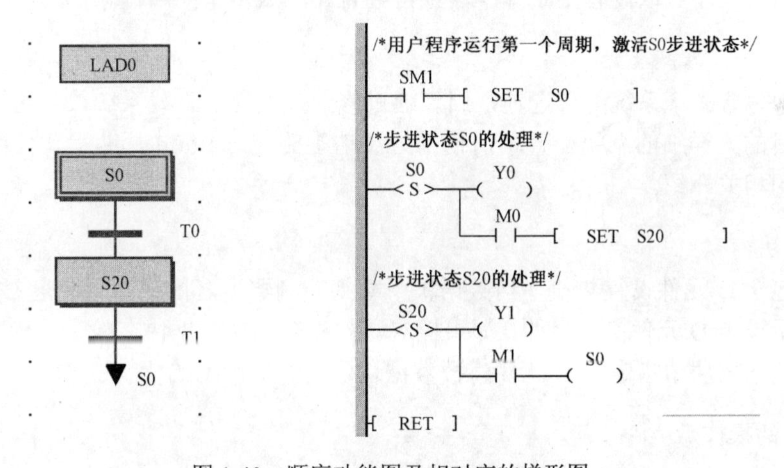

图 1-40　顺序功能图及相对应的梯形图

4）功能块图（FBD）

这是一种类似于数字逻辑门电路的编程语言，有数字电路基础的人很容易掌握。该编程语言用类似与门、或门的方框来表示逻辑运算关系，方框的左侧为逻辑运算的输入变量，右侧为输出变量，输入、输出端的小圆圈表示“非”运算，方框被“导线”连接在一起，信号自左向右流动，国内很少有人使用功能块图语言。

5）结构文本（ST）

结构文本（ST）是为IMC61131-3标准创建的一种专用的高级编程语言。与梯形图相比，它能实现复杂的数学运算，编写的程序非常简洁和紧凑。IMC标准除了提供几种编程语言供用户选择外，还允许编程者在同一程序中使用多种编程语言，这使编程者能选择不同的语言来适应特殊的工作。

2．程序要素

用户程序、系统块和数据块，被称为程序要素。用户可以通过编程修改程序要素。

1）用户程序

用户程序是用户所编写的程序代码，经过编译后形成可执行的指令序列，下载到控制器，由控制器执行用户程序的控制功能。用户程序由主程序、子程序、中断程序三类程序体（POU）构成。

（1）主程序（MAIN）。主程序是用户程序的主体和框架。系统处于运行状态时，主程序被循环执行。任一用户程序有且只有一个主程序。

（2）子程序（SBR）。子程序是一段结构和功能上独立的、可以被其他程序体调用的用户程序，通常具有调用操作数接口，只在被调用时被执行。一个用户程序可以没有子程序，也可包含一个或多个子程序。

（3）中断程序（INT）。中断程序是处理特定中断事件的用户程序段。某个特定的中断事件总是对应于特定的中断程序。只要中断事件发生，一个正常的扫描周期将被打断，用户程序流自动跳转到中断程序执行，直至执行到中断返回指令系统才又恢复到正常的扫描周期流程上。一个用户程序可以没有中断程序，也可包含一个或多个中断程序。

2）系统块

系统块中包含多个系统配置选项，用户通过修改、编译、下载系统块，达到配置主模块运行模式的目的。详细的系统配置项的使用方法请参阅《X_Builder 编程软件用户手册》中关于系统块的相关介绍。

3）数据块

数据块包含D元件设置数值，当数据块下载到控制器中，指定D元件将被赋予设置值，从而达到批量设定D元件值的目的。如果控制器被配置为在数据块有效工作模式下，在用户程序运行前，数据块中指定的D元件将按数据块中内容进行初始化。

3．指令的操作数

指令的操作数可分为源操作数和目的操作数两类：

（1）源操作数：指令对其数据进行读取，用于运算处理。在指令说明中用（S）来表示，多于1个的，用（S1）、（S2）、（S3）等表示。

（2）目的操作数：指令对目的操作数进行控制或输出。在指令说明中用（D）来表示，多于1个的，用（D1）、（D2）等表示。

操作数有位元件，也有单字元件或双字元件，还有常数。

1.7　PLC 控制系统设计过程

用 PLC 完成对生产过程的自动控制，设计任务分为硬件和软件设计两部分，具体地讲，一般可按图 1-41 所示的步骤进行。

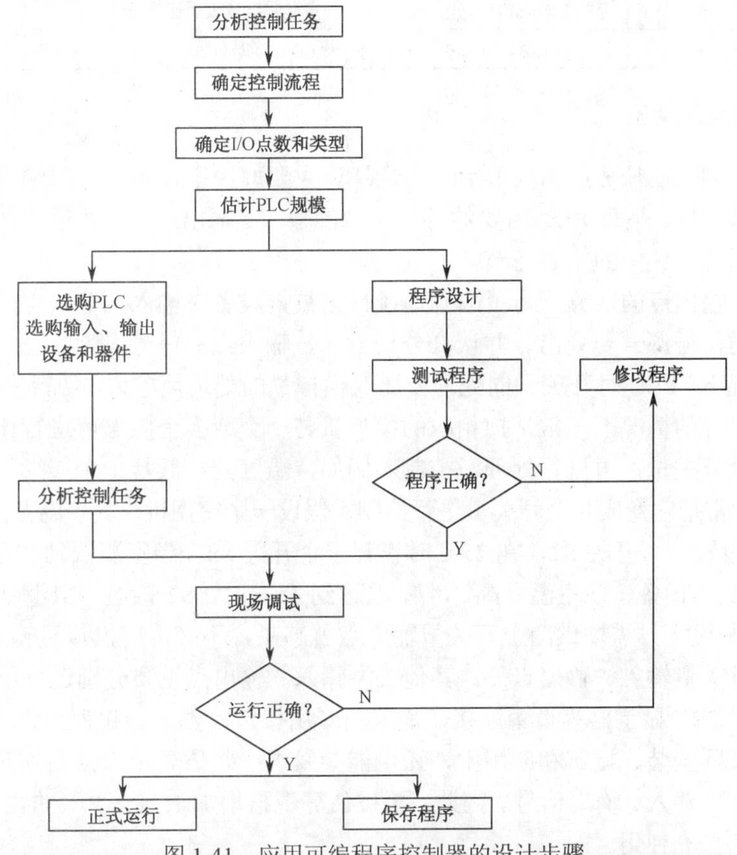

图 1-41　应用可编程序控制器的设计步骤

1. 画工艺流程图和动作顺序表

设计一个 PLC 控制系统时，首先必须详细分析控制过程与要求，全面、清楚地掌握具体的控制任务，确定被控系统必须完成的动作及完成这些动作的顺序，画出工艺流程图和动作顺序表。对 PLC 而言，必须了解哪些是输入量，用什么传感器等来反映和传送输入信号，哪些是输出量（被控量），用什么执行元件或设备接收 PLC 送出的信号。常见的输入、输出类型如表 1-2 所示。

表 1-2　常见的输入、输出类型

类　型		示　例
输入	开关量	操作开关、行程开关、光电开关、继电器触点、按键
	模拟量	流量、压力、温度等传感器信号
	中断	限位开关、故障信号、停电信号

续表

类型		示例
输入	脉冲量	串行信号、各种脉冲源
	字输入	计算机接口、键盘
输出	开关量	继电器、接触器、指示灯、电磁阀、制动器、离合器
	模拟量	晶闸管触发信号、流量、压力、温度等记录仪表、比例调解阀
	字输出	数字显示器、计算机接口、CRT 接口、打印机接口

2. 选择 PLC

为完成预定的控制任务所需要的 PLC 的规模，主要取决于设备对输入输出点的需求量和控制过程的难易程度。估算 PLC 需要的各种类型的输入、输出点数，并据此估算出用户的存储容量，它是系统设计中的重要环节。

（1）输入、输出点的估算：为了准确地统计出被控设备对输入、输出点的总需求量，可以把被控设备的信号源一一列出，并认真分析输入、输出点的信号类型。

在一般情况下，PLC 对开关量的处理要比对模拟量的处理简单、方便得多，也更为可靠。因此，在工艺允许的情况下，常常把相应的模拟量与一个或多个门槛值进行比较，使模拟量变为一个或多个开关量，再进行处理、控制。例如，温度的高低是一个连续的变化量，而在实际工作中，常常把它变成几个开关量进行控制。假设一个空调机，其控温范围是 20～25℃，可以在 20℃时设置一个开关 S1，在 25℃时设置一个开关 S2。当室温低到 20℃时，Sl 接通、S2 断开，启动加热设备，使室温升高。当室温达到 25℃时，S2 接通、S1 断开，停止升温。这样，对 PLC 来说，只需提供两个开关量输入点就够了，不必再用模拟量输入。

除大量的开关量输入、输出点外，其他类型输入、输出点也要分别进行统计，PLC 与计算机、打字机、CRT 显示器等设备连接，需要用专用接口，也应一起列出来。

考虑到在实际安装、调试和应用中，还可能会发现一些估算中未预见到的因素，要根据实际情况增加一些输入、输出信号。因此，要按估算数再增加 15%～20%的输入、输出点数，以备将来调整、扩充使用。

（2）存储容量的估算：小型 PLC 的用户存储器是固定的，不能随意扩充选择。因此，选购 PLC 时，要注意它的用户存储器容量是否够用。

用户程序占用内存的多少与多种因素有关。例如，输入、输出点的数量和类型，输入、输出量之间关系的复杂程度，需要进行运算的次数，处理量的多少，程序结构的优劣等；都与内存容量有关。因此在用户程序编写、调试好以前，很难估算出 PLC 所应配置的存储容量。一般只能根据输入、输出点数及其类型，控制的繁简程度加以估算。一般粗略的估计方法是（输入点数+输出点数）×（10～12）＝指令语句数。

在按上述数据估算后，通常增加 15%～20%的备用量，作为选择 PLC 内存容量的依据。

（3）PLC 产品的种类、型号很多，它们的功能、价格、使用条件各不相同。选用时，除输入、输出点数外，一般应考虑以下几方面的问题。

① PLC 的功能：PLC 的功能要与所完成的控制任务相适应，这是最基本的。如果选用的 PLC 功能不恰当或功能太强，很多功能用不着，就会造成不必要的浪费。如果所选的功能不强，满足不了控制任务的要求，也无法顺利的组成合适的控制系统。

一般机械设备的单机自动控制，多属简单的顺序控制，只要选用具有逻辑运算、定时器、计数器等基本功能的小型 PLC 就可以了。

如果控制任务较复杂，包含了数值计算、模拟信号处理等内容，就必须选用具有数值计算功能、模数和数模转换功能的中型 PLC。

对过程控制来说，还必须考虑 PLC 的速度。PLC 采用顺序扫描方式工作，它不可能可靠地接收持续时间小于扫描周期的信号。

例如，要检测传送带上产品的数量，如图 1-42 所示。

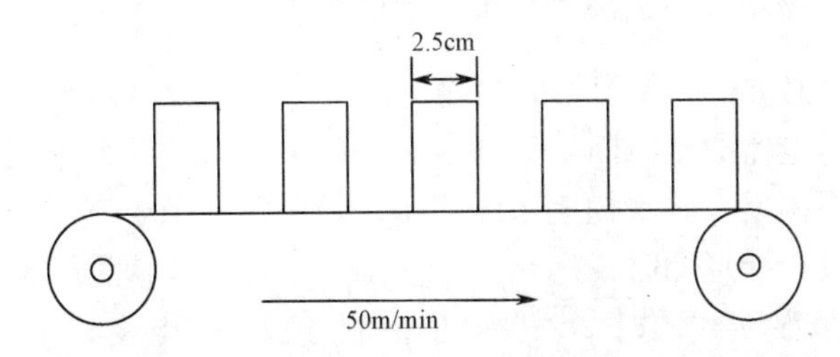

图 1-42　产品检测示意图

若产品的有效检测宽度为 2.5cm，传送速度为 50m/min，则产品通过检测点的时间间隔为：

$$T = \frac{2.5\text{cm}}{50\text{m/min}} = 30\text{ms}$$

为了确保不漏检传送带上的产品，PLC 的扫描周期必须小于 30ms，这不是所有的 PLC 都能达到的。在某些要求高速响应的场合，可以考虑扩充高速计数模块和中断处理模块等。

② 输入接口模块：PLC 的输入直接与被控设备的一些输出量相连。因此，除按前述估算结果考虑输入点数外，还要选好传感器等。考虑输入点的参数，主要是它们的工作电压和工作电流。

输入点的工作电压、工作电流的范围应与被控设备的输出值（包括传感器等的输出）相适应，最好不经过转换就能直接相连。

如果 PLC 的安装位置距被控设备较远，现场的电磁干扰又较强，就应尽量选择工作电压较高，上、下门槛值差值较大的输入接口模块，以减少长线传输的影响，提高抗干扰能力。

③ 输出接口模块：输出接口模块的任务是将 PLC 的内部输出信号变换成可以驱动执行机构的控制信号。除考虑输出点数外，在选择时通常还要注意下面两个问题。

一个是输出接口模块允许的工作电压、电流应大于负载的额定工作电压、电流值。对于灯丝负载、电容性负载、电机负载等，要注意启动冲击电流的影响，留有较大的余量。

另一个要注意的是对于感性负载，则应注意在断开瞬间，可能产生很高的反向感应电动势。为避免这种感应电动势击穿元器件或干扰 PLC 主机的正常工作，应采取必要的抑制措施。

（4）还要考虑其可靠性、价格、可扩充性、软件开发的难易、是否便于维修等问题。

3. 编制 I/O 分配对照表

一般在工业现场，各输入接点和输出设备都有各自的代号，PLC 内的 I/O 继电器也有编号。为使程序设计、现场调试和查找故障方便，要编制一个已确定下来的现场输入/输出信号

的代号和分配到PLC内与其相连的输入/输出继电器号或器件号的对照表，简称I/O分配表。还要确定需要的定时器和计数器等的数量。这些都是硬件设计和绘制梯形图的主要依据。

在上述两步完成之后，软、硬件设计工作就完全可平行进行。因为可编程控制器所配备的硬件是标准化和系列化的，它不需要根据控制要求重新进行结构设计，在选购好PLC和I/O接口模块等硬件后，要熟悉和掌握它们的性能和使用方法，然后就可直接地进行系统安装。硬件系统安装后，还要用试验程序检查其功能，以备调试软件。

4. 画出PLC与现场器件的实际连线图（安装图）

画出安装接线图是必要的，因为不同的输入信号经输入接口连接到PLC的输入端，这些输入信号使输入等效继电器通电或断电。知道它们的关系对设计梯形图而言是至关重要的，否则有可能把逻辑关系搞反，导致控制系统出错，这时需借助于安装接线图，以理清关系。另外，对照安装图来设计梯形图时，思路会更清晰，不仅可加快设计速度，而且不易出错。注意，画PLC的实际安装接线图时，还要画出控制系统的主电路。

5. 画出梯形图

根据工艺流程，结合输入、输出编号对照表和安装图，画出梯形图，此时，除应遵守在前面所介绍的编程规则和方法外，还需要注意以下两点。

（1）设计梯形图与设计继电器—接触器控制线路图的方法相类似。若控制系统比较复杂，则可以采用“化整为零”方法，待一个个控制功能的梯形图设计出来后，再“积零为整”，完善相互关系。对旧设备的改造，还可参照原有的继电器—接触器控制电路图。

（2）PLC的运行是以扫描方式进行的，它与继电器—接触器控制线路的工作不同，一定要遵照自上而下的顺序原则来编制梯形图，否则就会出错，因程序顺序不同，其结果是不一样的。如图1-43所示的梯形图中，图1-43（a）和图1-43（b）对于继电器控制线路来说，运行结果是一样的；但对PLC而言，运行结果截然不同，这一点从它们的波形图上可以清楚地看出来。

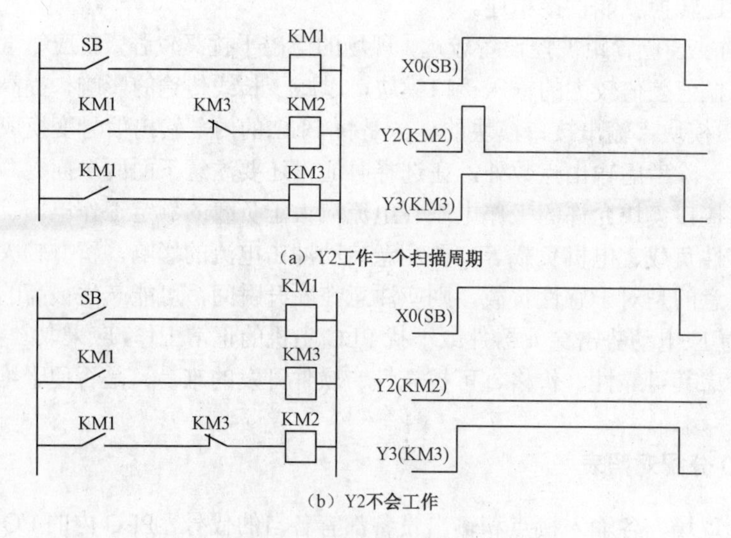

图1-43　程序的排列顺序问题

6. 按照梯形图编写指令程序、下载

依据所选用的 PLC 所规定的指令系统，编写 PLC 的梯形图。通过编程器将用户程序写入 PLC 的 RAM 中。

7. 进行系统模拟调试和完善程序

在现场调试之前，先进行模拟调试，以检查程序设计和程序输入是否正确。模拟调试就用开关组成的模拟输入器模拟现场输入信号来进行调试，输出动作情况通过输出指示灯来观察。模拟调试主要是让程序运行起来，按照工艺和控制系统要求，人为地给出输入信号，观察程序的执行情况和相应的输出动作是否正确，如有问题可及时进行修改，然后再进行调试、修改程序，直至完全正确为止。

8. 进行硬件系统的安装

在模拟调试程序的同时，进行硬件系统的安装连线。

9. 对整个系统进行现场调试和试运行

若在现场调试中又发现程序有问题，则还要返回到第 7 步，对程序进行修改，直至完全满足控制要求。

10. 正式投入使用

硬件和软件系统均满足要求后，即可正式投入使用。

11. 保存程序

将调试通过的用户程序保存起来，通常将程序内容通过打印机打出，作为技术文件使用或存档备用。如果此用户程序是反复使用的，则将调试过的程序写入 EPROM 或者 EEPROM 组件中存放。

第2章

PLC基本指令

教学导航

教	知识重点	1. PLC梯形图编程方法； 2. 基本指令； 3. 编程规则； 4. 交、直流电动机控制系统和常见低压电器； 5. PLC系统设计
	知识难点	PLC梯形图编程方法、基本指令
	推荐教学方法	结合实训项目，从典型断续控制入手引出PLC控制模式，引导学生自己完成任务，遇到问题时，教师引导与学生自行分析相结合
	建议学时	24学时
学	推荐学习方法	遵循PLC基本编程规则，严格按照PLC系统开发步骤，既要细心又要大胆地完成实训项目，在实践中掌握PLC技术
	必须掌握的理论知识	PLC梯形图编程方法、基本指令、编程规则
	必须掌握的技能	PLC基本指令、交、直流电动机控制系统和常见低压电器

相关知识

基本指令是 PLC 的最基本的语言，其重要的功能就是按照第 1 章介绍的标准进行基本的逻辑运算。掌握了基本指令也就初步掌握了 PLC 的使用和编程。

PLC 的厂商很多，其基本指令的形式虽然有所不同，但从原理上讲都是一样的，只是表现形式有所不同。

实训项目 2　交流电动机点动运行控制系统设计

1. 实训目的

通过本实训项目，复习电动机的基本知识，了解交流电动机的运行原理，掌握交流电动机的点动运行控制。

2. 实训要求

所谓点动控制，是指按下按键时，电动机就得电运转；松开按键时，电动机就失电停转。这种控制方法常用于电动葫芦的起重电动机控制和机床上的手动调校控制。

3. 断续控制实训电路及操作过程

点动控制线路是用按键、接触器来控制电动机运转的最简单的控制电路，其断续控制电路图如图 2-1 所示。除特殊强调外，本书图中全部按键都为点动按键。

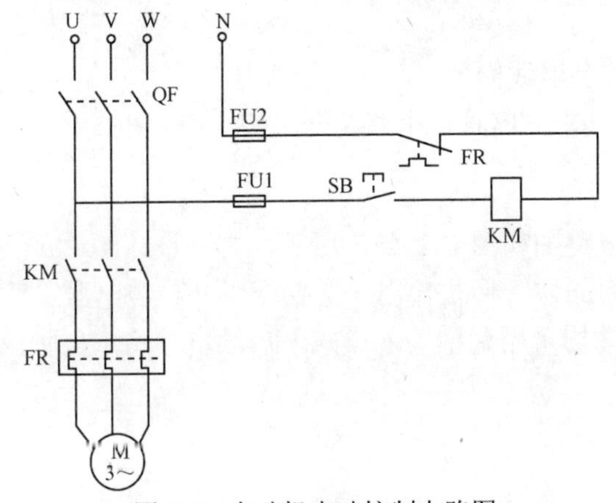

图 2-1　电动机点动控制电路图

1）电路分析

在此电路中使用了几种低压电器元件，所谓低压电器，是工作在交流 50Mz 额定电压 1000V 及以下和直流额定电压 1200V 及以下电路中的对电能的生产、输送、分配和使用起控制、调节、检测、转换及保护作用的电气设备。

2）工作原理

当电动机 M 需要点动运转时，先合上空气开关 QF，再按下启动按键 SB，接触器 KM 的线圈得电，使接触器 KM 的 3 对常开主触点闭合，电动机 M 便得电启动运转。

当电动机 M 需要停转时，只要松开启动按键 SB，接触器 KM 的线圈失电，使接触器 KM 的 3 对常开主触点恢复断开，电动机 M 失电而停转。

3）电路装接

此控制电路是电动机控制电路的基础，结合本书配套的实训设备进行实际接线操作时要注意装接电路的原则：应遵循"先主后控，先串后并；从上到下，从左到右；上进下出，左进右出"的原则进行接线。其意思是接线时应先接主电路，后接控制电路，先接串联电路，后接并联电路；并且按照从上到下，从左到右的顺序逐根连接；对于电气元件的进出线，则必须按照"上面为进线、下面为出线，左边为进线、右边为出线"的原则接线，以免造成元件被短接或接错。

装接电路的工艺要求："横平竖直，弯成直角；少用导线少交叉，多线并拢一起走"，其意思是横线要水平，竖线要垂直，弯曲要呈直角，不能有斜线；接线时尽量用最少的导线并避免导线交叉，如果一个方向多条导线，要并在一起，以免接成"蜘蛛网"。

4．PLC 控制实训电路、程序及操作过程

1）控制要求

按下启动按键 SB，电动机启动运行，松开 SB 电动机停止运行。

2）定义输入/输出（I/O）

由 PLC 输入/输出关系，定义启动按键 SB 作为 PLC 的输入信号，接触器 KM 的线圈作为输出控制信号，则有如下关系：

输入：X0：SB（常开点动按键）；

输出：Y0：KM（接触器线圈）。

定义 PLC 系统的输入、输出时，本书统一采用上面列出的输入、输出定义形式。

3）PLC 控制电路

根据控制要求，其电路图如图 2-2（a）所示，本书设计的 PLC 电路 PLC 输出形式选择的是继电器输出，如采用晶体管形式输出，需要应用外部继电器进行交直流电压的转化，如图 2-2（b）所示。输入端均采用漏型输入模式，后续电路将不再画出具体的漏型连接线。

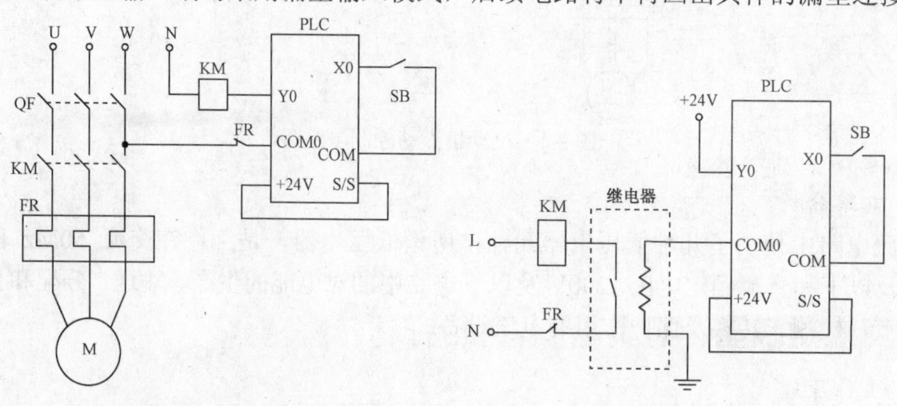

（a）继电器输出PLC控制电路　　（b）晶体管输出PLC控制电路

图 2-2　PLC 控制点动电动机运行电路图

4）程序设计

电动机点动运行是最为基本的控制电路，在利用 PLC 对其进行控制设计时，要考虑如下因素：

（1）输出线圈：每一个梯形图逻辑行都必须针对输出线圈，本例为输出线圈 Y0；

（2）线圈得电的条件：梯形图逻辑行中除了线圈外，还有触点的组合，即线圈得电的条件，也就是使线圈置 1 的条件，本例为启动按键 X0 为 ON；

（3）线圈失电的条件：即触点组合中使线圈由 ON 变为 OFF 的条件，本例为 X0 恢复常开状态。

梯形图为启动按键 X0 串接输出线圈 Y0，如图 2-3 所示。

图 2-3　PLC 控制点动电动机运行梯形图和指令语句

当启动时，按启动按键 SB，外部按键使 PLC 输入点 X0 与 COM 相连，内部输入光电耦合器工作，从而驱动逻辑处理电路中的软元件 X0，X0 能流有效，经过逻辑处理使软元件线圈 Y0 有输出，再经输出驱动电路使继电器线圈得电，触点闭合（继电器输出形式），或者使输出光电耦合器工作，开关管导通（晶体管输出形式），从而使外部电路导通，接触器 KM 线圈得电，则接触器主触点闭合，交流电动机得到三相交流电，电动机向某个方向运行旋转。

当要停止时，松开按键 SB，PLC 输入点 X0 与 COM 断开，内部输入光电耦合器不工作，软元件 X0 能流失效，则软元件线圈 Y0 没有输出，Y0 复位，从而继电器复位，触点断开（继电器输出形式），或者开关管关断（晶体管输出形式），外部电路被切断，接触器 KM 线圈失电，则接触器主触点断开，交流电动机失电，停止运行。详细内部等效电路和外部接线图如图 2-4 所示（以漏型输入、继电器输出形式为例）。

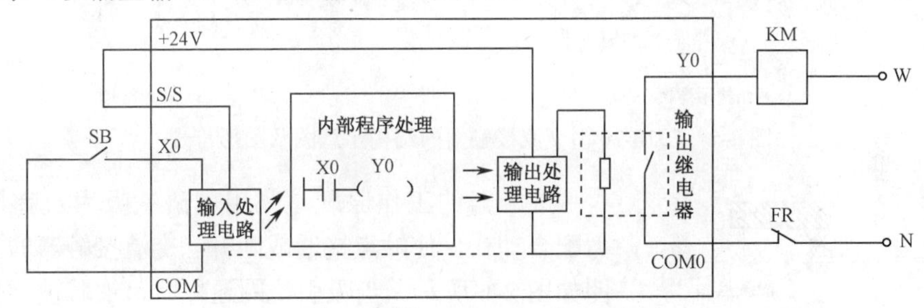

图 2-4　内部等效电路和外部接线图

5）操作运行

（1）利用仿真功能验证 PLC 程序的逻辑。

（2）关闭仿真，将逻辑正确的梯形图下载到 PLC 硬件上，进行实际操作，观察运行效果，修改并完善 PLC 程序，最终达到控制要求。

2.1　交流接触器、热继电器、空气开关和按键

由图 2-2 可知，点动控制线路的主电路由三相空气开关 QF、交流接触器主触点 KM、热继电器的热元件 FR、按键以及三相电动机 M 组成。

1．接触器 KM

接触器是一种适用于远距离频繁接通和分断交直流主电路和控制电路的自动控制电器。其主要控制对象是电动机，也可用于其他电力负载，如电热器、电焊机等。

按其触点控制交流电还是直流电，分为交流接触器和直流接触器，两者之间的差异主要是灭弧方法不同。我国常用的 CJ10-20 型交流接触器的结构示意图及图形符号如图 2-5 所示。交流接触器结构主要包括电磁系统、触点系统和灭弧装置。电磁系统包括线圈、静铁芯和动铁芯（衔铁）；触点系统包括用于接通、切断主电路的 3 对主触点和用于控制电路的 4 对辅助触点；灭弧装置用于迅速切断主触点断开时产生的电弧（一个很大的电流），以免使主触点烧毛、熔焊，对于容量较大的交流接触器，常采用灭弧栅灭弧。

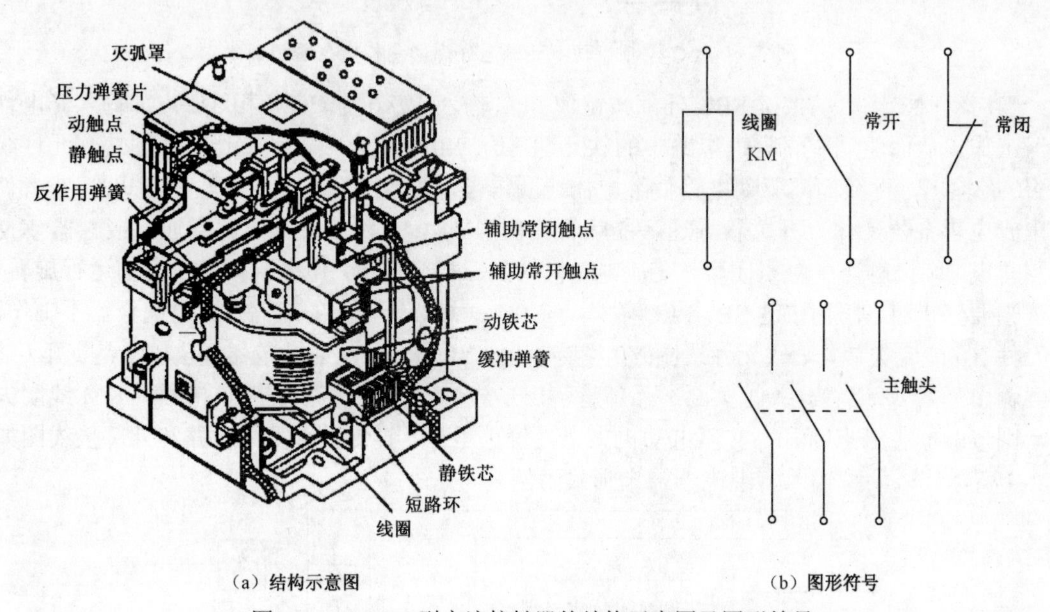

图 2-5　CJ10-20 型交流接触器的结构示意图及图形符号

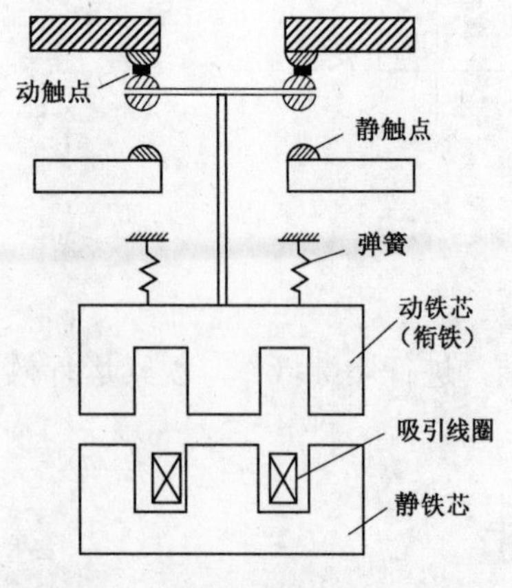

图 2-6　交流接触器的工作原理

接触器的工作原理是利用电磁铁吸力及弹簧反作用力配合动作，使触点接通或断开。交流接触器的工作原理图如图 2-6 所示。当吸引线圈通电时，铁芯被磁化，吸引衔铁向下运动，使得常闭触点（动触点）断开，常开触点（静触点）闭合，同时使主触点闭合。当线圈断电时，磁力消失，在反力弹簧的作用下，衔铁回到原来位置，也就使所有触点恢复到原来状态。

2．热继电器 FR

热继电器利用电流的热效应原理来切断电路以保护电动机，使之免受长期过载的危害。电动机过载时间过长，绕组温度超过允许值时，将会加剧绕组绝缘的老化，缩短电动机的使用年限，严重时会使电动机绕组烧毁。由于热惯性，当电路短路时，热继电器不

能立即动作使电路立即断开。因此，在继电接触器控制系统主电路中，热继电器只能用作电动机的过载保护，而不能起到短路保护的作用。同理，在电动机启动或短时过载时，热继电器也不会动作，这可避免电动机不必要的停车。热继电器主要由热元件、双金属片和触点三部分组成，其外形、结构及图形符号如图 2-7 所示。

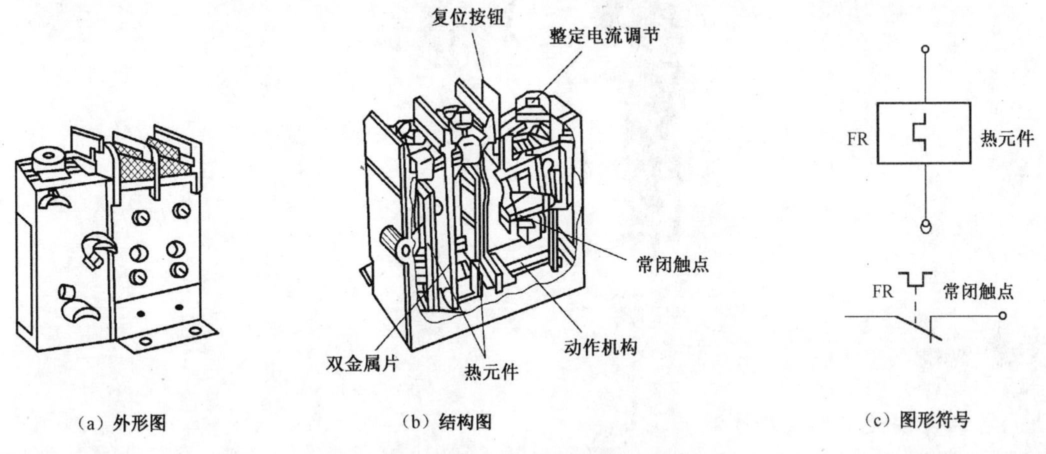

图 2-7　热继电器外形、结构及图形符号

热继电器的原理示意图如图 2-8 所示。图中热元件是一段电阻不大的电阻丝，接在电动机的主电路中。双金属片是由两种受热后有不同热膨胀系数的金属辗压而成，其中下层金属的热膨胀系数大，上层的小。当电动机过载时，流过热元件的电流增大，热元件产生的热量使双金属片中的下层金属的膨胀变长速度大于上层金属的膨胀速度，从而使双金属片向上弯曲。经过一定时间后，弯曲位移增大，使双金属片与扣扳分离脱扣。扣扳在弹簧的拉力作用下，将常闭触点断开。常闭触点是串接在电动机的控制电路中的，控制电路断开使接触器的线圈断电，从而断开电动机的主电路。若要使热继电器复位，则按下复位按键即可。

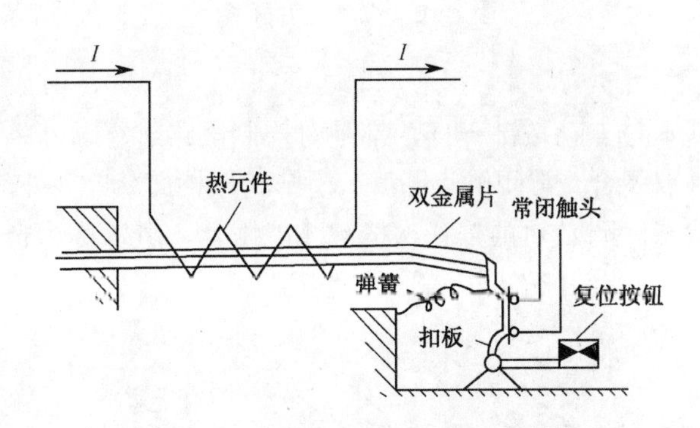

图 2-8　热继电器的原理示意图

3. 保护开关 QF（空气开关）

漏电保护开关是一种最常用的漏电保护电器。它既能控制电路的通与断，又能保证其控制的线路或设备发生漏电或人身触电时迅速自动掉闸，切断电源，从而保证线路或设备的正常运行及人身安全。其典型结构外观如图 2-9 所示。

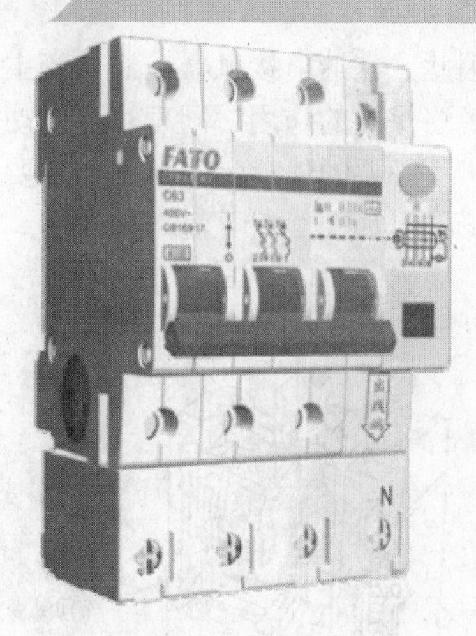

图 2-9　漏电保护开关外观图

4．按键

1）点动按键（自恢复按键）

点动按键是一种结构简单，应用广泛的主令电器，一般情况下它不直接控制主电路的通断，而在控制电路中发出手动“指令”去控制接触器、继电器等电器，再用它们去控制主电路。也可用来转换各种信号线路与电气联锁线路等。点动按键开关如图 2-10 所示。

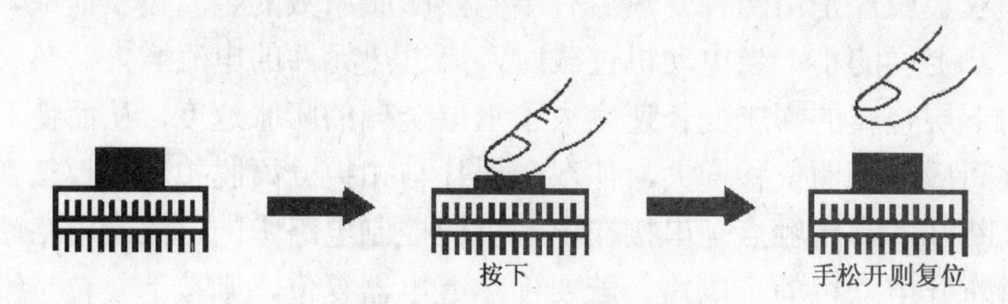

图 2-10　点动按键开关

2）自锁按键

自锁按键的作用基本与点动按键一样，都是对控制电路进行通断控制，只不过区别在于自锁按键按下后常开触点闭合，常闭触点断开，松开时保持此状态，外部按键端子并不弹起；若需要按键恢复断开状态，则必须再按一次按键才能恢复，所以称为自锁按键。自锁按键开关如图 2-11 所示。

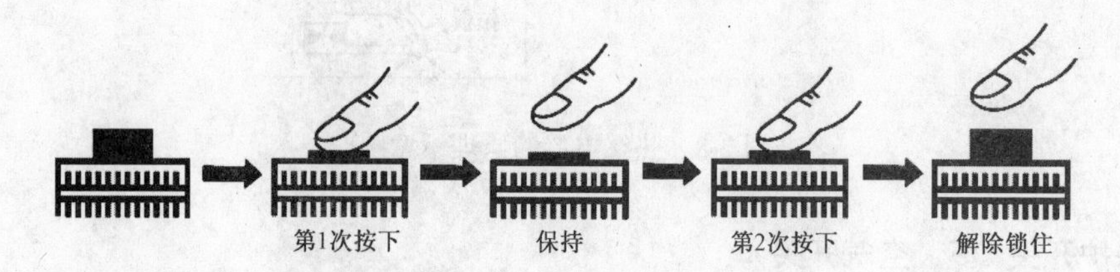

图 2-11　自锁按键开关

3）常开、常闭按键

按键按照原始状态还可以分为常开触点按键和常闭触点按键，如图 2-12 所示。

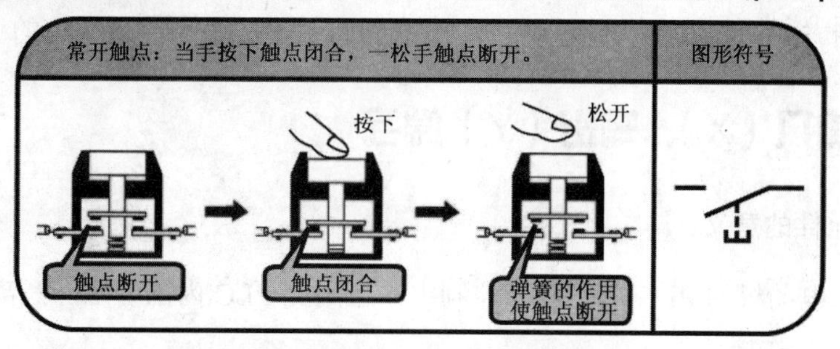

（a）常开触点按键

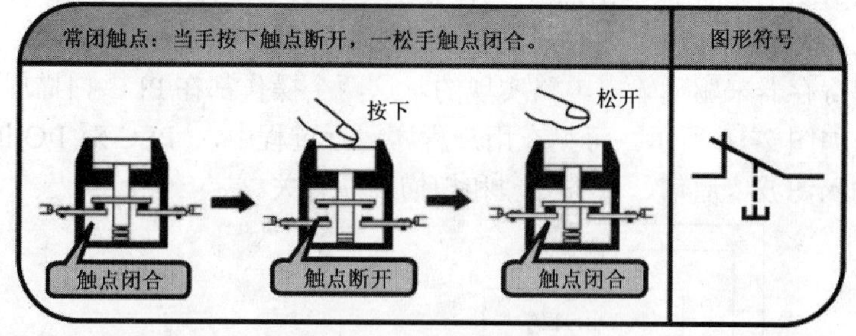

（b）常闭触点按键

图 2-12　常开触点按键和常闭触点按键

2.2　断续控制系统和梯形图比较

在 PLC 中编程是采用梯子状（Ladder）的梯形图（Ladder Diagram）。梯形图通常有左、右两条母线，两母线之间是内部继电器常开、常闭的触点及继电器线圈组成的一条条平行的逻辑行（或称梯级），每个逻辑行必须以触点与左母线连接开始，以线圈与右母线连接结束，右母线有时可以省略。触点全部用具有常开触点和常闭触点的继电器符号来表示，继电器等的线圈部分也用相应的软件来表示如图 2-13 所示，其中所有控制输出元件（线圈）和功能块（应用指令）只有一个能流输入端。

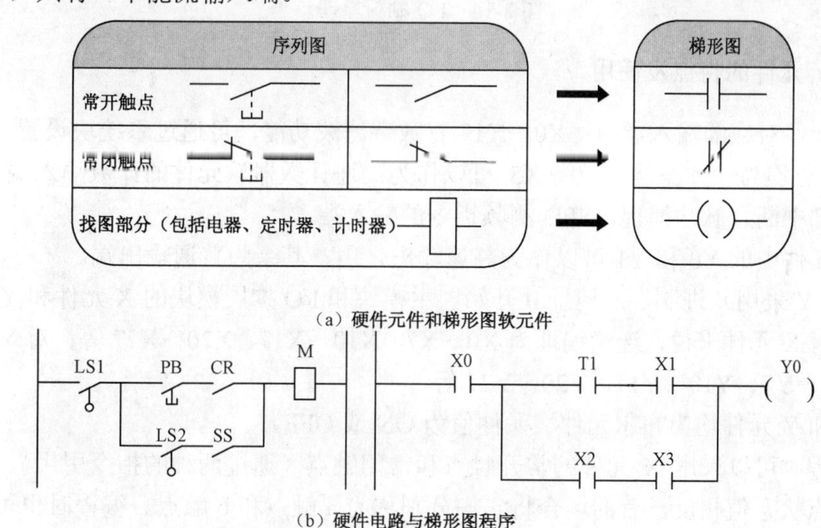

（a）硬件元件和梯形图软元件

（b）硬件电路与梯形图程序

图 2-13　断续电路与梯形图对应关系

这种梯形图方式在控制中有仍在使用继电器的感觉，成为当前最常见的 PLC 编程方式。

2.3 PLC 输入（X）、输出（Y）端子

1．X、Y 元件的意义

在三相交流电动机的 PLC 点动运行控制中，应用到 PLC 内部资源——离散输入点 X 元件和离散输出点 Y 元件。

离散输入点 X 元件和离散输出点 Y 元件分别是代表了硬件 X 端子输入状态和硬件 Y 端子输出状态的软元件。X 元件状态的采集是通过输入映像寄存器进行的。Y 元件状态的输出是通过输出映像寄存器来驱动输出电路实现的。这两个操作都在 PLC 扫描周期模型中的 I/O 刷新阶段进行，如图 2-14 所示。可见在用户程序运行过程中， PLC 对 I/O 的响应有短暂延迟的特性，与输入滤波、通信、内务处理和扫描周期有关。

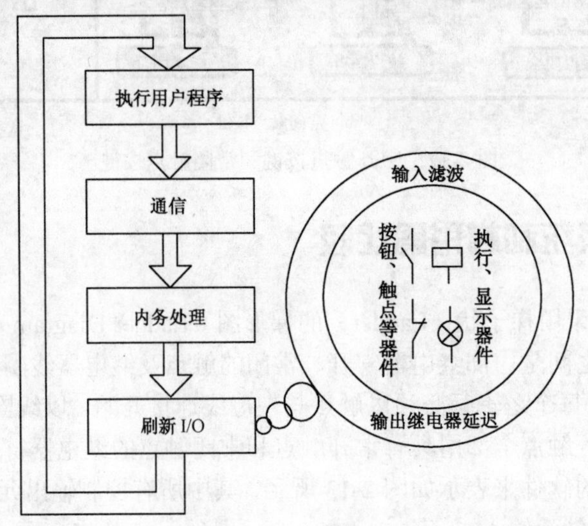

图 2-14　I/O 刷新原理

2．X、Y 元件的特点及使用

（1）X 元件对应的输入通道：X0～X17 有数字滤波功能，可通过系统块设置滤波时间；其余 X 输入点均为硬件滤波。X0～X5 可以作为高速计数器软元件的计数输入端；X0～X7 还可作为外部中断、脉冲捕捉、SPD 测频指令的输入端。

（2）Y 元件中的 Y0 和 Y1 可以作为高速输出之用，其余为普通输出端。

（3）X、Y 采用八进制，从地址 0 开始。主模块和 I/O 扩展模块的 X 元件和 Y 元件编址是连续的。对 X 元件来说，连续编址为 X0～X7、X10～X17、X20～X27 等；对 Y 来说，连续编址为 Y0～Y7、Y10～Y17、Y20～Y27 等。

（4）X 和 Y 元件均为布尔元件（元件值为 ON 或 OFF）。

（5）编程时可以采用 X 元件的常开触点和常闭触点（通过两种的指令引用）。常开和常闭这两种触点状态值相反，有的场合将它们分别称为 a 触点和 b 触点。编程时也可以采用 Y 元件的常开触点和常闭触点。

（6）X 元件只接收硬件输入状态及强制操作状态值，在用户程序中不能通过输出及设置指令修改，也不能在系统调试时接收写入状态值。

Y 元件可通过线圈输出指令来赋予其状态值，也可以被设置状态值，还可以在系统调试时接收强制及写入状态值，通过系统块可以设置在 STOP 状态下 Y 元件的输出状态。

（7）输入接线方式：PLC 内置有用户开关状态检测电源（24V DC），用户只需接入无源开关（干触点）信号即可。若要连接有源晶体管传感器的输出信号，需按集电极开路输出方式进行连接。PLC 端子排上的 S/S 端子用来选择信号的输入方式，可以设置为源型输入方式或漏型输入方式。将 S/S 端子与＋24V 端子相连，即设置为漏型输入方式，可以连接 NPN 型传感器。

源型输入方式和漏型输入方式是对开关量输入来说的。若连接 PNP 型传感器，就必须选用源型输入方式；若使用 NPN 型传感器，就必须选用漏型输入方式；若使用无电源的干触点，则漏型和源型输入方式都可选用，内部等效电路及外部接线方式如图 2-15 所示。

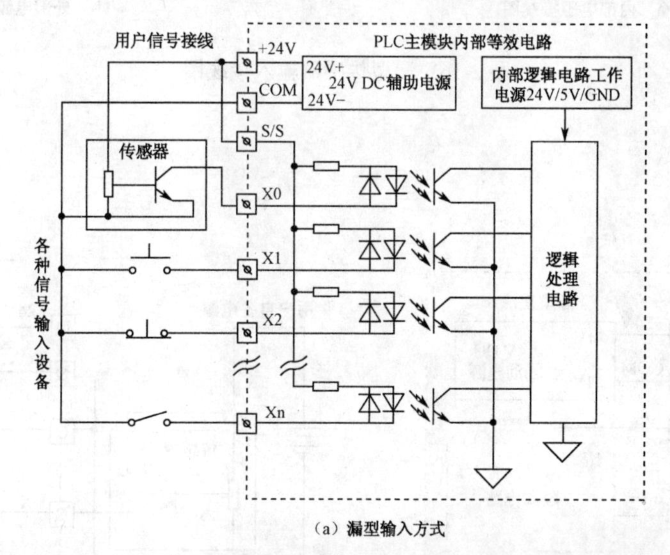

（a）漏型输入方式

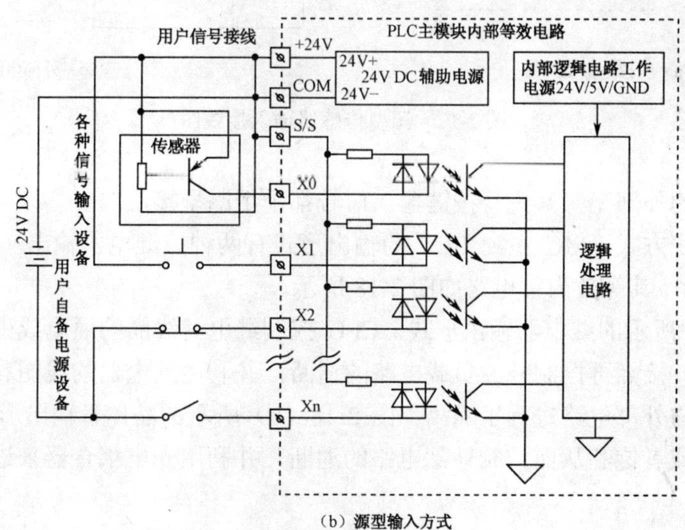

（b）源型输入方式

图 2-15 内部等效电路及外部接线方式

对于传感器输入连接线的时候，可以使用 PLC 提供的+24V 电源，也可以使用外部提供的+24V 电源，漏型接线如图 2-16 所示，源型接线如图 2-17 所示。

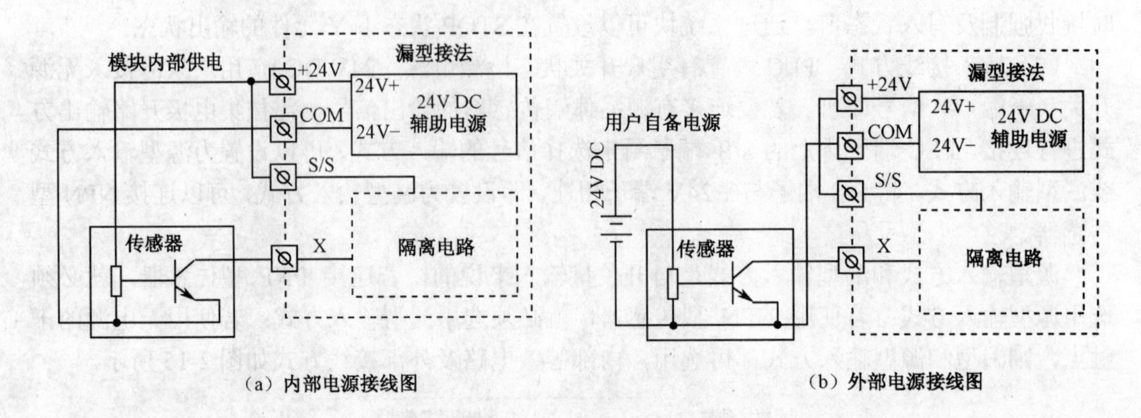

图 2-16　漏型传感器输入接线图

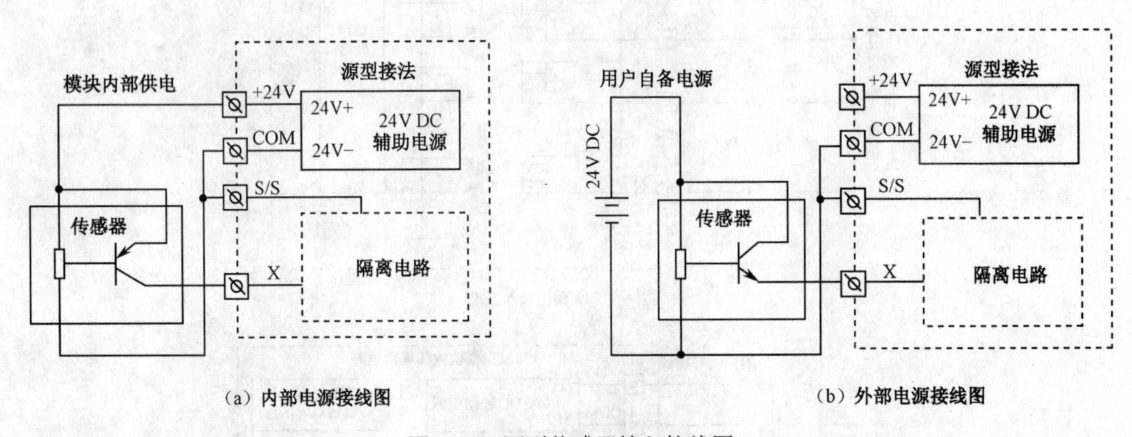

图 2-17　源型传感器输入接线图

本书所使用的外部无源开关、按键输入信号都采用漏型接法。

（8）输出接线方式：MC 系列 PLC 的输出形式有两种：继电器输出（Relay）和晶体管输出（Transistor），其等效内部电路如图 2-18 所示。

图 2-18（a）所示的继电器输出形式，CPU 控制继电器线圈的通电或失电，其接点相应的闭合或者断开，接点再控制外部负载电路的通断，并利用继电器的线圈和触点之间的电气隔离将内部电路与外部电路进行了隔离。图 2-18（b）所示的晶体管输出形式，CPU 通过控制晶体管的截止或者饱和从而控制外部电路的通断，并利用光电耦合器来进行内部电路与外部电路的隔离。

还需注意的是输出端子分为若干组，每组之间是电气隔离的，不同组的输出触点接入不

同的电源回路；对于交流回路的感性负载时，外部电路应考虑 RC 瞬时电压吸收电路；对应直流回路的感性负载，则应考虑增加续流二极管，如图 2-19 所示。

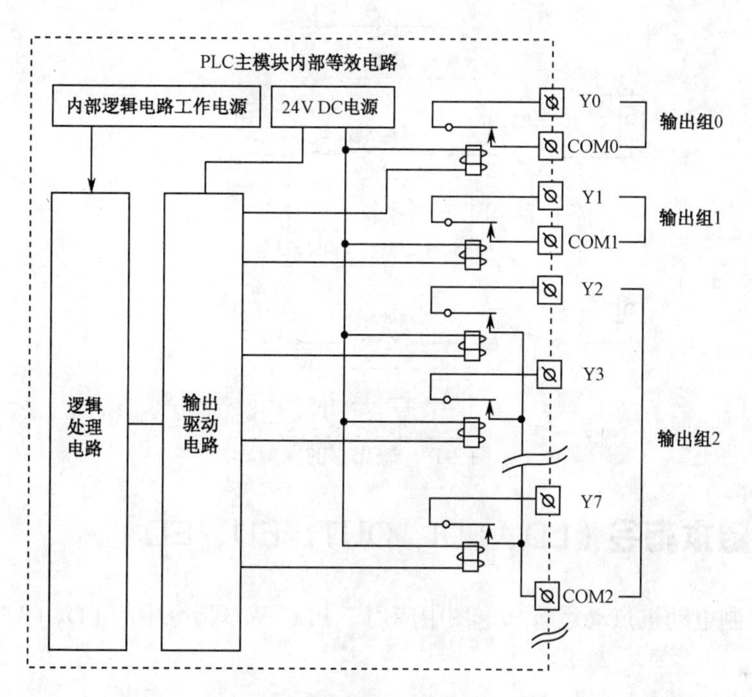

（a）继电器输出

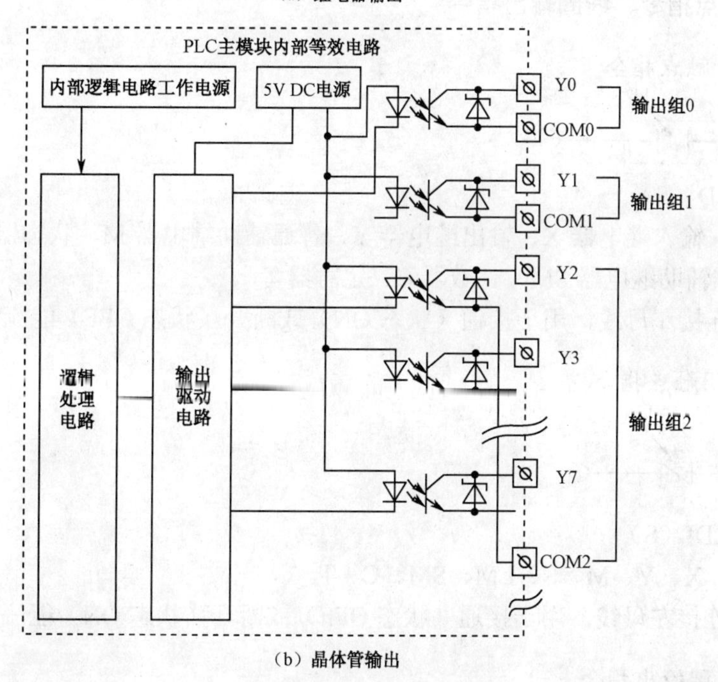

（b）晶体管输出

图 2-18　输出等效内部电路图

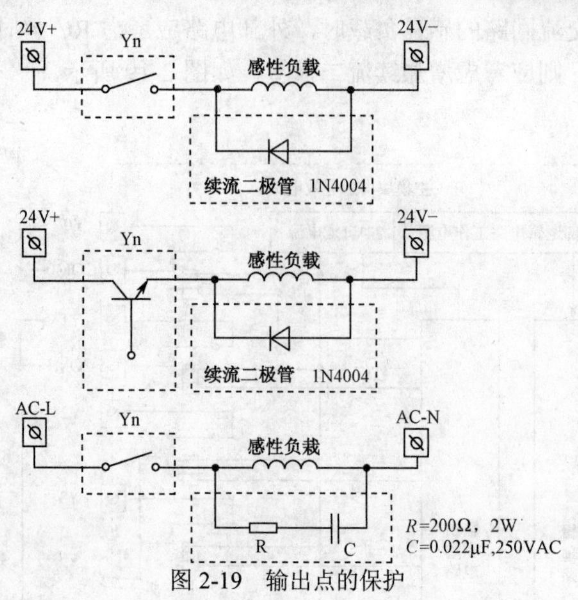

图 2-19 输出点的保护

2.4 PLC 基本指令（LD、LDI、OUT、EU、ED）

在 PLC 控制电动机点动运行梯形图中应用了 PLC 基本指令中的 LD、OUT，下面进行指令介绍。

1. 母线取触点指令、线圈输出指令

1）LD：常开触点指令

梯形图：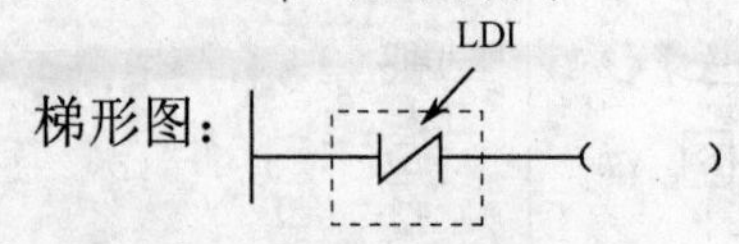

指令列表：LD（S）

适用软元件：输入继电器 X、输出继电器 Y、普通辅助继电器 M、状态器 S、局部辅助继电器 LM、特殊辅助继电器 SM、计数器 C、定时器 T。

功能说明：连接左母线，用于接通（状态 ON）或断开（状态 OFF）能流。

2）LDI：常闭触点指令

梯形图：

指令列表：LDI（S）

适用软元件：X、Y、M、S、LM、SM、C、T。

功能说明：连接左母线，用于接通（状态 OFF）或断开（状态 ON）能流。

3）OUT：线圈输出指令

梯形图：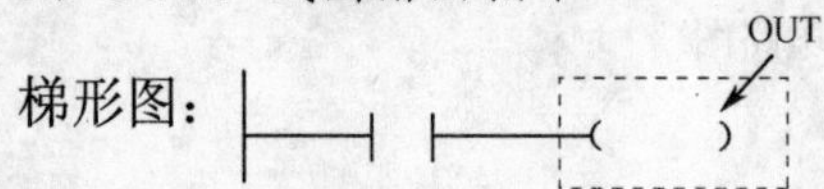

指令列表：OUT（S）

适用软元件：Y、M、S、LM、SM、C、T。

功能说明：将当前能流值赋给指定的线圈（D）

4）用法示例

逻辑取及线圈驱动指令的应用示例如图 2-20 所示。

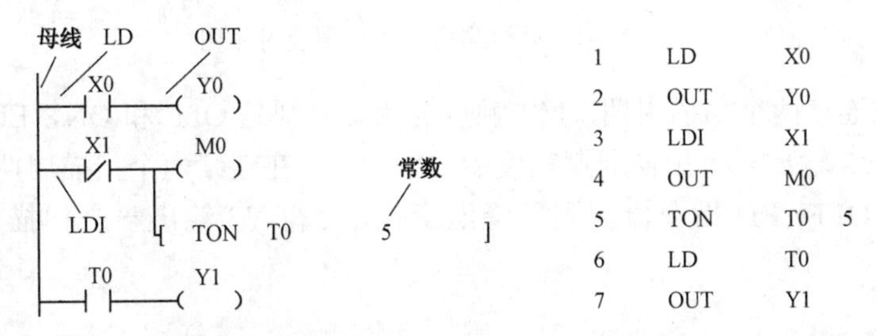

图 2-20　逻辑取及线圈驱动指令的应用示例

5）注意事项

（1）LD 与 LDI 指令对应的触点一般与左侧母线相连，若与后述的 ANB、ORB 指令组合则可用于串、并联电路块的起始触点；

（2）线圈驱动指令可并行多次输出（即并行输出），如图 2-20 梯形图中的 OUT　M0、TON T0 5；

（3）输入继电器 X 不能使用 OUT 指令；

（4）对于 MC100 系列的触点逻辑指令，当操作数为 M1536～M2047 时，步长为各指令所指步长加 1。

2．边沿触发指令

1）EU：上升沿检测指令

梯形图：

指令列表：EU

功能说明：比较本次扫描与上次扫描输入能流的变化。能流有上升沿变化时（OFF→ON），将能流置为 ON 状态一个扫描间隔。其他情况下将能流置为 OFF 状态。

2）ED：下降沿检测指令

梯形图：

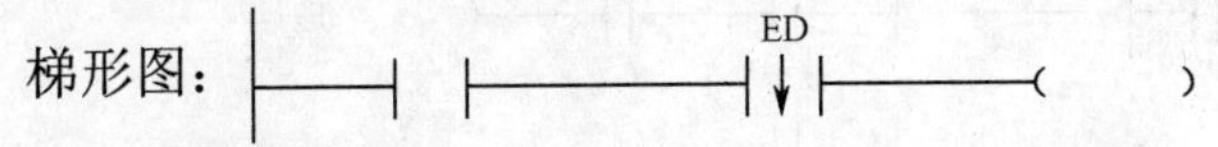

指令列表：ED

功能说明：比较本次扫描与上次扫描的输入能流的变化，如能流有下降沿变化时（ON→OFF），将能流置为 ON 状态一个扫描间隔。其他情况下将能流置为 OFF 状态。

3）用法示例

脉冲式触点指令的应用示例如图 2-21 所示。

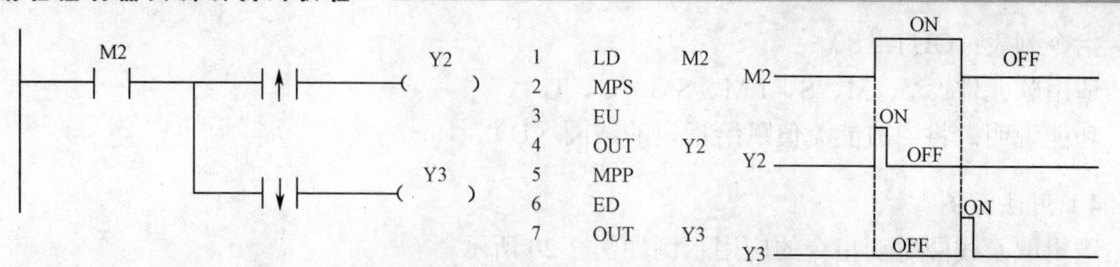

图 2-21　边沿检测指令用法图及时序图

图 2-21 中在连续两个扫描周期，M2 触点的状态分别是 OFF 和 ON，EU 指令检测到上升沿变化，使得 Y2 输出一个扫描周期宽度的 ON 状态；在连续两个扫描周期，M2 触点的状态分别是 ON 和 OFF，ED 指令检测到下降沿变化，使得 Y3 输出一个扫描周期宽度的 ON 状态。

4）注意事项

（1）在梯形图中，上升沿触点或下降沿触点指令应与其他触点元件串联使用，不能和其他触点元件并联使用。

（2）在梯形图中，上升沿触点或下降沿触点指令不能直接接左能流母线。

（3）图 2-22 是 EU/ED 指令在梯形图中错误使用的示例。

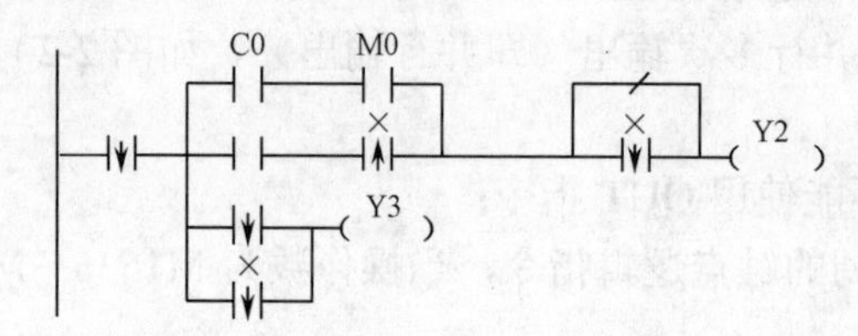

图 2-22　EU/ED 指令错误应用示例

2.5　PLC 基本编程规则（一）

1. 线圈右边无触点

梯形图中每一逻辑行从左到右排列，以触点与左母线连接开始，以线圈、功能指令与右母线（可允许省略右母线）连接结束。触点不能接在线圈的右边，线圈也不能直接与左母线连接，必须通过触点连接，如图 2-23 所示。

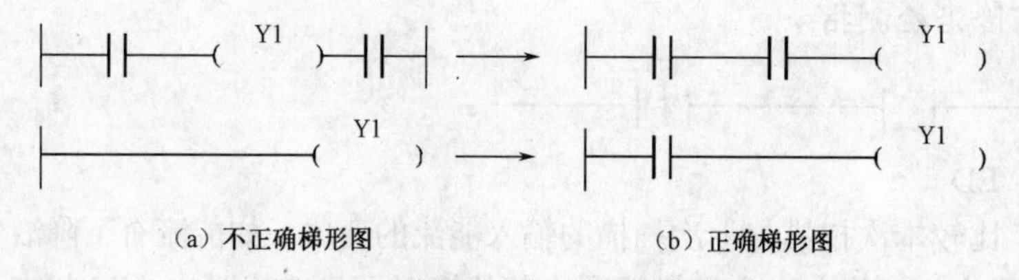

图 2-23　线圈右边无触点的梯形图

触点可以用于串行电路，也可用于并行电路，且使用次数不受限制，所有输出继电器也都可以作为辅助继电器使用。

2．线圈不能重复使用

在同一个梯形图中，如果同一元件的线圈使用两次或多次，这时前面的输出线圈对外输出无效，只有最后一次的输出线圈有效，所以程序中一般不出现双线圈输出，图 2-24 为同一线圈 Y0 多次使用的情况。设 X0=ON、X1=OFF，最初因 X0=ON，Y0 的映像寄存器为 ON，输出 Y2 也为 ON，然而紧接着又因 X1=OFF，Y0 的映像寄存器改写为 OFF，因此最终的外部输出 Y0 为 OFF，Y2 为 ON。所以，若输出线圈重复使用，则后面的线圈的动作状态对外输出有效。

故如图 2-24 所示的梯形图必须改为如图 2-25 所示的梯形图。

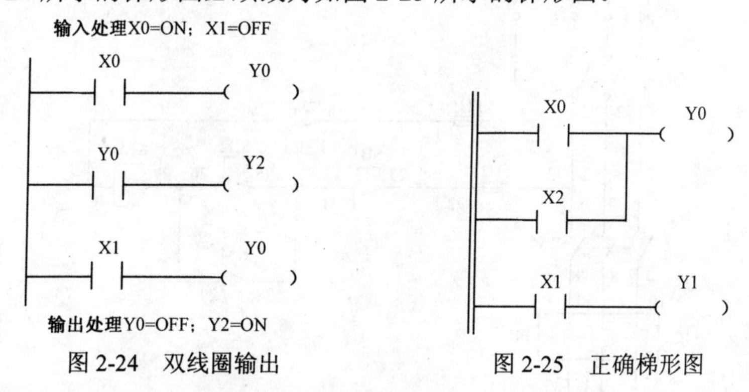

图 2-24　双线圈输出　　　　图 2-25　正确梯形图

自己练习

1. 将下面的断续控制图转化为对应的梯形图。

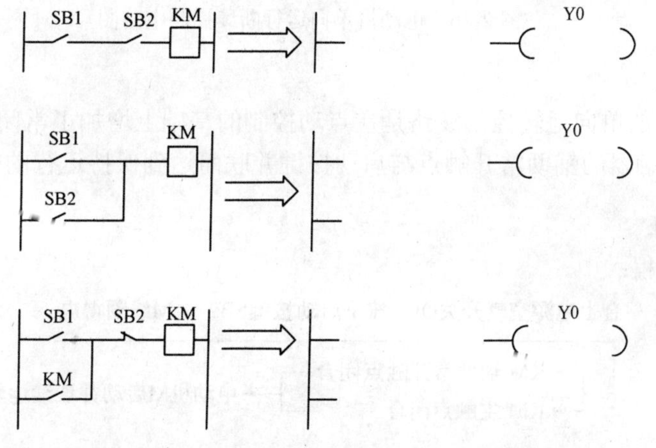

2. 如何在不使用自锁按键的前提下，完成当点动按键松开后，电动机能继续保持运行的控制要求？

实训项目 3　交流电动机单向运行控制系统设计

1．实训目的

实训项目 2 实现了电动机在点动按键按下时电动机运行，点动按键松开时电动机停止。

最后提出的思考问题要求在不使用自锁按键的前提下，完成当点动按键松开后，电动机能继续保持运行。

2．实训要求

设计电路和PLC程序实现按键启动—自动运转—按键停止的功能。

3．断续控制实训电路及操作过程

图2-26为电动机单向运行断续控制电路图。

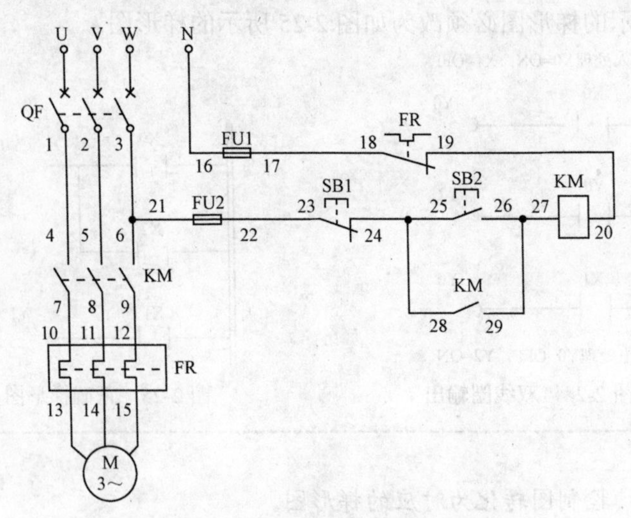

图2-26　电动机单向运行断续控制电路图

1）电路分析

图2-26所示的单向运转控制线路是在点动控制的基础上增加了常闭按键作为停止按键；同时利用交流接触器的辅助常开触点与启动按键并联而达到保持运行的效果。

2）工作原理

（1）启动过程：

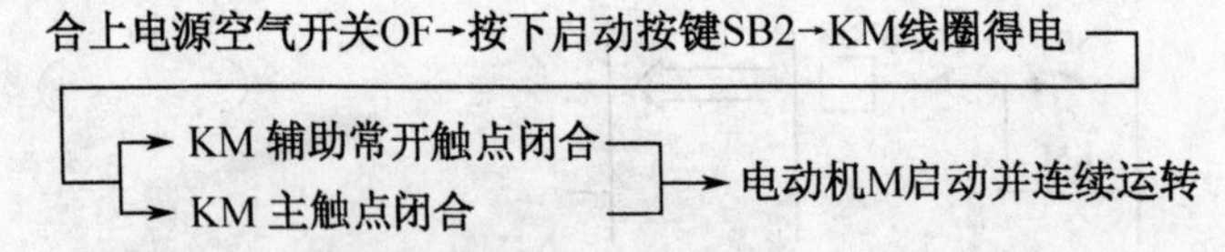

当松开SB2时，它虽然恢复到断开位置，但由于有KM的辅助常开触点（已经闭合了）与它并联，因此KM线圈仍保持通电。这种利用接触器本身的辅助常开触点使接触器线圈保持通电的作用称为自锁或自保，该辅助常开触点就叫自锁（或自保）触点。正是由于自锁触点的作用，所以在松开SB2时，电动机仍能继续运转，而不是点动运转。

（2）停止过程：

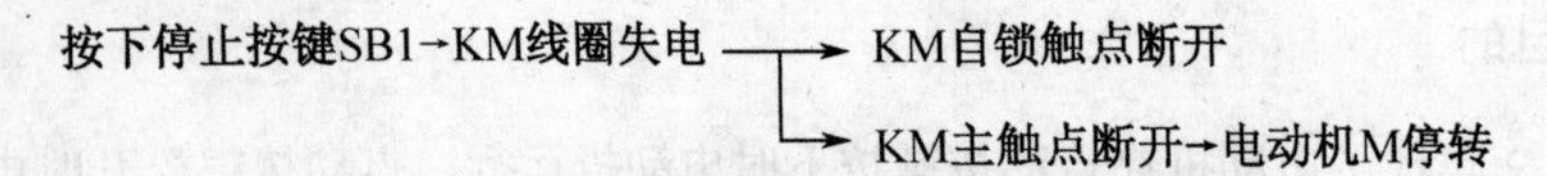

当松开 SB1 时，其常闭触点虽然恢复为闭合位置，但因接触器 KM 的自锁触点在其线圈失电的瞬间已断开解除了自锁（SB2 的常开触点也已断开），所以接触器 KM 的线圈仍不能得电，KM 的主触点断开，电动机 M 就不会再转了。

3）电路装接

在掌握编程规则的基础上，单向运行控制电路（图 2-26）可按照图 2-27 逐根进行接线。图 2-26 与图 2-27 中的数字标号是一一对应的。

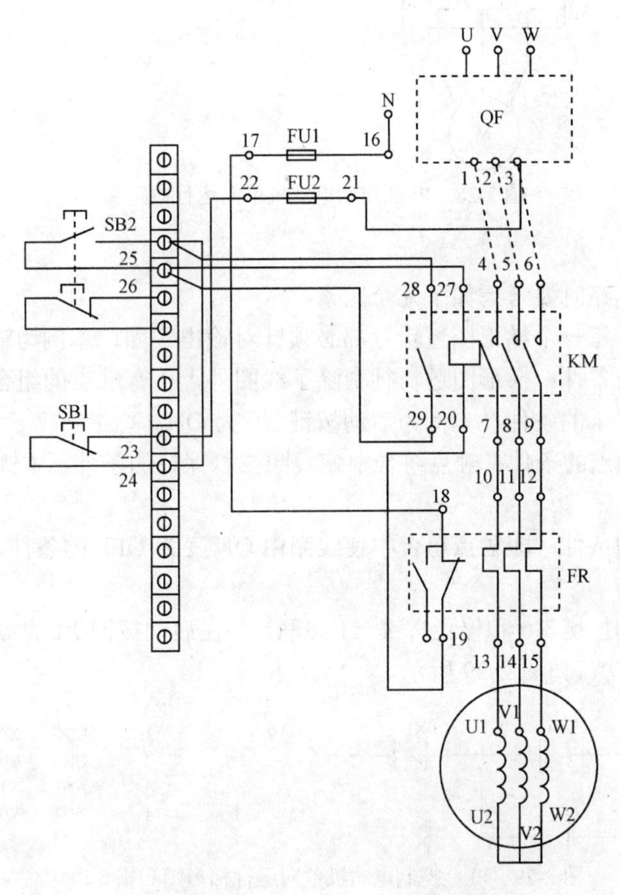

图 2-27 电动机单向运行控制电路接线图

4. PLC 控制实训电路、程序及操作过程

1）控制要求

按下启动按键 SB2，电动机启动运行，按下停止按键 SB1，电动机停止运行。

2）输入/输出（I/O）分配

输入：X0：SB2（常开），X1：SB1（常开）；

输出：Y0：KM（接触器线圈）。

3）PLC 控制电路

根据控制要求，PLC 控制电路图如图 2-28 所示。

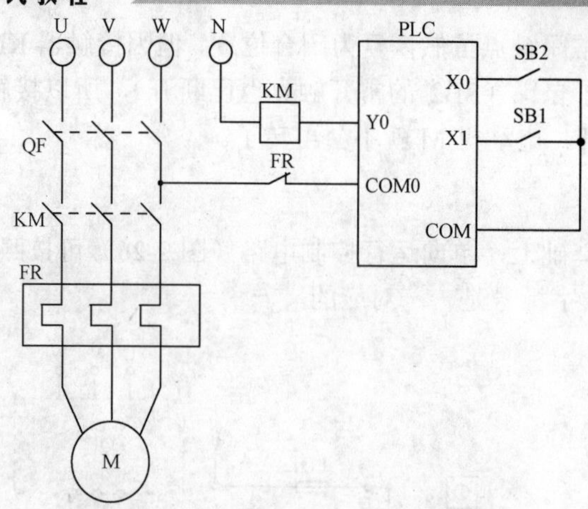

图 2-28　PLC 控制电动机单向运行电路图

4）程序设计

设计单向控制电路时要考虑如下几个因素。

（1）输出线圈：每一个梯形图逻辑行都必须针对输出线圈，本例为输出线圈 Y0。

（2）线圈得电的条件：梯形图逻辑行中除了线圈外，还有触点的组合，即线圈得电的条件，也就是使线圈置 1 的条件，本例为启动按键 X0 为 ON。

（3）线圈保持输出的条件：触点组合中使线圈得以保持的条件，本例为与 X0 并联的 Y0 自锁触点闭合。

（4）线圈失电的条件：即触点组合中使线圈由 ON 变为 OFF 的条件，本例为 X1 常闭触点断开。

其梯形图为启动按键 X0 和停止按键 X1 串联，并在启动按键 X0 两端并上自锁触点 Y0，然后串接输出线圈 Y0，如图 2-29 所示。

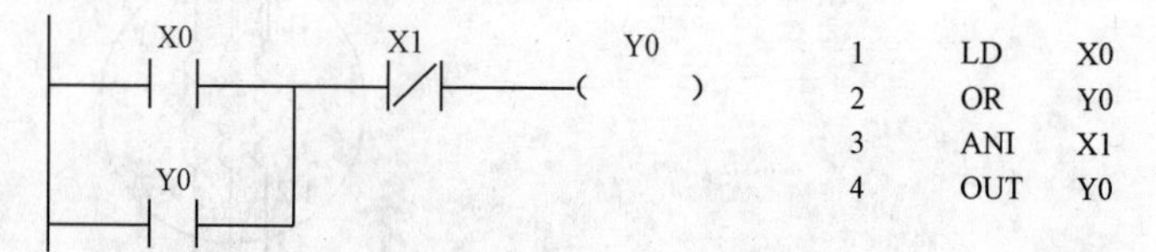

图 2-29　PLC 控制电动机单向运行梯形图和指令语句

当要启动时，按启动按键 SB2，X0 能流有效，由于 X1 为常闭点而且没有输入，则 X1 能流也有效，使线圈 Y0 有输出并通过 Y0 常开触点自锁，使接触器 KM 线圈得电，主触点闭合，电动机得电单向运行，松开 SB2 也能保持运行。

当要停止时，按停止按键 SB1，X1 能流失效，使输出线圈 Y0 复位，使接触器 KM 线圈失电，主触点断开，电动机失电，停止运行。

在此控制程序中，出现的输入点 X0 和输出点 Y0 的常开触点并联的结构与硬件上的自锁电路在结构和功能上基本相同，称为软件自锁。

5）操作运行

（1）利用仿真功能验证 PLC 程序的逻辑；

（2）关闭仿真，将逻辑正确的梯形图下载到 PLC 硬件上，进行实际操作，观察运行效果，

修改并完善 PLC 程序，最终达到控制要求。

自己练习

断续控制电路中的停止按键为常闭按键，而 PLC 电路中的停止按键却是常开按键，两者有什么区别？如果 PLC 电路中的停止按键也换成常闭按键，那程序需要如何修改？

2.6　PLC 基本指令（AND、ANI、OR、ORI、MPS、MRD、MPP、INV、NOP、SET、RST）

1．逻辑与、或指令

1）AND：常开触点与指令

梯形图：

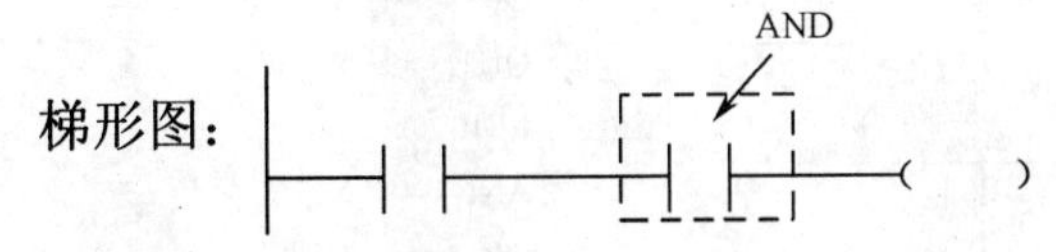

指令列表：AND（S）

适用软元件：X、Y、M、S、LM、SM、C、T。

功能说明：将指定触点（S）的 ON/OFF 状态和当前能流作“与”运算后，赋给当前能流。

2）ANI：常闭触点与指令

梯形图：

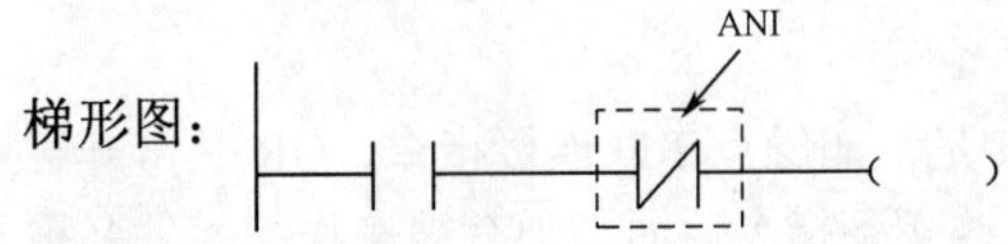

指令列表：ANI（S）

适用软元件：X、Y、M、S、LM、SM、C、T。

功能说明：将指定的触点（S）的 ON/OFF 状态取反后，与当前能流值作“与”运算计算后，赋给当前能流。

3）OR：常开触点或指令

梯形图：

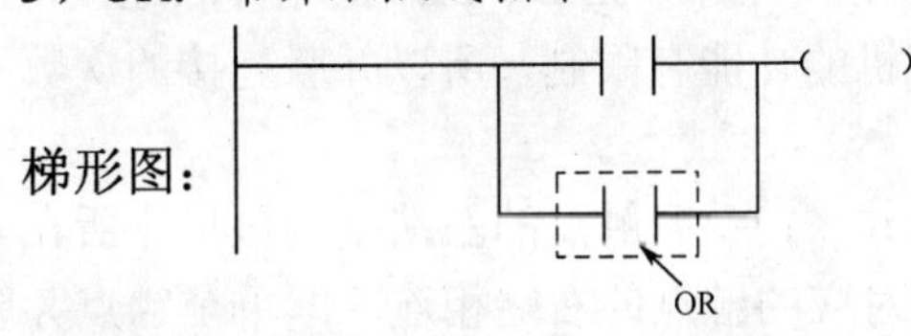

指令列表：OR（S）

适用软元件：X、Y、M、S、LM、SM、C、T。

功能说明：将指定触点（S）的 ON/OFF 状态和当前能流作“或”运算后，赋给当前能流。

4）ORI：常闭触点或指令

梯形图：

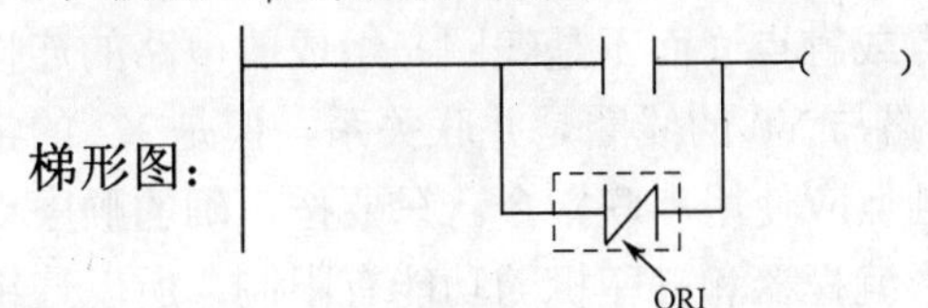

指令列表：ORI（S）

适用软元件：X、Y、M、S、LM、SM、C、T。

功能说明：将指定触点（S）的 ON/OFF 状态取反后和当前能流值作“或”运算后，赋给当前能流。

5）用法示例

触点串、并联指令的应用示例如图 2-30 所示。

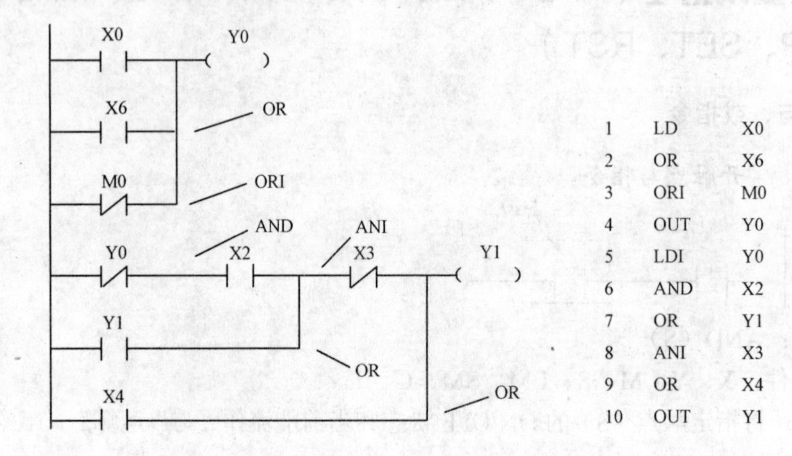

图 2-30　触点串、并联指令应用示例

6）注意事项

（1）AND 是常开触点串联连接指令，ANI 是常闭触点串联连接指令，OR 是常开触点并联连接指令，ORI 是常闭触点并联连接指令。这 4 条指令后面必须有被操作的元件名称及元件号，都可以用于 X、Y、M、S、LM、SM、T、C。

（2）单个触点与左边的电路串联，使用 AND 和 ANI 指令时，串联触点的个数没有限制，但是因为图形编程器和打印机的功能有限制，所以建议尽量做到一行不超过 10 个触点和 1 个线圈。

（3）OR 和 ORI 指令是从该指令的当前步开始，对前面的 LD、LDI 指令并联连接，并联连接的次数无限制，但是因为图形编程器和打印机的功能有限制，所以并联连接的次数不超过 24 次。

（4）OR 和 ORI 用于单个触点与前面电路的并联，并联触点的左端接到该指令所在的电路块的起始点（LD 点）上，右端与前一条指令对应的触点的右端相连，即单个触点并联到它前面已经连接好的电路的两端（两个以上触点串联连接的电路块的并联连接时，要用后续的 ORB 指令）。以图 2-30 中的 X4 的常开触点为例，它前面的 4 条指令已经将 4 个触点串、并联为一个整体，因此 OR　X4 指令对应的常开触点并联到该电路的两端。

（5）如图 2-31（a）所示，OUT　Y0 指令之后通过 X2 的触点去驱动 Y1，称为连续输出。串联和并联指令是用来描述单个触点与别的触点或触点（而不是线圈）组成的电路的连接关系。虽然 X2 的触点和 Y1 的线圈组成的串联电路与 Y0 的线圈是并联关系，但是 X2 的常开触点与左边的电路是串联关系，所以对 X2 的触点应使用串联指令。只要按正确的顺序设计电路，就可以多次使用连续输出，但是因为图形编程器和打印机的功能有限制，所以连续输

出的次数不超过 24 次。

应该指出，如果将图 2-31（a）中的 Y0 和 Y1 线圈所在的并联支路改为图 2-31（b），就必须使用 MPS（进栈）和 MPP（出栈）指令。

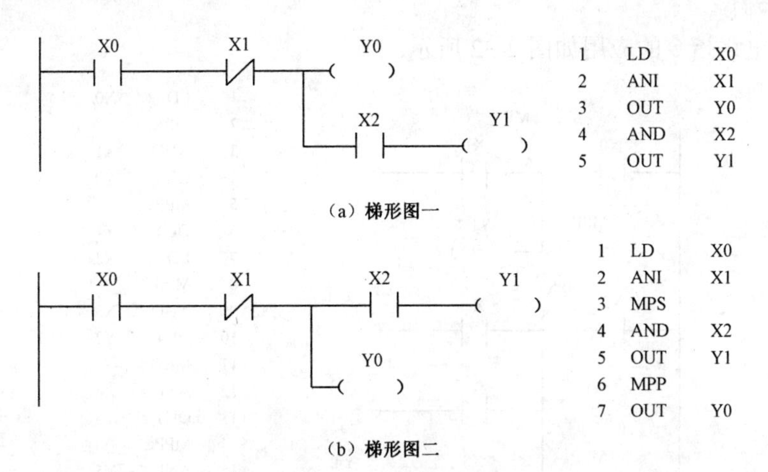

图 2-31　连续输出梯形图

2．栈指令

1）MPS：输出能流入栈指令

梯形图：

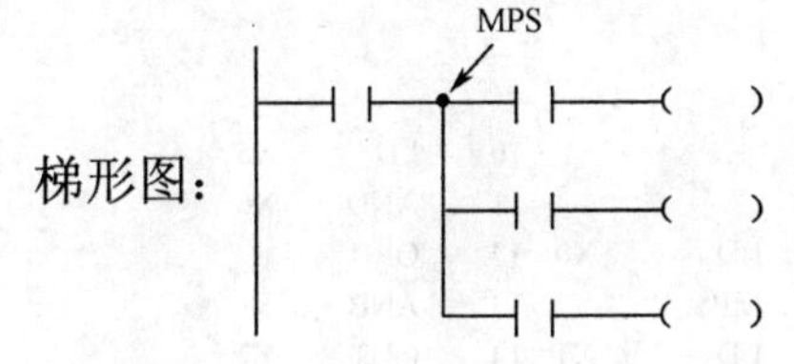

指令列表：MPS

功能说明：将当前能流值压栈保存，供后续的输出分支的能流计算使用。

2）MRD：读输出能流栈顶值指令

梯形图：

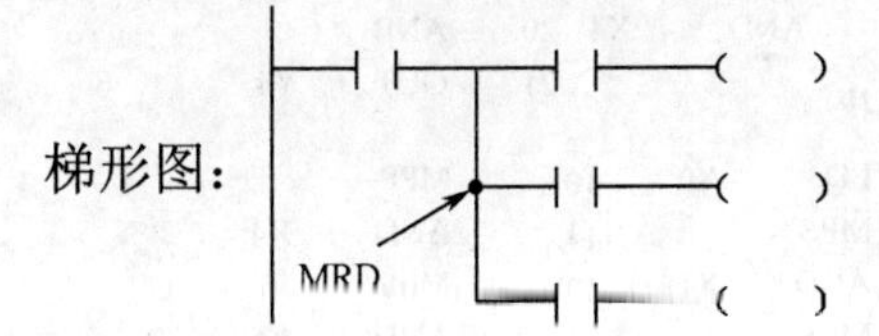

指令列表：MRD

功能说明：将能流输出栈的栈顶值赋给当前能流。

3）MPP：输出能流栈出栈指令

梯形图：

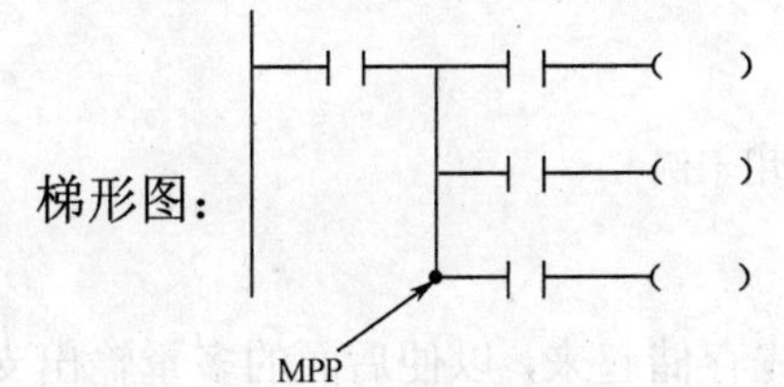

指令列表：MPP

功能说明：对能流输出栈进行出栈操作，出栈值赋给当前能流。

4）用法示例

多重输出电路指令的应用如图 2-32 所示。

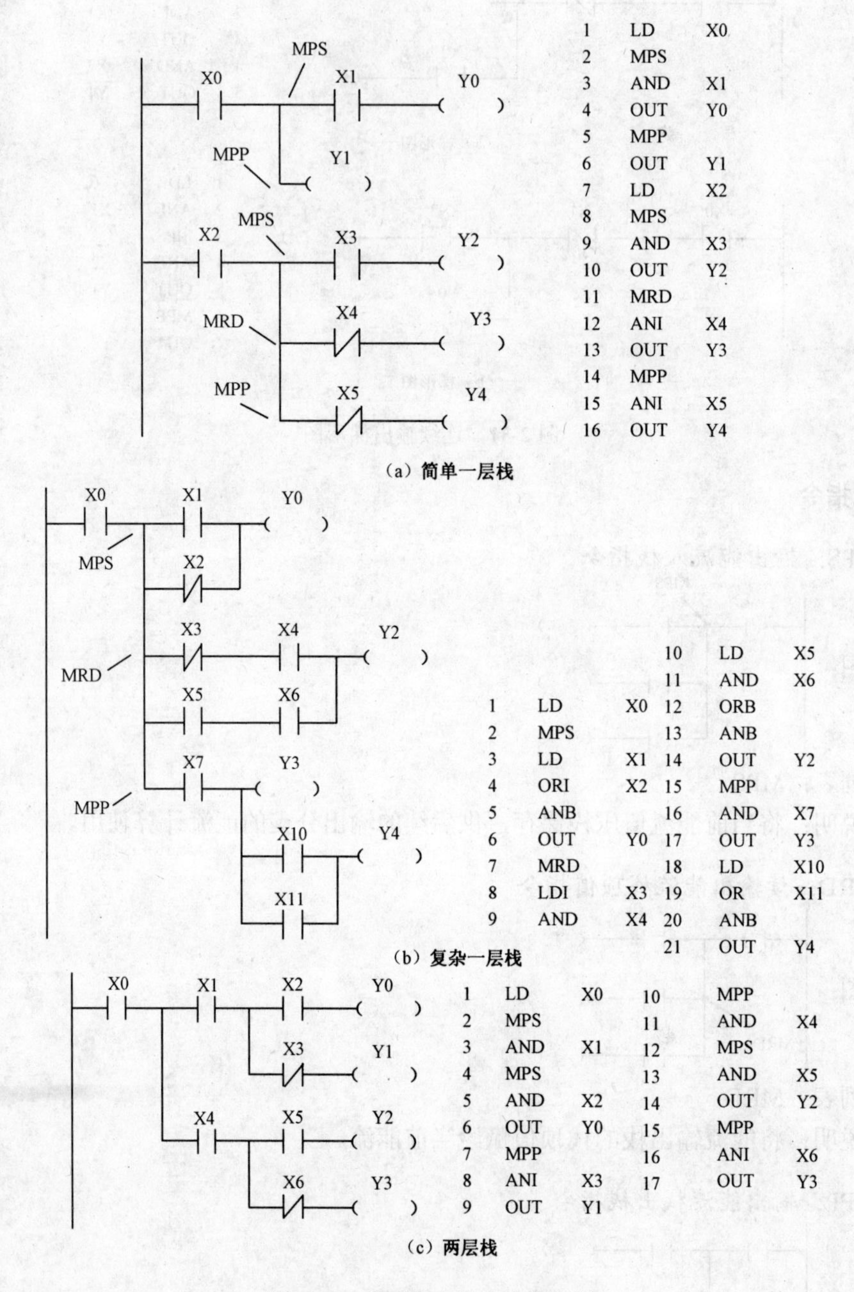

图 2-32　多重输出指令应用示例

5）注意事项

（1）MPS 指令可将多重电路的公共触点或电路块先存储起来，以便后面的多重输出支路

使用。多重电路的第一个支路前使用 MPS 进栈指令，多重电路的中间支路前使用 MRD 读栈指令，多重电路的最后一个支路前使用 MPP 出栈指令。该组指令没有操作元件。

（2）MC 系列 PLC 有 8 个存储中间运算结果的堆栈存储器，堆栈采用先进后出的数据存取方式。每使用一次 MPS 指令，当时的逻辑运算结果压入堆栈的第一层，堆栈中原来的数据依次向下一层推移。

（3）MRD 指令读取存储在堆栈最上层（即电路分支处）的运算结果，将下一个触点强制性地连接到该点。读栈后堆栈内的数据不会上移或下移。

（4）MPP 指令弹出堆栈存储器的运算结果，首先将下一触点连接到该点，然后从堆栈中去掉分支点的运算结果。使用 MPP 指令时，堆栈中各层的数据向上移动一层，最上层的数据在弹出后从栈内消失。

（5）处理最后一条支路时必须使用 MPP 指令，而不是 MRD 指令，且 MPS 和 MPP 的使用必须不多于 8 次，并且要成对出现。

3. 运算结果取反指令 INV

梯形图：

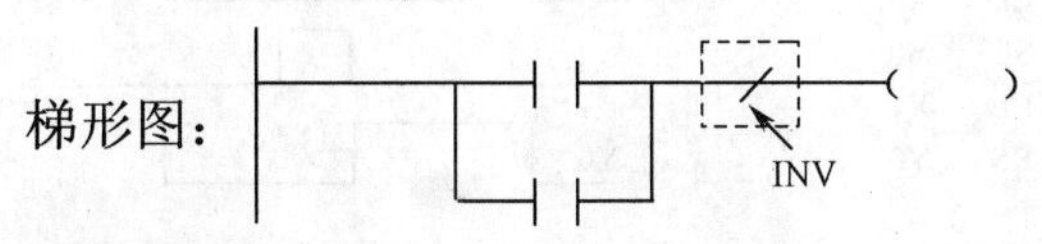

指令列表：INV

功能说明：将当前能流值取反后，再赋给当前能流。

注意事项：

（1）在梯形图中能流取反指令应和触点元件串联使用，不能和其他触点元件并联使用；

（2）INV 不可作为输入并联支路第一个指令使用；

（3）在梯形图中能流取反指令不能直接接左能流母线；

（4）图 2-33 是 INV 指令在梯形图中错误使用的示例。

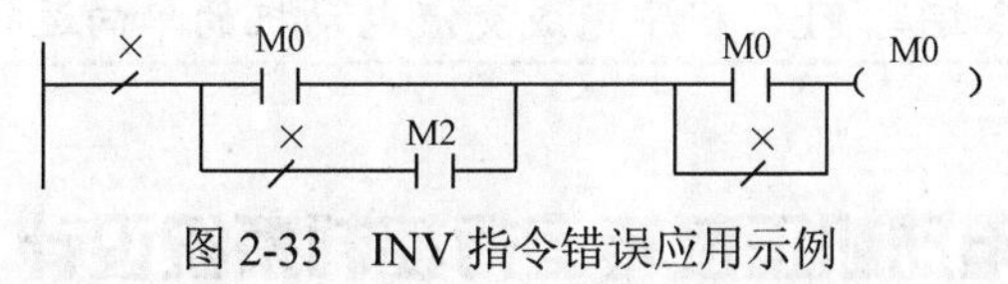

图 2-33 INV 指令错误应用示例

4. 空操作指令 NOP

梯形图：[NOP]

指令列表：NOP

注意事项：

（1）若在程序中加入 NOP 指令，则改动或追加程序时，可以减少步序号的改变；

（2）若将 LD、LDI、ANB、ORB 等指令换成 NOP 指令，电路构成将有较大幅度的变化；

（3）执行程序全清除操作后，全部指令都变成 NOP。

5. 置位、复位指令

1）SET：线圈置位指令

梯形图：[SET (D)]

指令列表：SET（D）

适用软元件：Y、M、S、LM、SM、C、T。

功能说明：当能流有效时，（D）指定的位元件将被置位。

2）RST：线圈清除指令

梯形图：[RST (D)]

指令列表：RST（D）

适用软元件：Y、M、S、LM、SM、C、T。

功能说明：当能流有效时，指定位元件（D）将被清零。

3）用法示例

SET、RST 指令用法示例如图 2-34 所示。

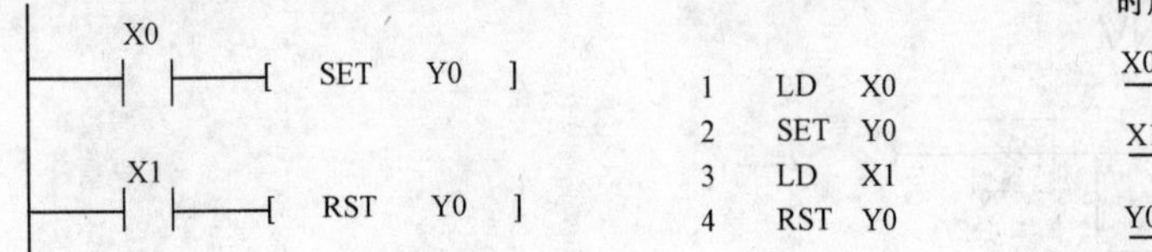

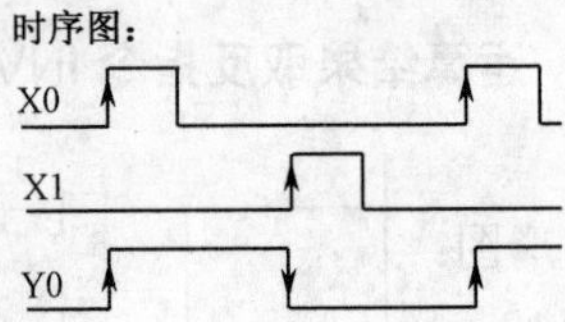

图 2-34　SET、RST 指令的应用示例

4）注意事项

图 2-34 中的 X0 接通后，即使再变成断开，Y0 也保持接通。X1 接通后，即使再变成断开，Y0 也保持断开，对于 M、S 也是同样的道理。

 自己练习

应用置位、复位指令编写 PLC 程序完成交流电动机的单向运行控制。

实训项目 4　交流电动机正反转运行控制系统设计

1．实训目的

在电梯系统里，轿箱升降、门的开关都是由电动机正反方向运行从而带动其他机械传动设备而实现的。通过本实训了解交流电动机的正反转控制。

2．实训要求

设计电路和 PLC 程序实现按下正转按键电动机正转→按键停止→按下反转按键电动机反转→按键停止的功能。

3．断续控制实训电路及操作过程

本实训设计了一个简单的交流电动机正反转控制电路，图 2-35 为断续控制电路图。

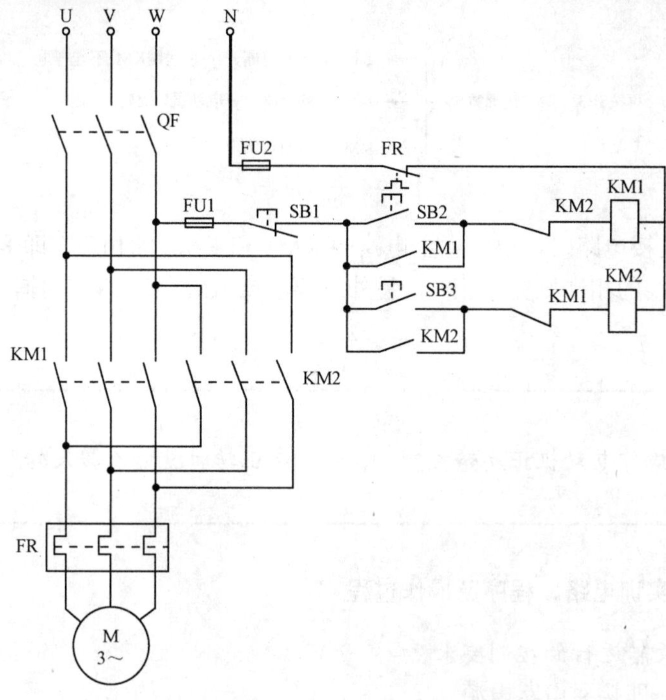

图 2-35　交流电动机正反转低压电器控制电路图

1）电路分析

三相交流电动机的正反转只需要将通电的三相电中的任意两相对调就可以实现。图 2-35 中主回路采用两个接触器，即正转接触器 KM1 和反转接触器 KM2。当接触器 KM1 的三对主触点接通时，三相电源的相序按照 U－V－W 接入电动机。当接触器 KM1 的三对主触点断开，接触器 KM2 的三对主触点接通时，三相电源的相序按照 W－V－U 接入电动机，电动机就向相反方向转动。电路要求接触器 KM1 和接触器 KM2 不能同时接通电源，否则它们的主触点将同时闭合，造成 U、W 两相电源短路。为此在 KM1 和 KM2 线圈各自支路中相互串联对方的一对辅助常闭触点，以保证接触器 KM1 和 KM2 不会同时接通电源，KM1 和 KM2 的这两对辅助常闭触点在线路中所起的作用称为联锁或互锁作用，这两对辅助常闭触点就称为联锁或互锁触点。

2）工作原理

（1）正转控制：

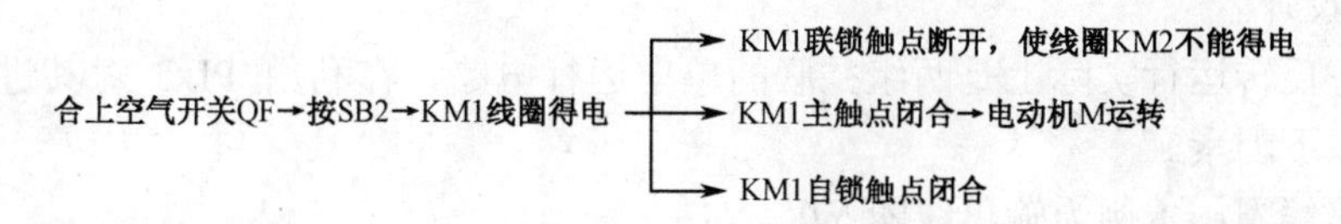

（2）反转控制：

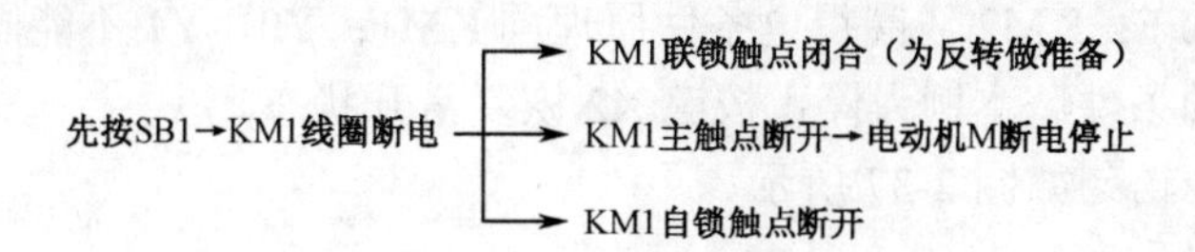

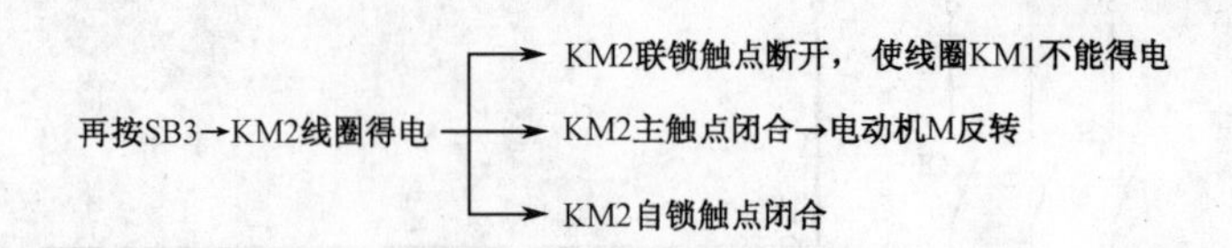
再按SB3→KM2线圈得电
KM2联锁触点断开，使线圈KM1不能得电
KM2主触点闭合→电动机M反转
KM2自锁触点闭合

3）电路装接

在按图 2-35 装接电路时，要注意主电路中 KM1 和 KM2 的相序，即 KM1 和 KM2 进线的相序相反，而出线的相序则完全相同。另外还要注意 KM1 和 KM2 的辅助常开和辅助常闭触点的连接。

自己练习

在按图 2-35 操作电动机正反转控制时，可否在正转时就能直接反转？如果不能，电路需要怎样改进？

4. PLC 控制实训电路、程序及操作过程

1）电动机正反转运行的控制要求

（1）合上 QF，即接通电路电源。

（2）按启动按键 SB2，则电动机正转。

（3）按停止按键 SB1，则电动机正转停止。

（4）按启动按键 SB3，则电动机反转。

（5）按停止按键 SB1，则电动机反转停止。

（6）断开 QF，即断开电路电源。

2）定义输入/输出（I/O）

由 PLC 输入/输出关系，定义按键 SB1、SB2、SB3 作为 PLC 的输入信号，接触器 KM1、KM2 的线圈作为输出控制信号，则有以下关系：

输入：X0：SB2；X1：SB3；X2：SB1；

输出：Y0：KM1；Y1：KM2。

3）PLC 控制电路

根据控制要求，PLC 控制电路图如图 2-36 所示。

4）程序设计

电动机正反转运行实际上是两组并联的单向运行电路，在利用 PLC 对其进行控制设计时，要考虑以下因素。

（1）输出线圈：本例为输出线圈 Y0、Y1。

（2）线圈得电的条件：本例中 KM1 线圈得电条件为启动按键 X0 为 ON，同时驱动 KM2 线圈得电的 Y1 为 OFF；KM2 线圈得电条件原理同 KM1；Y0、Y1 不能同时被驱动。

（3）线圈失电的条件：本例为停止按键 X2 恢复常开状态。

其梯形图和指令语句如图 2-37 所示。

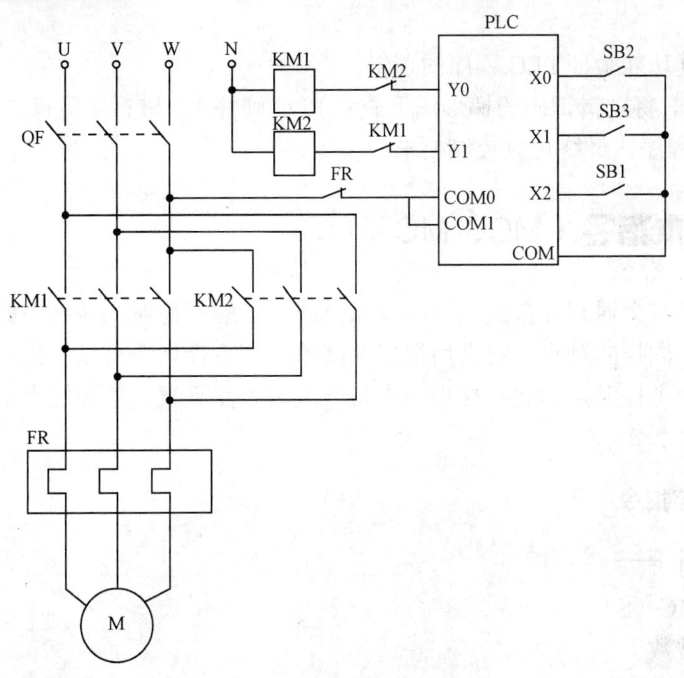

图 2-36　PLC 控制电动机正反转运行电路图

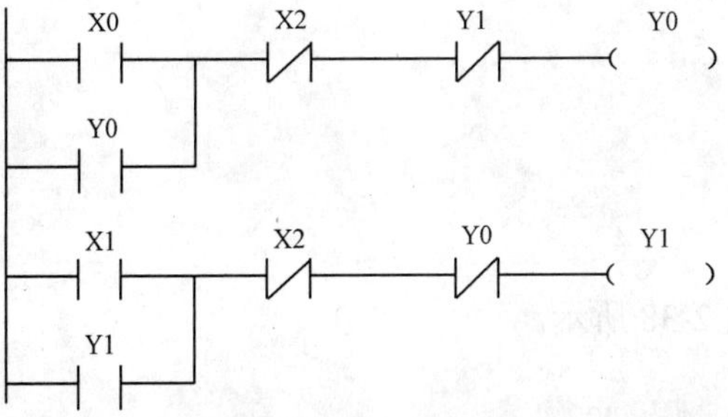

1	LD	X0
2	OR	Y0
3	ANI	X2
4	ANI	Y1
5	OUT	Y0
6	LD	X1
7	OR	Y1
8	ANI	X2
9	ANI	Y0
10	OUT	Y1

图 2-37　PLC 控制电动机正反转运行梯形图和指令语句

当要正转启动时，按启动按键 SB1，X0 能流有效，X2 和 Y1 由于未触发能流也有效，使线圈 Y0 有输出并通过 Y0 自锁触点自锁，接触器 KM1 线圈得电，主触点闭合，电动机正向旋转；当要停止时，按停止按键 SB2，X2 能流失效，使输出线圈 Y0 复位，接触器 KM1 线圈失电，电动机停止。

当要反转启动时，按启动按键 SB3，X1 能流有效，X2 和 Y0 由于未触发能流也有效，使线圈 Y1 有输出并通过 Y1 自锁触点自锁，接触器 KM2 线圈得电，主触点闭合，电动机反向旋转；当要停止时，按停止按键 SB2，X2 能流失效，使输出线圈 Y1 复位，接触器 KM2 线圈失电，电动机停止。

PLC 控制电动机正反转运行的程序中也包含了一个输出串联另一个输出的常闭触点的结构，这种结构与硬件互锁连接类似，其功能也相同，称为软件互锁。这样就从软硬两个方面实现了互锁，称为双重互锁结构，避免出现 KM1、KM2 主触点同时闭合的现象，使逻辑更准确，运行更安全。

5）操作运行

（1）利用仿真功能验证 PLC 程序的逻辑。

（2）关闭仿真，将逻辑正确的梯形图下载到 PLC 硬件上，进行实际操作，观察运行效果，修改并完善 PLC 程序，最终达到控制要求。

2.7　PLC 基本指令（MC、MCR）

在编程时，经常会遇到许多线圈同时受一个或一组触点控制的情况，如果在每个线圈的控制电路中都串入同样的触点，将占用很多存储单元，主控指令可以解决这一问题。使用主控指令的触点称为主控触点，它在梯形图中与一般的触点垂直，主控触点是控制一组电路的总开关。

1．MC：主控指令

梯形图：├─┤ ├─[MC (S)]

指令列表：MC（S）

使用元件：常数

2．MCR：主控清除指令

梯形图：├────[MCR (S)]

指令列表：MCR（S）

使用元件：常数

3．用法示例

主控触点指令的应用示例如图 2-38 所示。

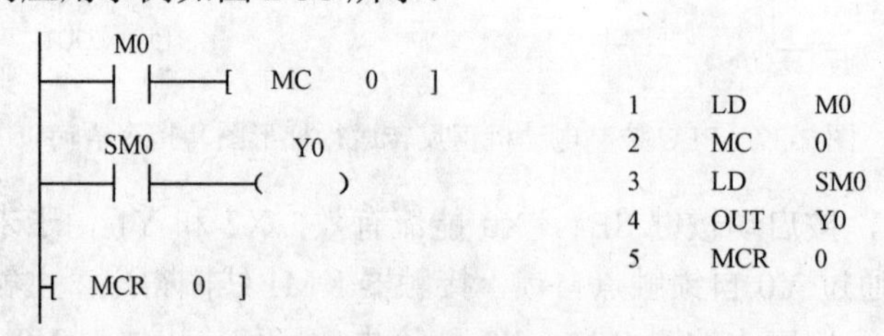

图 2-38　主控指令应用示例

当 M0=ON 时，MC 0-MCR 0 结构内的指令将被执行，Y0=ON。当 M0=OFF 时，MC 0-MCR 0 结构内的指令将不执行，同时结构内的 OUT 指令的目的操作数所指定的位元件 Y0 被清除 Y0=OFF。

4．注意事项

（1）MC 与 MCR 指令匹配成一个 MC-MCR 结构。MC 指令代表着一个 MC-MCR 结构的开始，其操作数 S 为 MC-MCR 结构的标号，其值为 0～7 之间的一个常数。MCR 代表着一个 MC-MCR 结构的结束。

（2）当 MC 指令前的能流有效时，执行 MC-MCR 结构中间的指令。

（3）当 MC 指令前的能流无效时，MC-MCR 结构中间的指令被跳过不被执行，程序直接跳转到该结构后执行，并且该结构中的 OUT、TON、TOF、PWM、HCNT、PLSY、PLSR、DHSCS、SPD、DHSCI、DHSCR、DHSZ、DHST、DHSP、BOUT 所对应的目的操作数将被清除。

（4）在梯形图中，MCR 指令必须直接连接左能流母线。

（5）在梯形图中，MCR 指令不能并接或串接其他指令。

（6）多个不同编号的 MC-MCR 结构可以镶嵌使用，但镶嵌层数不能超过 7 层。而同一编号的 MC-MCR 结构禁止镶嵌使用。

（7）在 SFC 编程中不能使用。

（8）两个 MC-MCR 结构不能交叉使用，如图 2-39 使用方法是非法的。

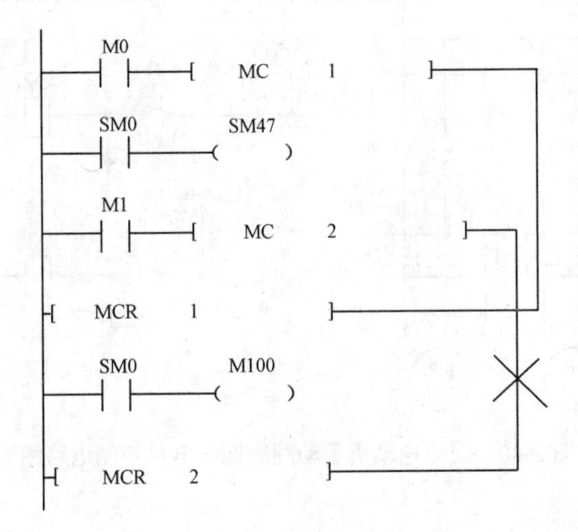

图 2-39 主控指令错误应用示例

自己练习

在外部电路不改变的条件下，设计新的程序使电动机完成如下运行：按下正转按键 SB2，电动机正转；按下反转按键 SB3，电动机直接切换反转，再按下正转按键 SB2，电动机直接切换正反转，直到按下停止按键 SB1，电动机停止运行。

实训项目 5 交流电动机手动顺序运行控制系统设计

1. 实训目的

在很多场合下都需要对两台或两台以上的电动机进行有一定顺序的控制。例如，在电梯系统里，轿箱的升降，门的开关都是由电动机正反方向旋转，而控制升降的电动机和门开关的电动机之间还需要动作的配合，当轿箱上下运行时，门电动机是不可以运行的。此外，在装有多台电动机的生产机械上，各电动机所起的作用是不相同的，有时需要顺序启动，才能保证操作过程的合理性和工作的安全可靠。控制电动机顺序动作的控制方式称为顺序控制。

2. 实训要求

设计电路和编写 PLC 程序完成两台电动机的手动顺序运行，即按下按键 1 后第一台电动机启动，再按下按键 2 后第二台电动机启动运行，可以使两台电动机同时停止，也可以使第二台电动机停止后第一台电动机再停止。

3. 断续控制实训电路及操作过程

图 2-40 为手动顺序控制断续控制电路图。

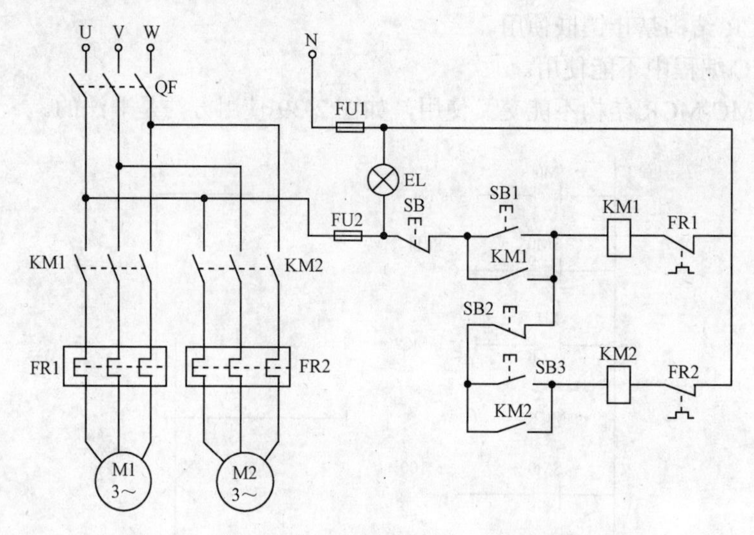

图 2-40　交流电动机手动顺序低压电器控制电路图

1）电路分析

此电路为两台电动机单向运行控制的顺序组合，利用控制按键的连接点的位置来实现先后顺序启动和停止。

2）工作原理

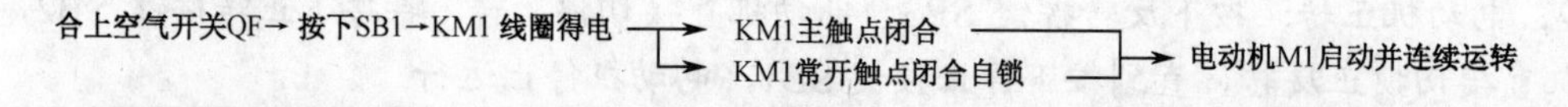

在 M1 运转状态下，

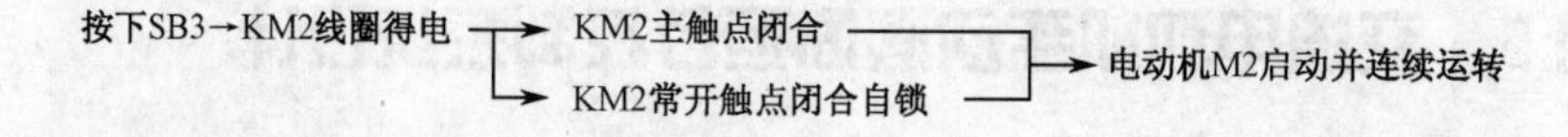

在 M1、M2 同时运转状态下，

按 SB2→KM2 线圈失电→KM2 主触点断开→电动机 M2 停转→

再按 SB→KM1 线圈失电→KM1 主触点断开→电动机 M1 停转

在 M1、M2 同时运转状态下，

按SB → KM1线圈失电→KM1主触点断开→电动机M1停转

→ KM2线圈失电 →KM2主触点断开→电动机M2停转

3）电路装接

在按图 2-40 装接电路时，要注意主电路接两台电动机，若没有条件，可以不接 M2，只需观察 KM2 线圈的动作即可。

4．PLC 控制实训电路、程序及操作过程

1）电动机手动顺序运行的控制要求

（1）合上 QF，即接通电路电源。

（2）按启动按键 SB1，则电动机 M1 运行。

（3）按启动按键 SB3，则电动机 M2 运行。

（4）两台电动机同时转动情况下，若按停止按键 SB2，则电动机 M2 停止，再按停止按键 SB，则电动机 M1 停止。

（5）两台电动机同时转动情况下，若按停止按键 SB，则电动机 M1、M2 全部停止。

（6）断开 QF，即断开电路电源。

2）定义输入/输出（I/O）

由 PLC 输入/输出关系，定义按键 SB 作为 PLC 的输入信号，接触器 KM 的线圈作为输出控制信号，则有如下关系：

输入：X0：SB；X1：SB1；X2：SB2；X3：SB3；

输出：Y0：KM1；Y1：KM2。

3）PLC 控制电路

根据控制要求，PLC 控制电路图如图 2-41 所示。

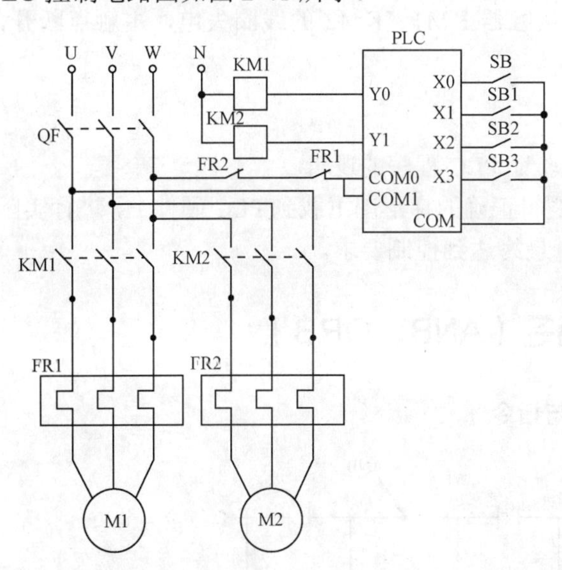

图 2-41　PLC 控制电动机手动顺序运行电路图

4）程序设计

电动机顺序运行在利用 PLC 对其进行控制设计时，要考虑如下因素。

（1）输出线圈：本例为输出线圈 Y0、Y1。

（2）线圈得电的条件：本例中 KM1 线圈得电条件为启动按键 X1 为 ON、X0 为 OFF；KM2 线圈得电条件为启动按键 X3 为 ON、X1 为 ON（KM1 得电）、X0 为 OFF。

（3）线圈失电的条件：本例为停止按键 X2、X0 恢复常开状态。

其梯形图和指令语句如图 2-42 所示。

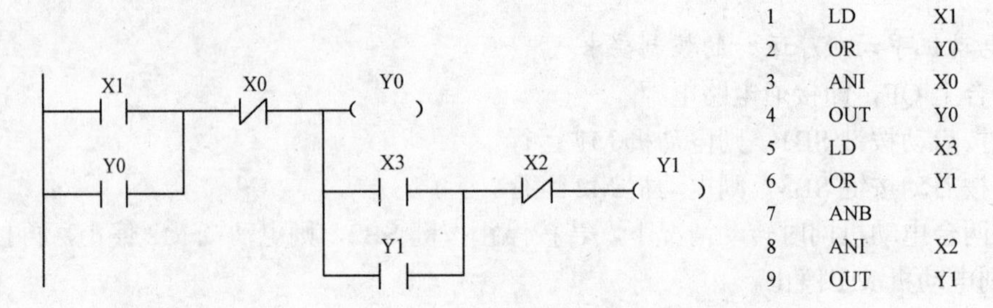

图 2-42　PLC 控制电动机正反转运行梯形图和指令语句

当要启动时，按启动按键 SB1，X1 能流有效，X0 未操作，能流也有效，使线圈 Y0 有输出并通过 Y0 自锁触点自锁，接触器 KM1 的线圈得电，主触点闭合，电动机 1 旋转；在电动机 1 运行后，要使电动机 2 运行时，按启动按键 SB3，X3 能流有效，X2 未操作，能流也有效，线圈 Y1 有输出并通过 Y1 自锁触点自锁，接触器 KM2 的线圈得电，主触点闭合，电动机 2 旋转。

当要停止时，可以按下停止按键 SB2，X2 能流失效，Y1 复位，接触器 KM2 的线圈失电，主触点断开，使电动机 2 先停止，再按下停止按键 SB，X0 能流失效，Y0 复位，接触器 KM1 的线圈失电，主触点断开，使电动机 1 后停止。也可以直接按下停止按键 SB，X0 能流失效，Y0、Y1 复位，接触器 KM1、KM2 的线圈失电，主触点断开，使电动机 1、2 一起停止。

5）操作运行

（1）利用仿真功能验证 PLC 程序的逻辑。

（2）关闭仿真，将逻辑正确的梯形图下载到 PLC 硬件上，进行实际操作，观察运行效果，修改并完善 PLC 程序，最终达到控制要求。

2.8　PLC 基本指令（ANB、ORB）

1. ANB：能流块与指令

梯形图：

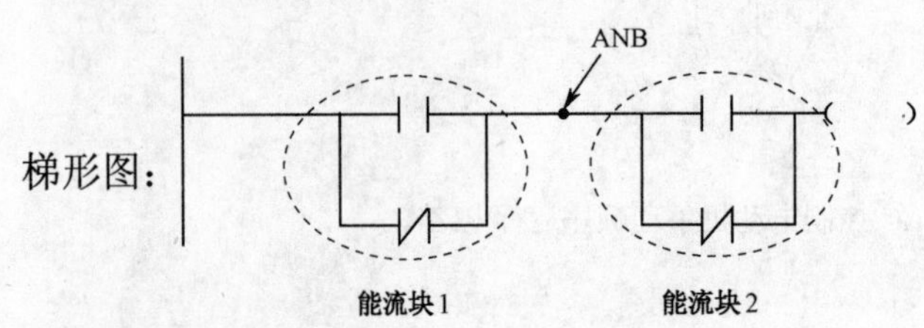

指令列表：ANB（S）

使用元件：X、Y、M、S、LM、SM、C、T。

功能说明：将两个能流块能流值作“与”运算，赋给当前能流。

2．ORB：能流块或指令

梯形图：

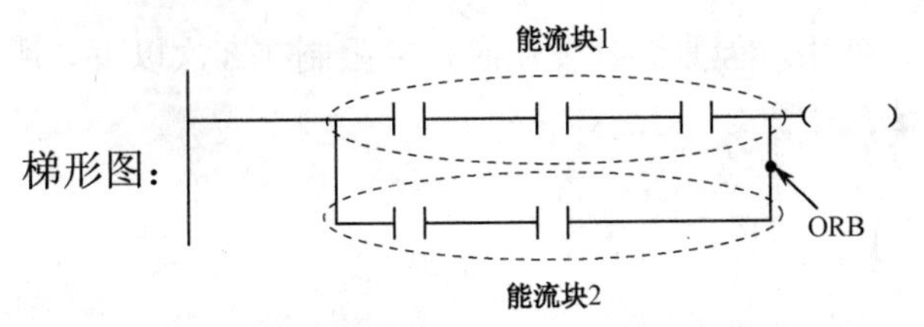

指令列表：ORB（S）

使用元件：X、Y、M、S、LM、SM、C、T。

功能说明：将两个能流块的能流值作“或”运算，赋给当前能流。

3．用法示例

电路块连接指令的应用示例如图 2-43 所示。

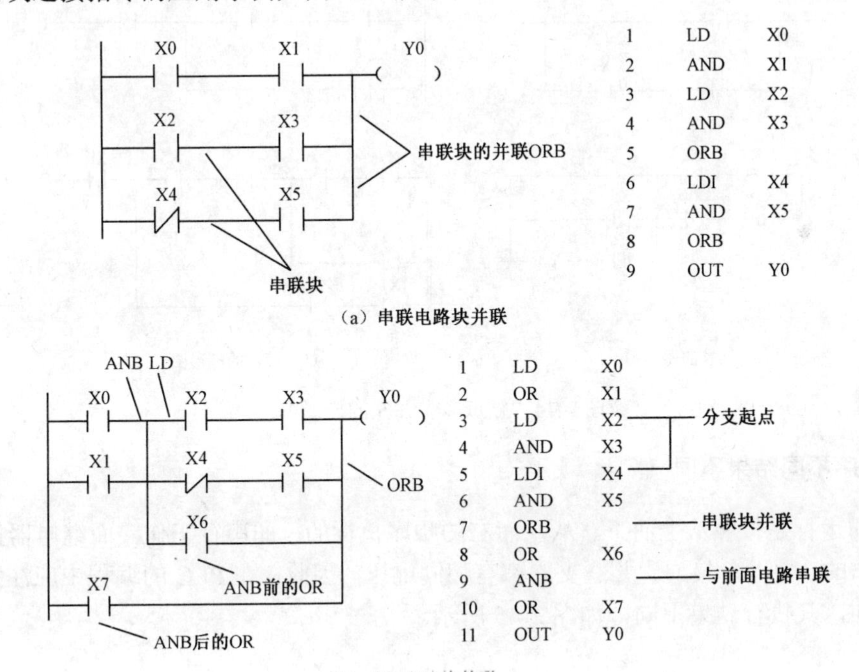

图 2-43　电路块连接指令的应用示例

4．注意事项

（1）ORB 是串联电路块的并联连接指令，ANB 是并联电路块的串联连接指令。它们都没有操作元件，可以多次重复使用。

（2）ORB 指令是将串联电路块与前面的电路并联，相当于电路块间右侧的一段垂直连线。并联的电路块的起始触点要使用 LD 或 LDI 指令，完成了电路块的内部连接后，用 ORB 指令将它与前面的电路并联。

（3）ANB 指令是将并联电路块与前面的电路串联，相当于两个电路之间的串联连线。要串联的电路块的起始触点使用 LD 或 LDI 指令，完成了电路块的内部连接后，用 ANB 指令将它与前面的电路串联。

（4）ORB、ANB 指令可以多次重复使用，但是连续使用时，应限制在 8 次以下。所以，在写指令时，最好按图 2-43 所示的方法写指令。

2.9 PLC 基本编程规则（二）

1. 触点多上并左

如果有串联电路块并联，应将串联触点多的电路块放在最上面；如果有并联电路块串联，应将并联触点多的电路块移近左母线。这样可以使编制的程序简洁，指令语句少，如图 2-44 所示。

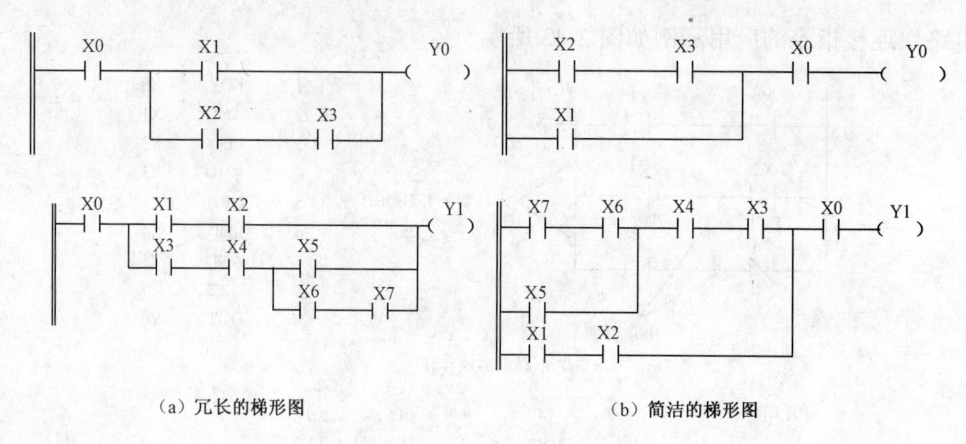

（a）冗长的梯形图　　（b）简洁的梯形图

图 2-44　触点多上并左的梯形图

2. 顺序不同结果不同

PLC 的运行是按照从上而下、从左而右的顺序执行的，即串行工作。而继电器控制电路是并行工作的，电源一接通，并联支路都有相同电压。因此，在 PLC 的编程中应注意，程序的顺序不同，其执行结果不同，如图 2-45 所示。

（a）　　（b）

图 2-45　程序的顺序不同结果不同的梯形图

从图 2-45 中可知，当 X0=ON 时，图 2-45（a）中的 Y0、Y2=ON，Y1=OFF；而图 2-45（b）中的 Y0、Y1=ON，Y2=OFF。

 **自己练习**

在外部电路不改变的条件下，设计新的程序使电动机完成如下运行：两台电动机同时启动，在 M1 停止之后，M2 才能停止；M1、M2 也可以同时停止。

实训项目 6　交流电动机自动顺序运行控制系统设计

1. 实训目的

在多数顺序控制电路中，两台电动机的顺序运行往往是遵照一定的时间间隔自动先后启动或者停止，通过本实训项目学习断续控制和 PLC 程序中应用定时方式达到自动控制的要求。

2. 实训要求

设计电路和编写 PLC 程序完成两台电动机的自动顺序运行，即按下按键 1 时第一台电动机启动，经一段时间后第二台电动机自动启动运行；可以使两台电动机同时停止。

3. 断续控制实训电路及操作过程

其断续控制电路图如图 2-46 所示。

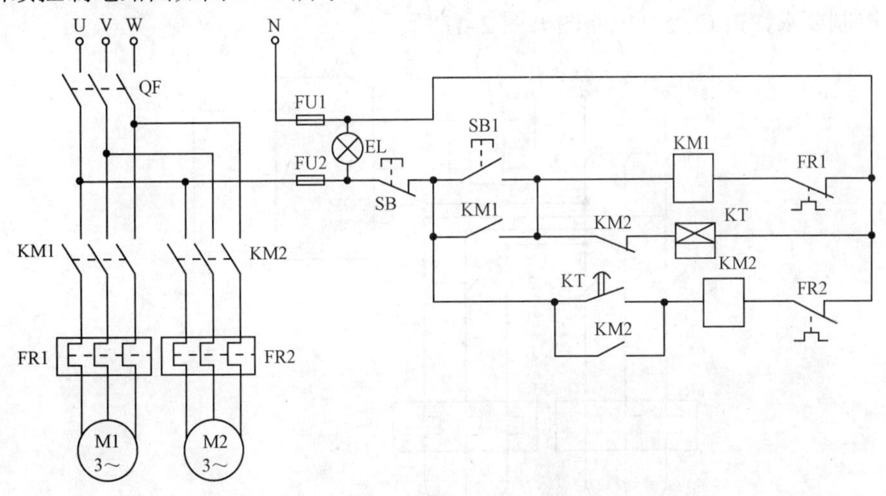

图 2-46　交流电动机自动顺序低压电器控制电路图

1）电路分析

本实训电路是利用时间继电器的定时功能完成两台电动机的顺序启动。

2）工作原理

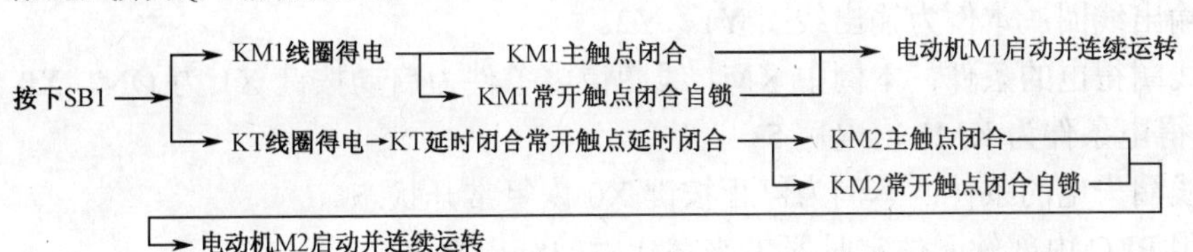

按下SB → KM1线圈失电→电动机M1停转
→ KT线圈失电→KT延时闭合常开触点断开→KM2线圈失电→电动机M2停转

4. PLC 控制实训电路、程序及操作过程

1）电动机自动顺序运行的控制要求

（1）合上 QF，即接通电路电源。

（2）按启动按键 SB1，则电动机 M1 运行。

（3）延时 5s 后，电动机 M2 自动运行。

（4）按停止按键 SB，则电动机 M1、M2 全部停止。

（5）断开 QF，即断开电路电源。

2）定义输入/输出（I/O）

由 PLC 输入/输出关系，定义按键 SB 作为 PLC 的输入信号，接触器 KM 的线圈作为输出控制信号，则有如下关系：

输入：X0：SB；X1：SB1；

输出：Y1：KM1；Y2：KM2。

3）PLC 控制电路

根据控制要求，PLC 控制电路图如图 2-47 所示。

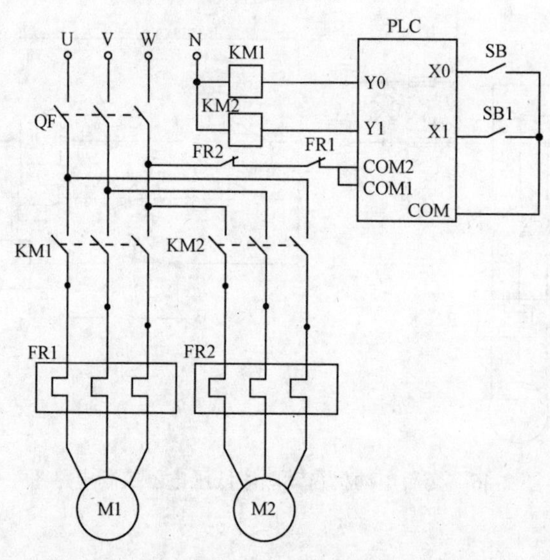

图 2-47　PLC 控制电动机自动顺序运行电路图

4）程序设计

电动机顺序运行在利用 PLC 对其进行控制设计时，要考虑如下因素。

（1）输出线圈：本例为输出线圈 Y1、Y2。

（2）线圈得电的条件：本例中 KM1 线圈得电条件为启动按键 X1 为 ON、X0 为 OFF；KM2 线圈得电条件为 KM1 得电后 5s。

（3）线圈失电的条件：本例为停止按键 X0 恢复常开状态。

（4）用 PLC 内部软元件定时器 T 来替代时间继电器 KT。

其梯形图和指令语句如图 2-48 所示。

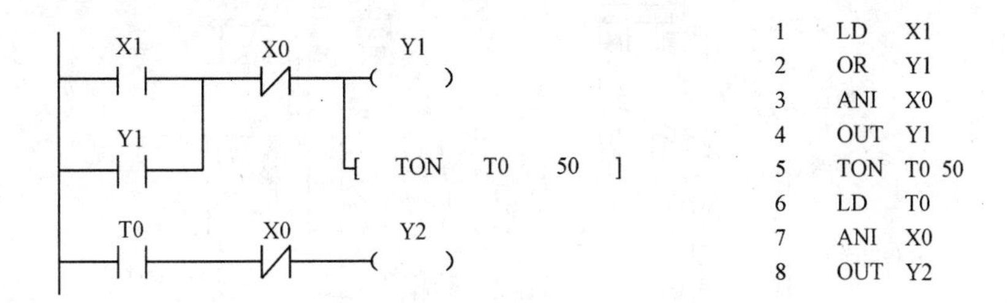

图 2-48 PLC 控制电动机自动顺序运行梯形图和指令语句

当要启动时，按启动按键 SB1，X0、X1 能流有效，使线圈 Y1 有输出并通过 Y1 自锁触点自锁，接触器 KM1 的线圈得电，主触点闭合，电动机 1 旋转，同时定时器 T0 开始定时；5s 后，T0 的延时常开触点闭合，T0 能流有效，使 Y2 输出，接触器 KM2 的线圈得电，主触点闭合，电动机 2 延时自动运行。

按下停止按键 SB，X0 能流失效，接触器 KM1、KM2 的线圈失电，主触点断开，使电动机 1、2 一起停止。

5）操作运行

（1）利用仿真功能验证 PLC 程序的逻辑。

（2）关闭仿真，将逻辑正确的梯形图下载到 PLC 硬件上，进行实际操作，观察运行效果，修改并完善 PLC 程序，最终达到控制要求。

2.10 时间继电器

时间继电器是电路中控制动作时间的继电器，它是一种利用电磁原理或机械动作原理来实现触点延时接通或断开的控制电器。按其动作原理与构造的不同可分为电磁式、电动式、空气阻尼式和晶体管式等类型。

1. 空气阻尼式时间继电器

空气阻尼式时间继电器是利用空气的阻尼作用获得延时的，如图 2-49 所示。此继电器结构简单，价格低廉，但是准确度低，延时误差大（±10%～±20%），因此在要求延时精度高的场合不宜采用。目前在交流电路中应用较广泛的是晶体管式时间继电器。晶体管式时间继电器利用 RC 电路中电容器充电时电容器上的电压逐渐上升的原理作为延时基础，其特点是延时范围广、体积小、精度高、调节方便和寿命长。

时间继电器有通电延时和断电延时两种类型。通电延时型时间继电器的动作原理是线圈通电时使触点延时动作，线圈断电时使触点瞬时复位。断电延时型时间继电器的动作原理是线圈得电时使触点瞬时动作，线圈失电时使触点延时复位。时间继电器的图形符号如图 2-50 所示，文字符号表示为 KT。

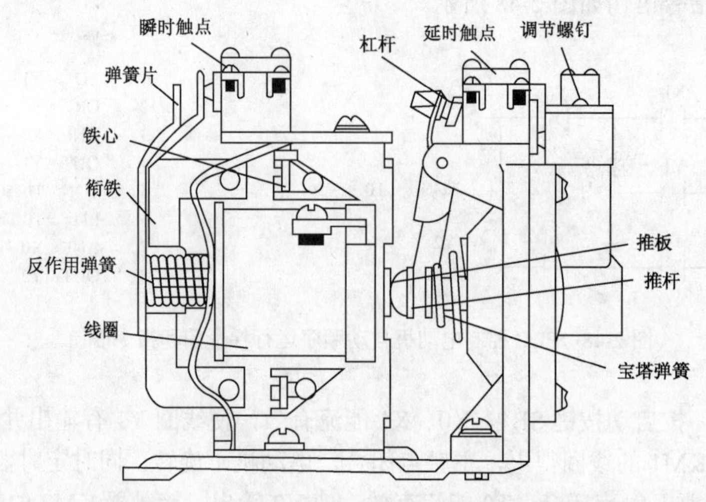

图 2-49　JS7-A 系列空气阻尼式时间继电器结构示意图

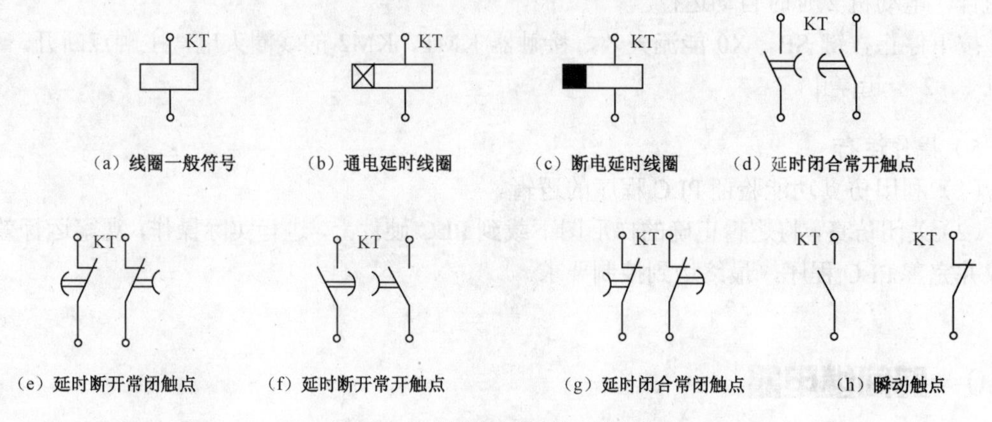

图 2-50　时间继电器的图形符号

2. 电子式时间继电器

电子式时间继电器的种类很多，最基本的有延时吸合和延时释放两种，它们大多是利用电容充放电原理来达到延时目的的。JS20 系列电子式时间继电器具有延时时间长、线路简单、延时调节方便、性能稳定、延时误差小、触点容量较大等优点。图 2-51 为 JS20 系列电子式时间继电器原理图。刚接通电源时，电容器 C_2 尚未充电，此时 $U_c=0$，场效应管 VT_6 的栅极与源极之间电压 $U_{gs}=-U_s$。此后，直流电源经电阻 R_{10}、RP_1、R_2 向 C_2 充电，电容 C_2 电压逐渐上升，直至 U_c 上升至$|U_c-U_s|<|U_p|$（U_p 为场效应管的夹断电压）时，VT_6 开始导通。由于 I_D 在 R_3 上产生 VT_7 的集电极电流 I_C 在 R_4 上产生压降，使场效应管 U_S 降低，使负栅偏压越来越小，R_4 起正反馈作用，VT_7 迅速地由截止变为导通，并触发晶体管 VT 导通，继电器 KA 动作。由上可知，从时间继电器接通电源开始，C_2 被充电到 KA 动作为止的这段时间为通电延时动作时间。KA 动作后，C_2 经 KA 常开触点对电阻 R_9 放电，同时氖泡 Ne 启动，并使场效应管 VT_6 和晶体管 VT_7 都截止，为下次工作准备。此时晶体管 VT 仍保持导通，除非切断电源，使电路恢复到原来状态，继电器 KA 才释放。

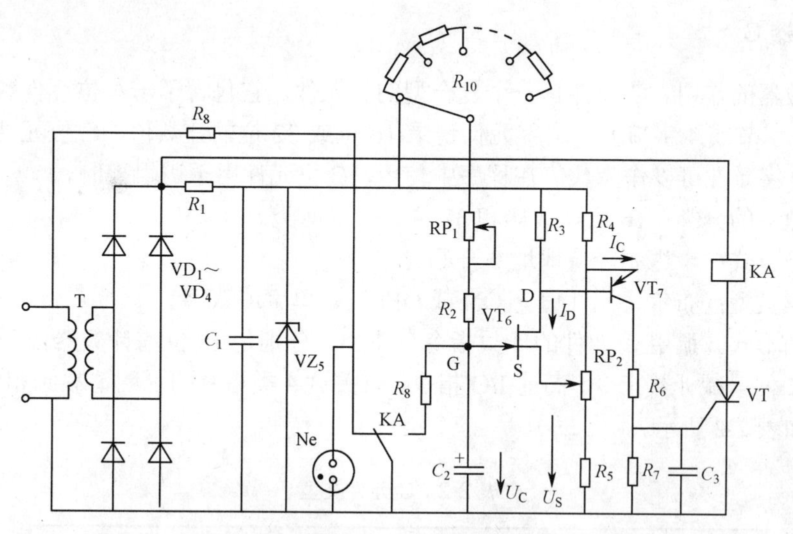

图 2-51　JS20 系列电子式时间继电器原理图

2.11　PLC 内部软元件（定时器、计数器、常数）

1. 定时器 T

定时器 T 元件是一个复合型的软元件，它包含了一个字元件（2 字节）和一个位元件。T 字元件记录 16 位的计时值，可以作为数值在程序中使用。T 位元件反映计时器线圈状态，用于逻辑控制。

（1）T 元件的分类。表 2-1 为不同地址段的 T 元件及其对应的计时精度，使用时需要注意。

表 2-1　T 元件的分类

T 元件	计 时 精 度
T0～T209	100ms 精度
T210～T251	10ms 精度
T252～T255	1ms 精度

计时精度为 1ms 的 T 元件，其计时为中断触发，与 PLC 扫描周期无关，因此计时的动作时间最准确。计时精度为 10ms 和 100ms 的 T 元件，计时值的刷新和动作时间与 PLC 扫描周期有关。

（2）编址方式：十进制，从地址 0 开始。

（3）数据类型：布尔（元件值为 ON 或 OFF），字。

（4）赋值方式：指令操作，在系统调试时强制及写入状态值。

（5）注意：T 元件最大计时值为 32767，预设值为－32768～32767。由于 T 元件是以计时值大于或等于预设值为动作条件的，因此将预设值设置为负数是没有意义的。

2. 计数器 C

（1）计数器的作用。C 元件是一个复合型的软元件，它包含了一个位元件和一个单字或双字元件（2 字节或 4 字节）。C 字元件记录 16 位或 32 位的计数值，C 位元件反映计数器线圈状态。C 字元件可以作为数值在程序中使用，C 位元件用于逻辑控制。

（2）计数器的分类：16 位计数器和 32 位计数器两类。

（3）编址方式：十进制，从地址 0 开始。

（4）数据类型：布尔（元件值为 ON 或 OFF），单字或双字。

（5）可用形式。调用 C 元件的计数指令有 4 类，分别是 16 位增计数器指令、16 位循环计数指令、32 位增减计数指令、高速 I/O 指令。有关这 4 类指令的说明请参阅相关指令说明。C 元件分类如表 2-2 所示。

表 2-2　C 元件类型

C 元件	计 数 功 能	适用的指令类型
C0～C199	16 位增计数器	16 位增计数指令 16 位循环计数指令
C200～C235	32 位增减计数器	32 位增减计数指令
C236～C255	32 位高速计数器	高速 I/O 指令

（6）赋值方式：

① 指令操作；

② 在系统调试时强制及写入状态值。

（7）掉电保持。掉电保持说明如表 2-4 所示。

表 2-3　掉电保持说明

状　　态	设置为掉电保持的 C 元件	非掉电保持的 C 元件
掉电	保存不变	清零
RUN → STOP	保存不变	保存不变
STOP → RUN	保持不变	清零

3. 常数

用户可使用常数作为指令的操作数，MC 系列 PLC 支持多种常数方式输入，常数的表达形式如表 2-4 所示。

表 2-4　常数的表达形式

常 数 类 型	表 达 示 例	有 效 范 围	说　　明
十进制 16 位符号整数	－8949	－32768～32767	
十进制 16 位无符号整数	65326	0～65535	
十进制 32 位符号整数	－2147483646	－2 147 483 648～2 147 483 647	
十进制 32 位无符号整数	4294967295	0～4 294 967 295	

续表

常数类型	表达示例	有效范围	说　明
十六进制 16 位常数	16#1FE9	16#0～16#FFFF	十六进制，八进制，二进制常数本身无正负含义； 选用十六进制，八进制或二进制常数作为指令操作数，操作数的正负及大小，要根据其操作数的数据类型决定
十六进制 32 位常数	16#FD1EAFE9	16#0～16#FFFFFFFF	
八进制 16 位常数	8#7173	8#0～8#177777	
八进制 32 位常数	8#71732	8#0～8#37777777777	
二进制 16 位常数	2#10111001	2#0～2#1111111111111111	
二进制 32 位常数	2#101110011111	2#0～2#1111111111111111 1111111111111111	
单精度浮点常数	−3.1415E−16 3.1415E+3 0.016	±1.175494E−38～±3.402823E+38	符合 IEEE—754 标准。 编程软件可以显示、输入 7 位有效精度的浮点常数

2.12　PLC 基本指令（TON、TONR、TOF、TMON、CTU、CTR、DCNT）

1．定时器指令

1）TON：接通延时计时指令

梯形图：├──┤ ├──[TON　(D)　(S)]

指令列表：TON（D）（S）

适用软元件：

（D）：T；

（S）：常数；

功能说明：

（1）当能流有效，且计时值＜32767 时，所指定的 T 元件（D）计时（计时值随着时间而累加）。当计时值到达 32767 后，计时值将保持为 32767 不变；

（2）当计时值≥预设值（S）时，所指定的 T 元件的计时线圈输出为 ON；

（3）当能流为 OFF 时，停止计时，计时值清为零，计时线圈输出为 OFF；

（4）系统第一次执行该指令，将把所指定的 T 元件的计时线圈置为 OFF，计时值清零。

2）TONR：记忆型接通延时计时指令

梯形图：├──┤ ├──[TONR　(D)　(S)]

指令列表：TONR（D）（S）

适用软元件：

（D）：T；

（S）：常数；

功能说明：

（1）能流有效，且计时值＜32767 时，所指定的 T 元件（D）计时，计时值随着时间递增。当计时值到达 32767 后，计时值将保持为 32767 不变；

（2）当计时值≥预设值（S）时，所指定的 T 元件的计时线圈输出为 ON；

（3）当能流为OFF时，停止计时，计时线圈与计时值保持当前计时值不变。

3）TOF：断开延时计时指令

梯形图：├──┤ ├──[TOF (D) (S)]

指令列表：TOF（D）（S）

适用软元件：

（D）：T；

（S）：常数；

功能说明：

（1）当能流有ON→OFF变化（下降沿）后，指定计时器T（D）启动计时；

（2）当能流为OFF，如指定计时器T已启动计时，继续保持计时。直到计时值等于预设值（S），所指定的T元件的计时线圈输出为OFF，此后计时值将保持为预设值不再变化；

（3）如计时未启动，即使能流输入为OFF也不计时。当能流为ON时，停止计时，计时值清为零，计时线圈输出为ON。

4）TMON：不重触发单稳计时指令

梯形图：├──┤ ├──[TMON (D) (S)]

指令列表：TMON（D）（S）

适用软元件：

（D）：T；

（S）：常数；

功能说明：

（1）当输入能流有OFF→ON变化（上升沿）时，且处于未计时状态，启动指定的计时器T（D）计时（由当前值开始），计时状态（计时状态长度由S确定）下，保持计时线圈输出为ON；

（2）在计时状态（计时长度由S确定），不论能流如何变化，保持计时，计时线圈输出保持为ON；

（3）当计时值到达时，停止计时，计时值清为零值，线圈输出置为OFF。

5）用法示例

4种定时器基本指令的应用示例如图2-52所示。

图2-52（a）中的TON为接通延时计时指令，该指令使定时器T1在驱动能流M0有效时开始定时，当定时结束，T1线圈为ON，其常开触点闭合，从而驱动Y0输出，若在定时结束之前M0能流无效，则T1立即被清零，直到下次M0能流有效才开始重新定时。

图2-52（b）中的TONR为记忆型接通延时计时指令，该指令使定时器T1在驱动能流M0有效时开始定时，当定时结束，T0线圈为ON，其常开触点闭合，从而驱动Y0输出，若在定时结束之前M0能流无效，则T0将保持当前定时值，直到下次M0能流有效再开始由此值继续定时。

图2-52（c）中的TOF为断开型延时计时指令，该指令使定时器T1在驱动能流M0从有效跳变为无效时开始定时，当定时结束，T1线圈为ON，其常开触点闭合，从而驱动Y0输出。

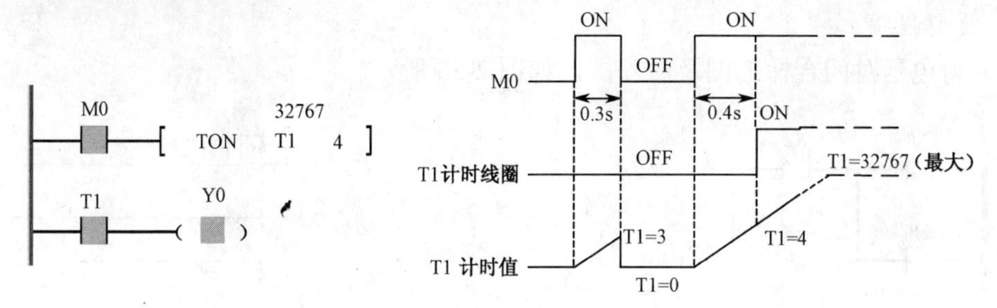

（a）TON：接通延时计时指令

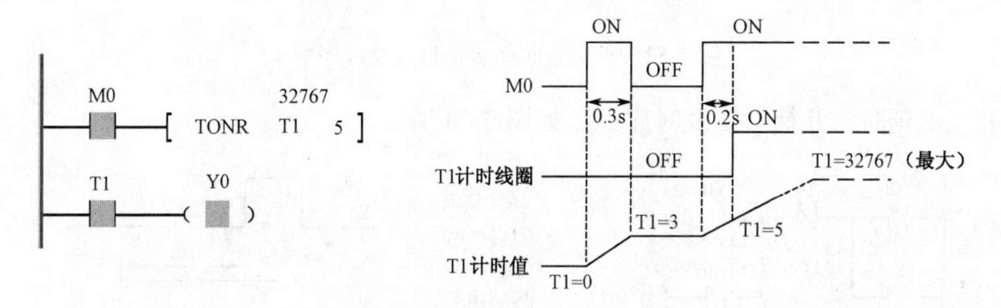

（b）TONR：记忆型接通延时计时指令

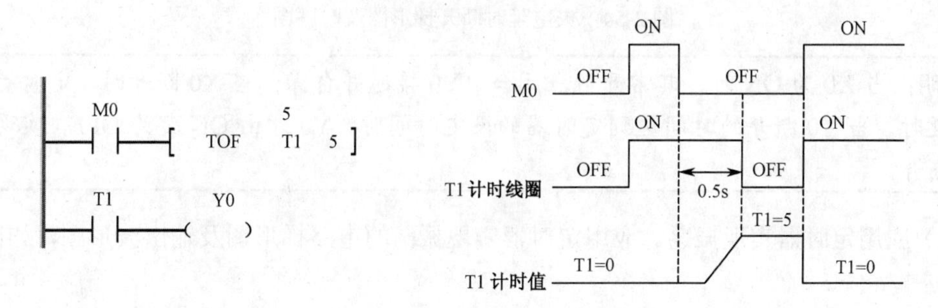

（c）TOF：断开延时计时指令

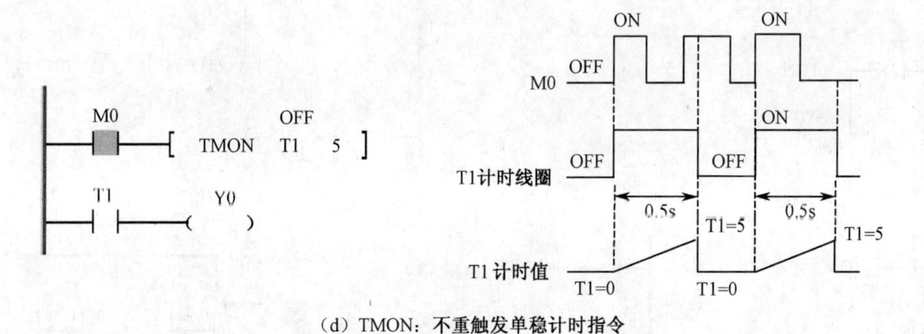

（d）TMON：不重触发单稳计时指令

图 2-52　定时器指令的应用示例

图 2-52（d）中的 TMON 为不重触发单稳计时指令，该指令使定时器 T1 在驱动能流 M0 有效时开始定时，在此期间无论 M0 能流如何变化，T1 均保持定时，T1 线圈输出为 ON，其常开触点闭合，从而驱动 Y0 输出。当定时结束，T1 线圈为 OFF，则 T1 立即被清零，直到下次 M0 能流有效才开始重新定时。

6）典型程序

（1）得电延时闭合梯形图及时序图，如图 2-53 所示。

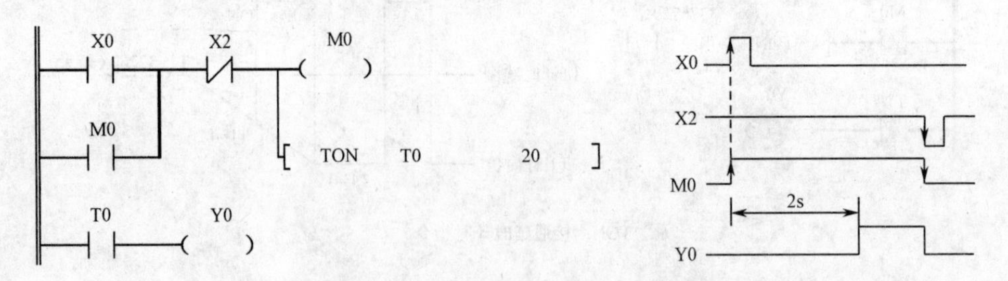

图 2-53 得电延时闭合梯形图及时序图

（2）失电延时断开梯形图及时序图，如图 2-54 所示。

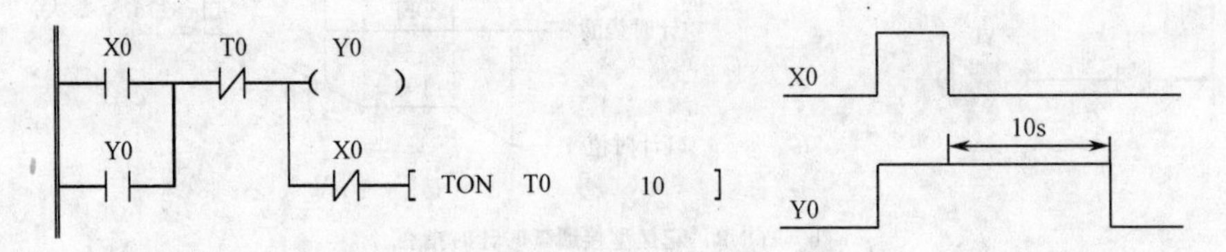

图 2-54 失电延时断开梯形图及时序图

说明：当 X0 为 ON 时，其常开触点闭合，Y0 接通并自保；当 X0 断开时，定时器开始得电延时，当 X0 断开的时间达到定时器的设定时间时，Y0 才由 ON 变为 OFF，实现失电延时断开。

（3）应用定时器实现振荡。应用定时器实现振荡的电路梯形图及输出波形图，如图 2-55 所示。

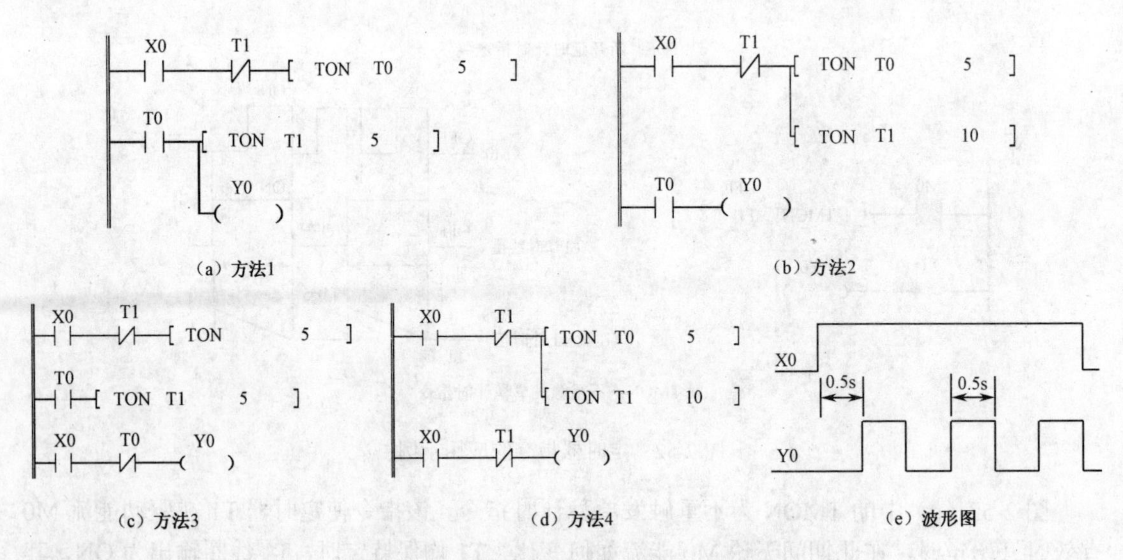

图 2-55 振荡电路梯形图及输出波形图

说明：改变 T0、T1 的参数值，可以调整 Y0 输出脉冲宽度。

（4）定时器的延时扩展。

MC 系列 PLC 定时器的延时都有一个最大值，如 100ms 的定时器最大延时为 3276.7s。若工程中所需要的延时大于选定的定时器的最大值，则可采用多个定时器接力延时，即先启动一个定时器计时，延时到时，用第一个定时器的常开触点启动第二个定时器延时，再使用第二个定时器启动第三个，如此下去，用最后一个定时器的常开触点去控制控制对象，最终的延时为各个定时器的延时之和，如图 2-56（a）所示。另外，也可采用计数器配合定时器以获得较长时间的延时，如图 2-56（b）所示。当 X0 保持接通时，电路工作，定时器 T1 线圈的前面接有定时器 T1 的延时断开的常闭触点，它使定时器 T1 每隔 1000s 复位一次，同时，定时器 T1 的延时闭合的常开触点每隔 1000s 接通一个扫描周期，使计数器 C1 计一次数，当 C1 计到设定值时，将控制对象 Y0 接通，其延时为定时器的设定时间乘以计数器的设定值。

```
   X0
|--| |--[ TON   T1   2000 ]
   T1
|--| |--[ TON   T2   3000 ]
   T2        Y0
|--| |------(    )
```

（a）定时器分别计时法

```
   X0      T1
|--| |----|/|--[ TON  T1   1000 ]
   T1
|--| |--[ CTU  C1   7 ]
   C1      Y0
|--| |----(    )
   X3
|--| |--[ RST  C1 ]
```

（b）定时器累计计时法

图 2-56 定时器的延时扩展梯形图

自己练习

1. 在外部电路不改变的条件下，设计新的程序使电动机完成如下运行：两台电动机同时启动，在 M1 停止之后 5s M2 停止。

2. 设计 PLC 控制电路，使电动机完成如下两种运行效果：

（1）电动机正转 5s 后自动反转，反转 5s 后电动机停止；

（2）电动机正转 5s 后自动反转，反转 5s 后再次正转，如此反复循环运行，直到按下停止按键。

3. 两台电动机交替顺序控制。电动机 M1 工作 10s 停下来，紧接着电动机 M2 工作 5s 停下来，然后再交替工作；按下停止按键，电动机 M1、M2 全部停止运行。

2. 计数器指令

1）CTU：16 位增计数指令

梯形图：|--| |--[CUT (D) (S)]

指令列表：CTU（D）（S）

适用元件：

（D）：C

（S）：常数、KnX、KnY、KnS、KnLM、KnSM、D、SD、C、T、V、Z

操作数说明：

（D）：目的操作数；

（S）：源操作数。

功能说明：

（1）当能流有 OFF→ON 变化（上升沿）时，指定的 16 位计数器 C（D）计数值增 1；

（2）当计数值达到 32767 时，计数值保持不变；

（3）当计数值大于或等于计数预设值（S）时，计数线圈置为 ON。

2）CTR：16 位循环计数指令

梯形图：├──┤ ├──[CTR (D) (S)]

指令列表：CTR（D）（S）

适用元件：

（D）：C

（S）：常数、KnX、KnY、KnS、KnLM、KnSM、D、SD、C、T、V、Z

操作数说明：

（D）：目的操作数；

（S）：源操作数。

功能说明：

（1）当输入能流有 OFF→ON 变化（上升沿）时，指定的 16 位计数器 C（D）计数值增 1；

（2）当计数值等于计数预设值（S）时，计数线圈置为 ON；

（3）当计数值等于计数预设值（S）后，如输入能流再有 OFF→ON 变化（上升沿）时，计数值置为 1，计数线圈置为 OFF。

3）DCNT：32 位增减计数指令

梯形图：├──┤ ├──[DCNT (D) (S)]

指令列表：DCNT（D）（S）

适用元件：

（D）：C

（S）：常数、KnX、KnY、KnS、KnLM、KnSM、D、SD、C、T、V、Z

操作数说明：

（D）：目的操作数；

（S）：源操作数。

功能说明：

（1）当输入能流有 OFF→ON 变化（上升沿）时，指定的 32 位计数器 C（D）计数值增 1 或减 1（计数增减方向由对应 SM 标志位决定）；

（2）为增计数器时，当计数值大于或等于计数预设值（S）时，计数线圈置为 ON；

（3）为减计数器时，当计数值小于或等于计数预设值（S）时，计数线圈置为 OFF；

（4）当计数值=2147483647 时，如再次增一计数时，计数值变为−2147483648；

（5）当计数值=−2147483648 时，如再次减一计数时，计数值变为 2147483647。

4）用法示例

计数指令的应用示例如图 2-57 所示。

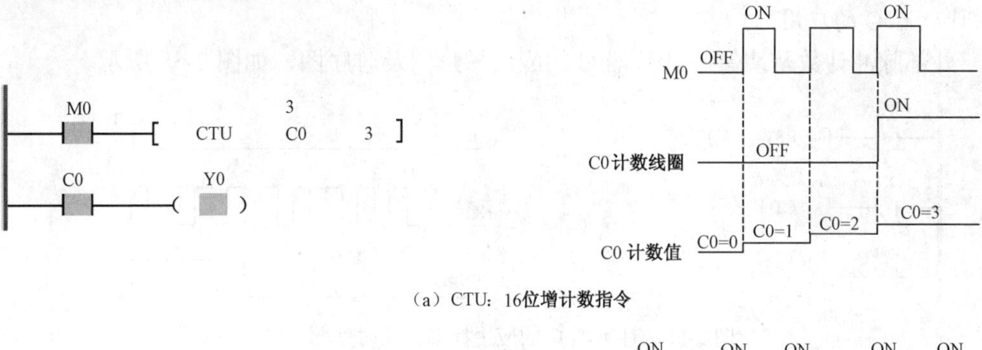

（a）CTU：16位增计数指令

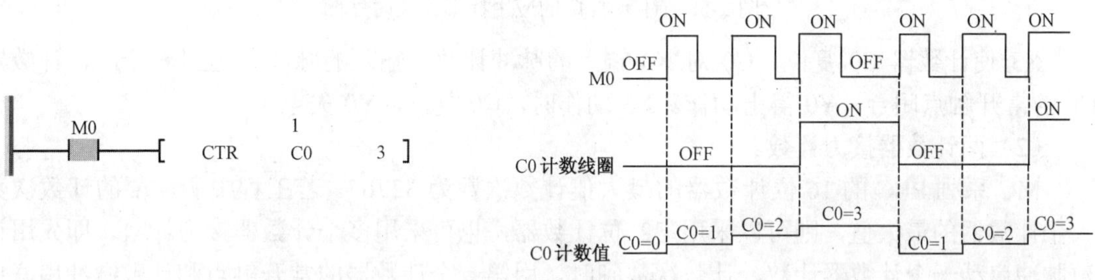

（b）CTR：16位循环计数指令

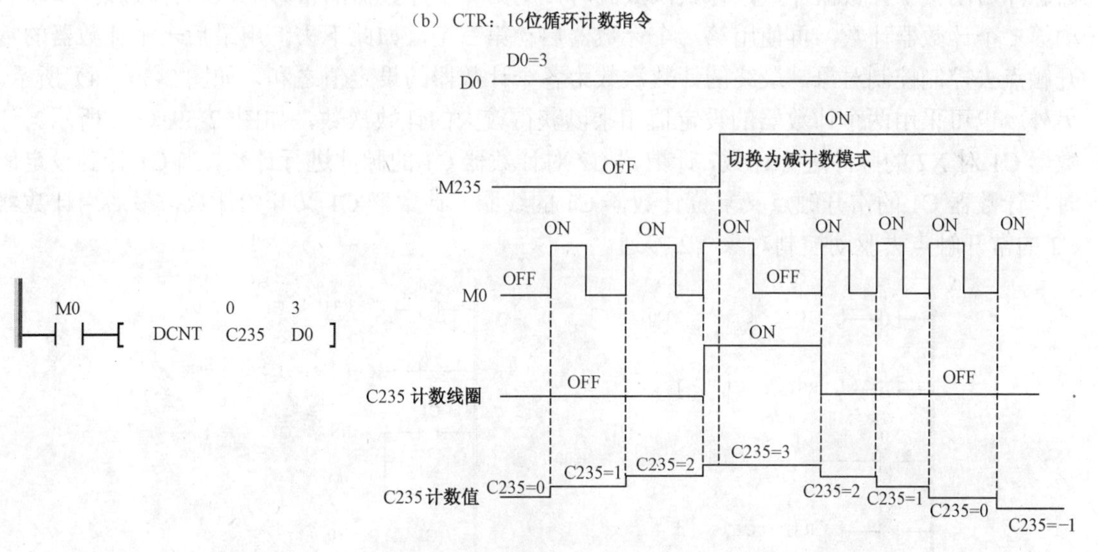

（c）DCNT：32位增减计数指令

图 2-57 计数指令的应用示例

5）注意事项

（1）CTU 时（D）所指定的 16 位计数器 C 的地址应在 C0～C199 之内。

（2）CTR 时当计数预设值（S）小于或等于零时，不产生计数动作；（D）所指定的 16 位计数器 C 的地址应在 C0～C199 之内。

（3）DCNT 时（D）所指定的 C 元件的地址应在 C200～C235 之间。

（4）C200～C235 的计数方向是由对应的特殊辅助继电器 SM200～SM235 决定：当 SM200～SM235 为 OFF 时，C200～C235 加法计数；当 SM200～SM235 为 ON 时，C200～C235 减加法计数。

6）计数器 C 的应用

（1）外部脉冲计数及清零。计数器 C 的应用梯形图及时序图，如图 2-58 所示。

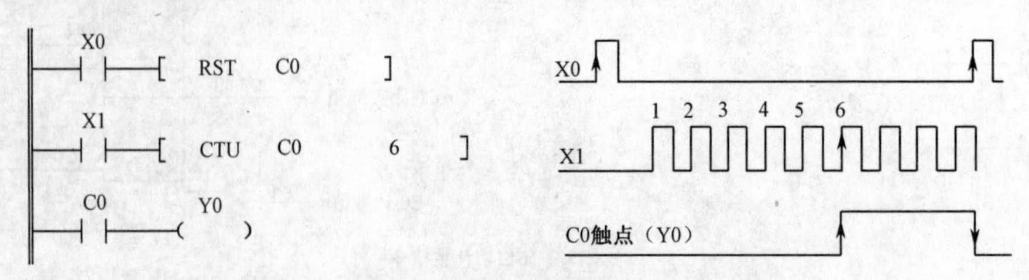

图 2-58 计数器 C 的应用梯形图及时序图

X3 使计数器 C0 复位，C0 对 X4 输入的脉冲计数，输入的脉冲数达到 6 个时，计数器 C0 的常开触点闭合，Y0 得电动作。X3 动作时，C0 复位，Y0 失电。

（2）两计数器接力计数。

MC 系列 PLC 的 16 位计数器的最大值计数次数为 32767。若工程中所需要的计数次数大于计数器的最大值，则可以采用 32 位计数器，也可采用多个计数器接力计数，即先用计数脉冲启动一个计数器计数，计数次数到时，用第一个计数器的常开触点和计数脉冲串联启动第二个计数器计数，再使用第二个计数器启动第三个，如此下去，用最后一个计数器的常开触点去控制控制对象，最终的计数次数为各个计数器的设定值之和，如图 2-59（a）所示。另外，也可采用两个计数器的设定值相乘以获得较大的计数次数，如图 2-59（b）所示。计数器 C1 对 X2 的脉冲进行计数，计数器 C2 对计数器 C1 的脉冲进行计数，当 C1 计到设定值时，计数器 C1 的常开触点又复位计数器 C1 的线圈，计数器 C1 又开始计数，最后用计数器 C2 的常开触点去驱动控制对象 Y2 接通。

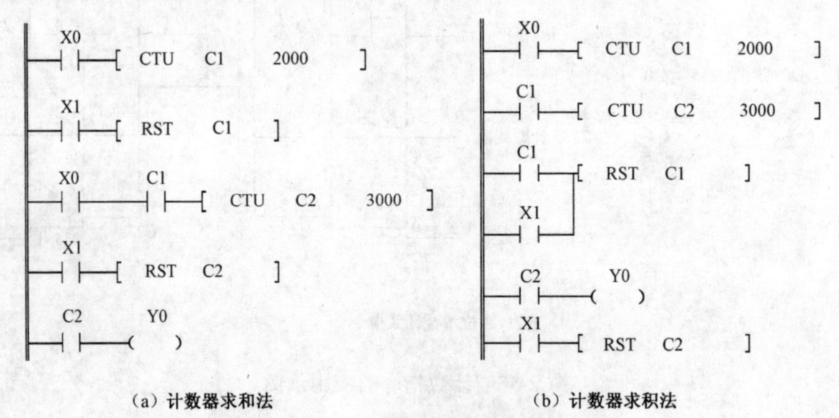

（a）计数器求和法　（b）计数器求积法

图 2-59 两计数器接力计数梯形图

实训项目 7 交流电动机降压启动断续控制系统设计

相关知识

容量较大的笼型异步电动机（一般大于 4kW）因启动电流较大，直接启动电流为其标称额定电流的 4～8 倍。所以一般都采用降压启动方式来启动。启动时降低加在电动机定子绕组上的电压，启动后再将电压恢复到额定值，使之在正常电压下运行。由于电枢电流

和电压成正比，所以降低电压可以减小启动电流，不至于在启动瞬间由于启动电流过大，电路中产生过大的电压降，减少对线路电压的影响。

降压启动的方法有定子电路串电阻（或电抗）、星形-三角形、自耦变压器和使用软启动器等。常用的方法是星形-三角形降压启动和使用软启动器。

1. 实训目的

星形-三角形（Y-△）降压启动是鼠笼式三相异步电动机降压启动方法之一。Y-△降压启动控制是指电动机启动时，使定子绕组接成星形，以降低启动电压，限制启动电流；电动机启动后，当转速上升到接近额定值时，再把定子绕组改接为三角形，使电动机全电压运行。Y-△降压启动控制只适用于正常运行时三角形连接的鼠笼式电动机，而且只适用于轻载启动，如碎石机等。通过本实训了解掌握交流电动机的星形-三角形（Y-△）降压启动。

2. 实训要求

设计电路和编写 PLC 程序完成交流电动机的星形-三角形（Y-△）降压启动运行，即按下按键 1 电动机以星形启动，再按下按键 2 电动机切换为三角形运行，按下停止键电动机停止。

3. 断续控制实训电路及操作过程

手动 Y-△启动断续控制电路图如图 2-60 所示。

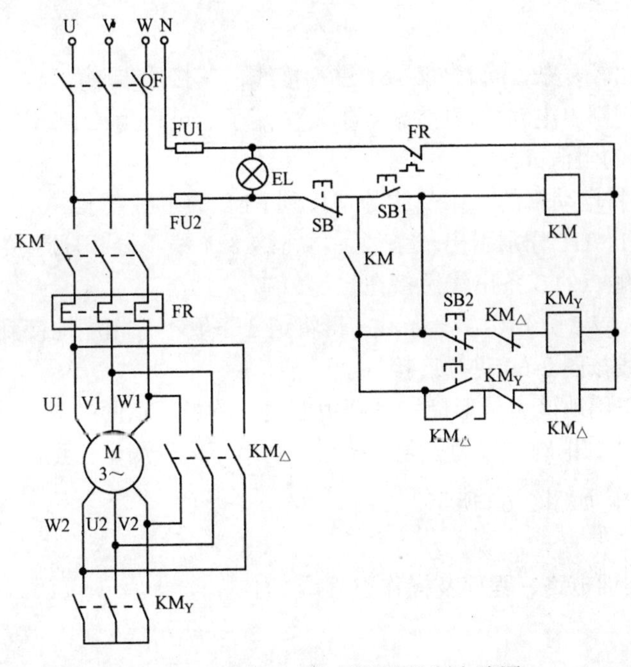

图 2-60 手动 Y-△启动断续控制电路图

1）电路分析

图 2-61 所示的手动 Y-△启动控制线路中，主电路有三个交流接触器 KM、KM_Y 和 $KM_△$。

当接触器 KM 和 KM_Y 主触点闭合时，电动机 M 定子三个绕组末端 W2、U2、V2 接在一起，即星形接法；当接触器 KM 和 $KM_\triangle$ 主触点闭合时，U1 与 W2 相连、V1 与 U2 相连、W1 与 V2 相连，三相绕组首尾相接，即三角形接法。热继电器 FR 对电动机实现过载保护。

2）工作原理

合上空气开关 QF→指示灯 EL 亮

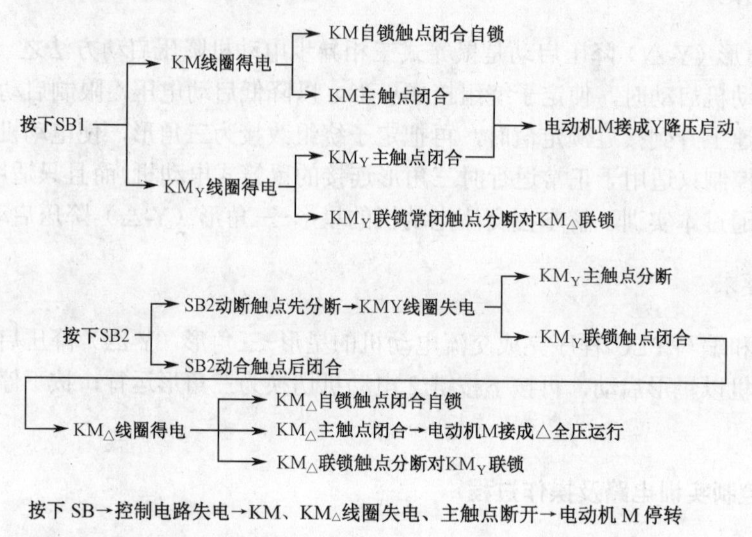

3）电路装接

主回路的接线比较复杂，可按图 2-61 进行接线，其接线步骤如下。

（1）用万用表判别出电动机每个绕组的 2 个端子，可设为 U1、U2，V1、V2 和 W1、W2；测出每个绕组的阻值 R。

（2）按图 2-61 将电动机的 6 条引线分别接到 $KM_\triangle$的主触点上。

（3）从 W1、V1、U1 分别引出一条线，再将这 3 条线不分相序地接到 KM_Y 主触点的 3 条进线处，KM_Y 主触点的 3 条出线短接在一起。

（4）从 V2、U2、W2 分别引出一条线，再将这 3 条线不分相序地接到 FR 的 3 条出线处，再将主电路的其他线按图 2-60 进行连接。

（5）若电动机正确地接为星形接法，则用万用表测量任意两个对外接线端子之间的电阻值应该为 $2R$；若电动机正确地接为三角形接法，则用万用表测量任意两个对外接线端子之间的电阻值应该为 $\frac{2}{3}R$，如图 2-62 所示。

4．PLC 控制实训电路、程序及操作过程

1）控制要求

（1）按下启动按键 SB1，电动机以 Y 接法降压启动；

（2）再按下切换按键 SB2，电动机以△接法全压运行；

（3）按下停止按键 SB 电动机停止。

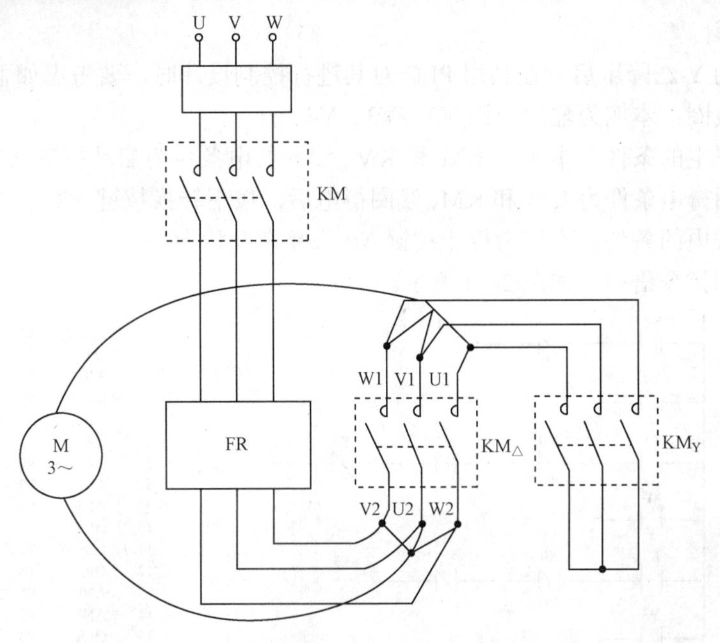

图 2-61 接线图

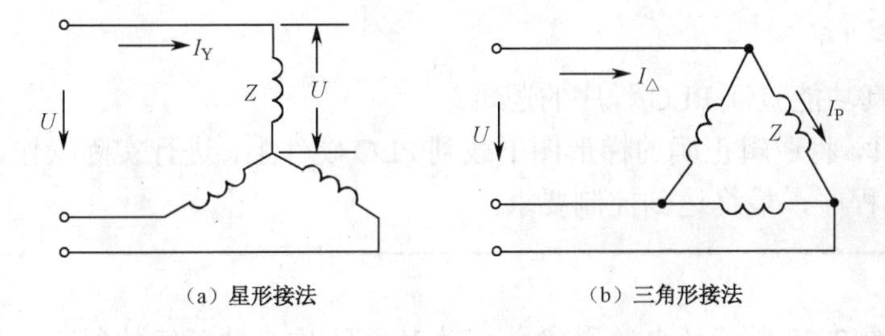

图 2-62 三相交流电动机接线图

2）定义输入/输出（I/O）

输入：X0：SB；X1：SB1；X2：SB2；

输出：Y2：KM_Y；Y3：$KM_△$；Y4：KM。

3）PLC 控制电路

根据控制要求，PLC 控制电路图如图 2-63 所示。

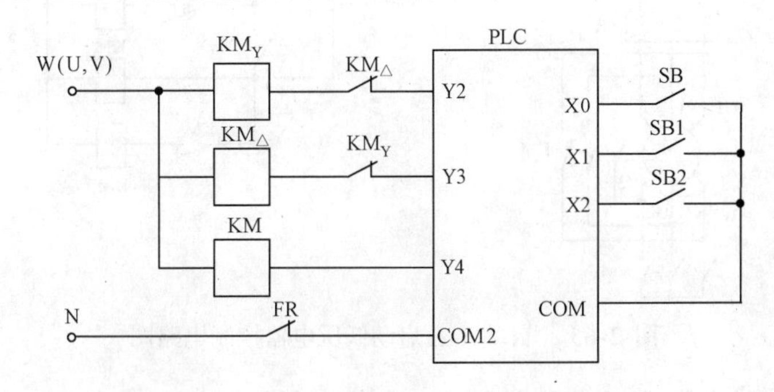

图 2-63 手动 Y-△启动 PLC 控制电路图

4）程序设计

电动机手动 Y-△降压启动在利用 PLC 对其进行控制设计时，要考虑如下因素。

（1）输出线圈：本例为输出线圈 Y2、Y3、Y4。

（2）线圈得电的条件：本例中 KM 和 KM_Y 线圈得电条件为启动按键 X1 为 ON、X0 为 OFF；$KM_△$ 线圈得电条件为 KM 和 KM_Y 线圈得电后，按下转换按键 X2。

（3）线圈失电的条件：本例为停止按键 X0 恢复常开状态。

其梯形图和指令语句，如图 2-64 所示。

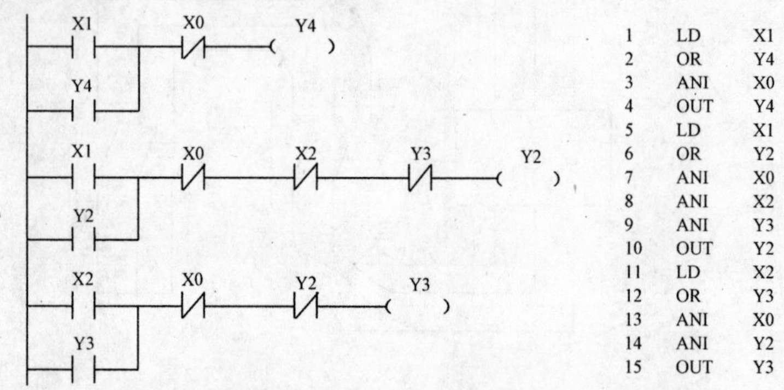

图 2-64　手动 Y-△启动 PLC 控制梯形图和指令语句

5）操作运行

（1）利用仿真功能验证 PLC 程序的逻辑。

（2）关闭仿真，将逻辑正确的梯形图下载到 PLC 硬件上，进行实际操作，观察运行效果，修改并完善 PLC 程序，最终达到控制要求。

自己练习

1. 参考如图 2-65 所示的电路图完成自动 Y-△降压启动断续控制。

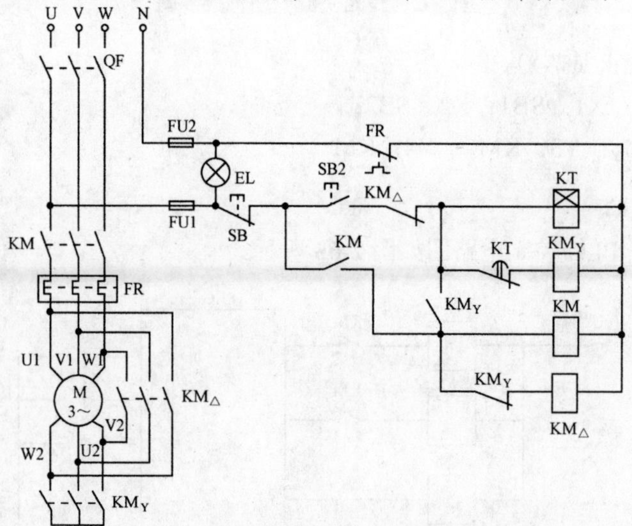

图 2-65　自动 Y-△启动低压电器控制电路图

2. 设计自动 Y-△启动 PLC 控制电路，编写程序实现自动 Y-△启动。

2.13 其他降压启动方式

1．定子串电阻降压启动控制

电动机启动时在三相定子绕组中串接电阻，使定子绕组上电压降低，启动结束后再将电阻短接，使电动机在额定电压下运行，这种启动方式不受电动机接线方式的限制，设备简单，因此在中小型生产机械中应用广泛。但由于需要启动电阻，使控制柜的体积增大，电能损耗大，对于大容量的电动机往往采用串电抗器实现降压启动。同时应注意定子降压，虽降低了启动电流，同时启动转矩会成平方倍的下降。

图 2-66 所示为定子串电阻降压启动控制电路图，其电路的工作过程如下：

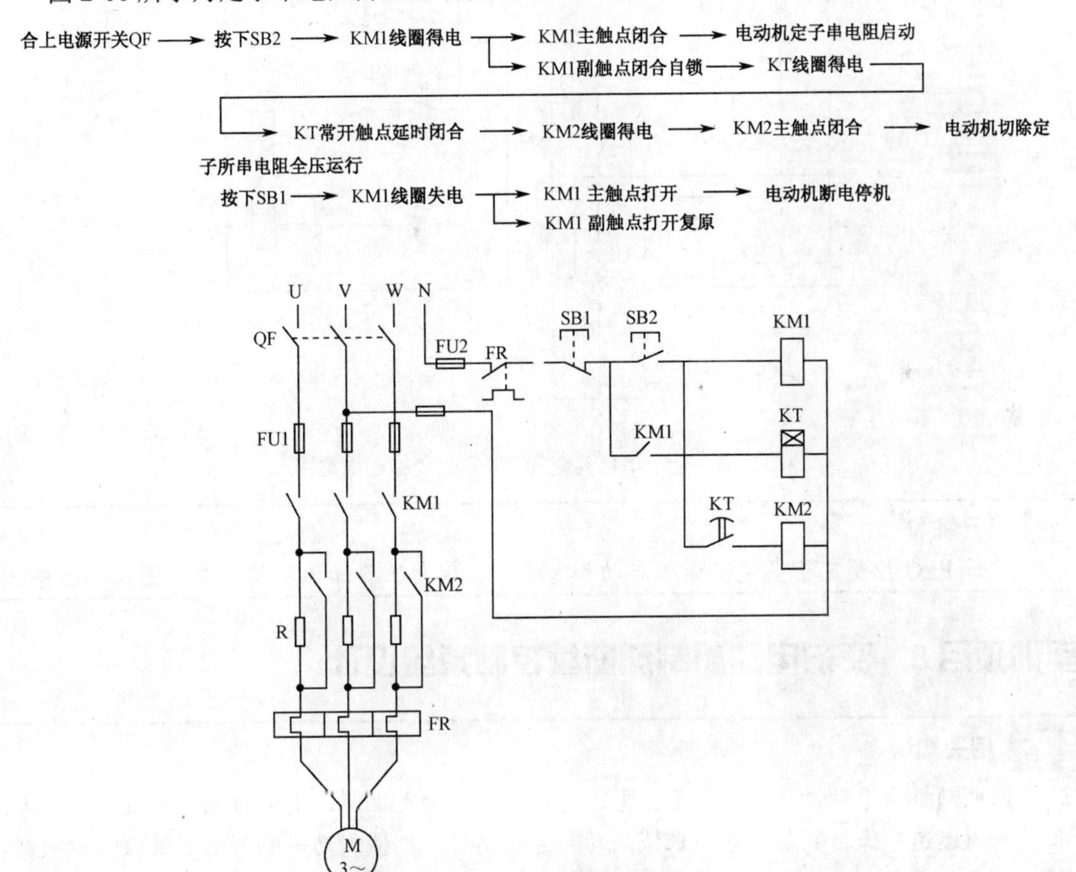

图 2-66　定子串电阻降压启动控制电路图

2．笼式电动机定子串自耦变压器降压启动控制

自耦变压器降压启动的控制电路，电动机启动电流的限制是靠自耦变压器的降压作用来实现的。启动时，电动机的定子绕组接在自耦变压器的低压侧，启动完毕后，将自耦变压器切除，电动机的定子绕组直接接在电源上，全压运行。

图 2-67 所示为定子串自耦变压器降压启动的控制电路图，其电路的工作过程如下：

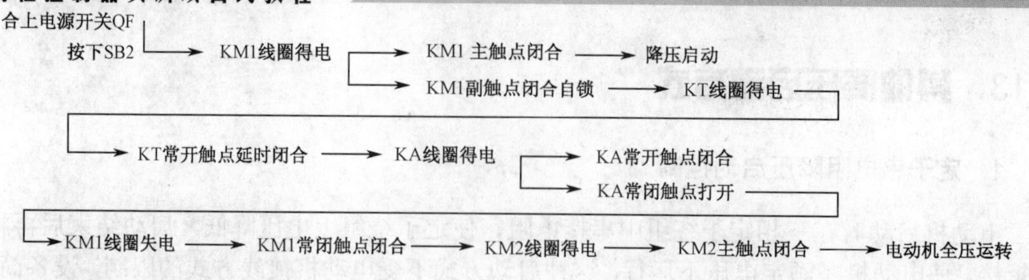

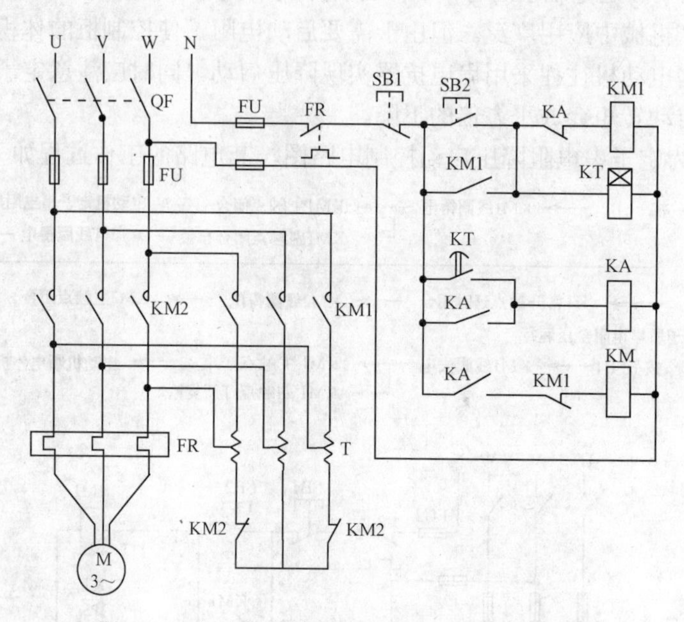

图 2-67　定子串自耦变压器降压启动控制电路图

自己练习

设计 PLC 控制定子串绕组降压启动和定子串自耦变压器降压启动的电路图及其程序。

实训项目 8　交流电动机制动断续控制系统设计

相关知识

以电动机为原动机的机械设备当需迅速停车或准确定位时，则需对电动机进行制动，使其转速迅速下降。制动可分为机械制动和电气制动，机械制动一般为电磁铁操纵抱闸制动；电气制动是电动机产生一个和转子转速方向相反的电磁转矩，使电动机的转速迅速下降。三相交流异步电动机常用的制动方法有能耗制动、反接制动和发电反馈制动。

1. 能耗制动控制电路

能耗制动是在断开三相电源的同时，接通直流电源，使直流电通入定子绕组，产生制动转矩。10kW 以下小容量电动机，且对制动要求不高的场合，常采用半波整流单向启动能耗制动控制电路，其电路图如图 2-68 所示。该线路采用二极管半波整流器作为直流电源，所用

附加设备少，线路简单，成本低。对于 10kW 以上容量较大的电动机，多采用有变压器全波整流能耗制动的控制线路。

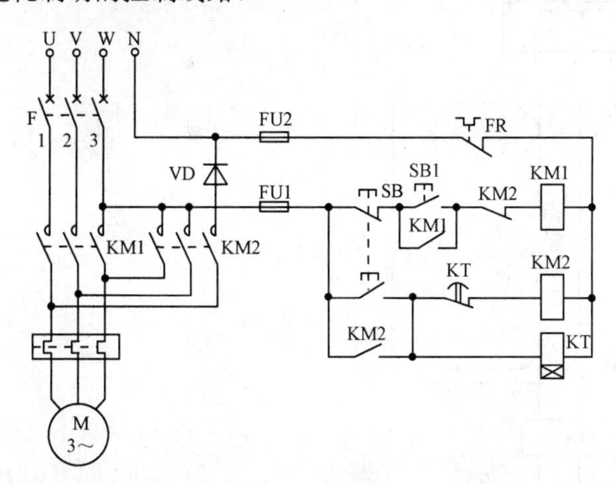

图 2-68　半波整流能耗制动电路图

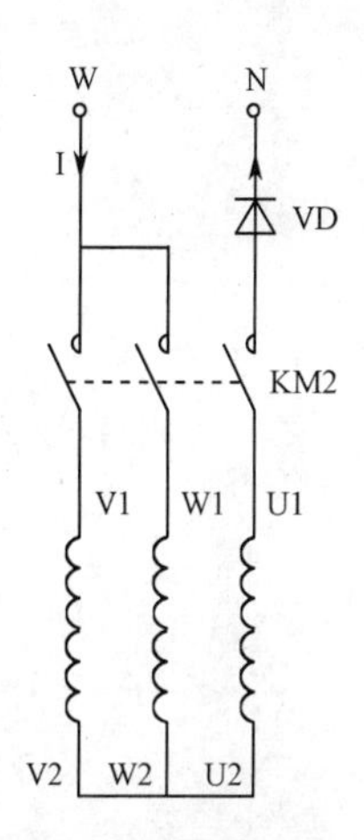

图 2-69　制动时定子绕组接线图

图 2-68 中，主电路有两个交流接触器，其中 KM1 用来控制电动机启动和停止，而 KM2 则用来通直流电实现电动机的能耗制动。半波整流能耗制动的原理如下：当按下启动按键 SB2 时，交流接触器 KM1 主触点闭合，电动机星形连接的定子绕组接通三相交流电源，电动机开始转动。若想实现电动机的制动，按下制动按键 SB1 时，交流接触器 KM1 主触点断开，切断了三相交流电源；与此同时，交流接触器 KM2 主触点闭合，将经过二极管 D 整流后的脉动直流电通入定子绕组，使电动机制动。其定子绕组的接线图，如图 2-69 所示。

半波整流能耗制动控制电路工作过程如下：

合上空气开关 QF→指示灯 EL 亮

按下SB1→KM1线圈得电 ─┬─ KM1主触点闭合 ──→ 电动机M转动
　　　　　　　　　　　└→ KM1自锁触点闭合 ─┘

按SB ─┬→ SB常闭触点分断→KM1线圈失电 ─┬→ KM1主触点断开→电动机停转
　　　│　　　　　　　　　　　　　　　　└→ KM1联锁触点闭合
　　　└→ SB常开触点闭合 ─┬→ KM2线圈得电 ─┬─ KM2主触点闭合→电动机制动开始
　　　　　　　　　　　　│　　　　　　　　└→ KM2自锁触点闭合
　　　　　　　　　　　　└→ KT线圈得电→KT延时常闭触点断开→KM2失电→制动结束

关断空气开关 QF→指示灯 EL 灭。

从图 2-68 可知，其主电路的接线可以这样进行：从 KM1 的 3 个主触点的 3 条进线中任取一条接到 KM2 主触点的两条进线处，第 3 条进线接二极管的一端（不分阴、阳极），KM2 主触点的 3 条出线可不分相序地分别接到 KM1 的 3 条出线处或 FR 的 3 条进线处，控制电路则按控制电路图接线，如图 2-70 所示。

2. 反接制动控制电路

异步电动机反接制动有两种：一种是在负载转矩作用下使电动机反转的倒拉反转反接制动，这种方法不能准确停车；另一种是改变三相异步电动机定子绕组中三相电源的相序，实现反接制动。图 2-71 为相序互换的反接制动控制电路，当电动机正常运转需制动时，将三相

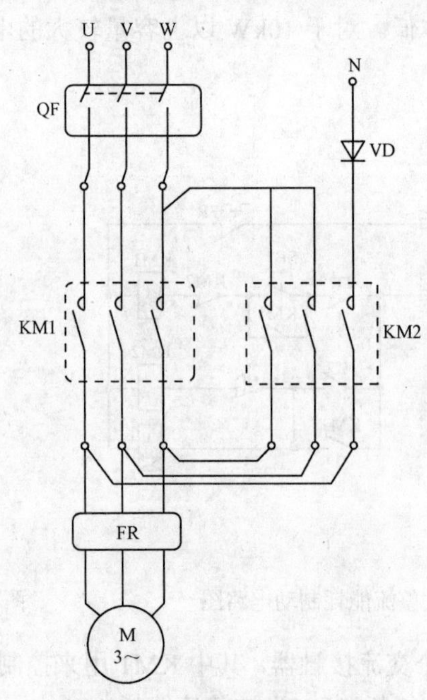

图 2-70 实训参考接线图

电源相序切换，然后在电动机转速接近零时将电源及时切掉。控制电路是采用速度继电器来判断电动机的零速点并及时切断三相电源的。速度继电器 KS 的转子与电动机的轴相连，当电动机正常运转时，速度继电器的常开触点闭合，当电动机停车转速接近零时，动合触点打开，切断接触器的线圈电路。

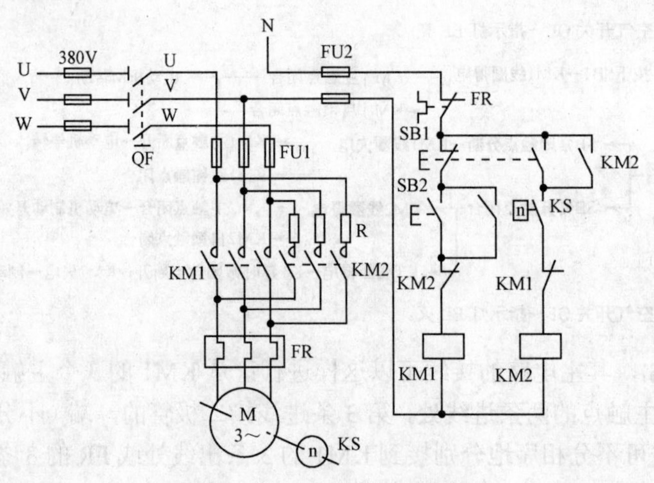

图 2-71 反接制动控制电路

反接制动控制电路工作过程如下。

合上空气开关 QF

（1）启动：

按下SB2→KM1线圈得电 → KM1主触点闭合→电动机M转动 → 常开触点闭合

→ KM1常开触点闭合自锁

（2）制动：

按下SB1→KM1线圈失电 → KM1主触点打开电动机脱离电源
→ KM1常闭触点闭合 → KM2线圈得电 → KM2主触点闭合反接制动
→ KM2常开触点闭合自锁

 自己练习

设计 PLC 控制电路并编写程序，完成能耗制动和反接制动。

实训项目 9 直流电动机控制电路系统设计

直流电动机具有良好的启动、制动及调速性能，易实现自动控制。直流电动机有多种励磁方式，但其控制电路基本相同。如图 2-72 为励磁式直流电动机正反转调速及制动控制电路图，按下启动按键，电路通电后，电枢回路串附加电阻 R_1 启动，电动机运转后，通过位置开关 SQ3 使 KA1 工作，因电枢回路的电阻减小，电动机加速运转。运转后，通过位置开关 SQ4 使 KA2 工作，电动机再次加速。此控制电路通过改变 R_1 阻值达到电动机调速的目的。电动机转向的改变是通过 KM1、KM2 工作后流入电枢电流的极性不同从而改变电动机的转向。若想停机，通过位置开关 SQ1、SQ2 动作，则 KM1 或 KM2 的线圈失电，其触点打开，使电动机电枢脱离电源，脱离电源的电动机电枢与附加电阻 R_2 串接起来形成动力制动。具体的控制过程如下：

合上电源开关：按下SB1或SB2 → KM1或KM2吸合 → 电动机启动 → 按下SQ3 →
KA1吸合 → 电动机加速 → 按下SQ4 → KA2吸合 → 电动机加速

按下SQ1或SQ2 → KM1或KM2线圈失电 / KA1线圈失电 / KA2 线圈失电 → 电动机制动

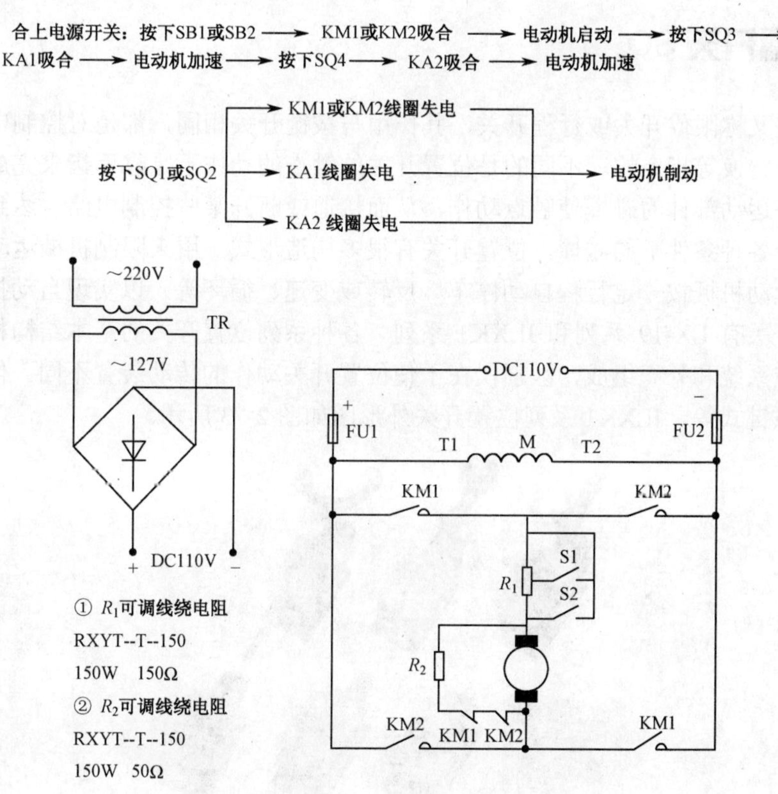

（a）电源与主电路

图 2-72 直流电动机正反转调速及制动控制电路图

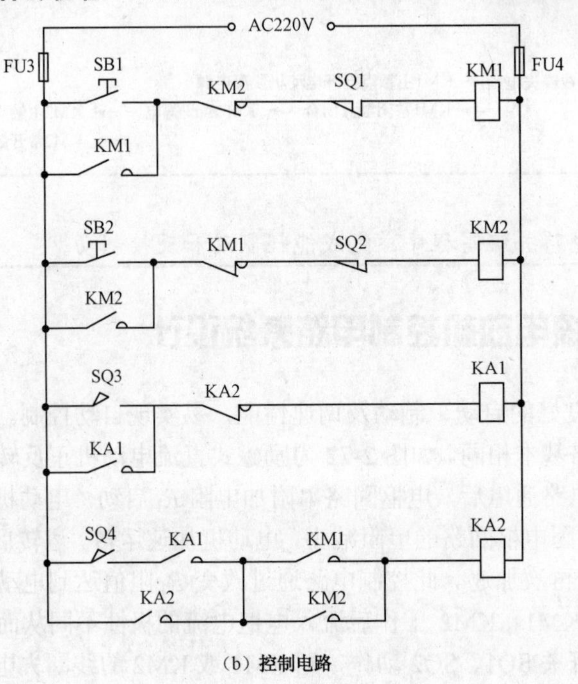

（b）控制电路

图 2-72　直流电动机正反转调速及制动控制电路图（续）

2.14　位置开关 SQ

位置开关又称限位开关或行程开关，其作用与按键开关相同，都是对控制电路发出接通或断开、信号转换等指令的。不同的是位置开关的触点的动作不是靠手指来完成，而是利用生产机械某些运动部件的碰撞使触点动作，从而接通或断开某些控制电路，达到一定的控制要求。为适应各种条件下的碰撞，位置开关有很多构造形式，用来限制机械运动的位置或行程，以及使运动机械按一定行程自动停车、反转或变速、循环等，以实现自动控制的目的。常用的位置开关有 LX-19 系列和 JLXK1 系列。各种系列位置开关的基本结构相同，都是由操作点、触点系统和外壳组成，区别仅在于使位置开关动作的传动装置不同。位置开关一般有旋转式、按键式等。JLXK1 系列位置开关外形图如图 2-73 所示。

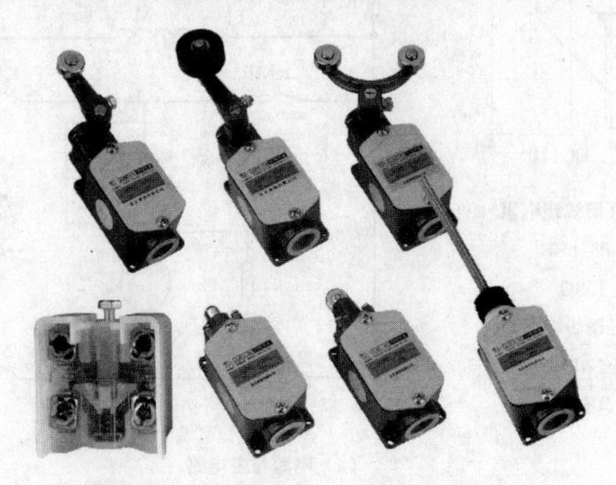

图 2-73　JLXK1 系列位置开关外形图

位置开关图形符号如图 2-74 所示。

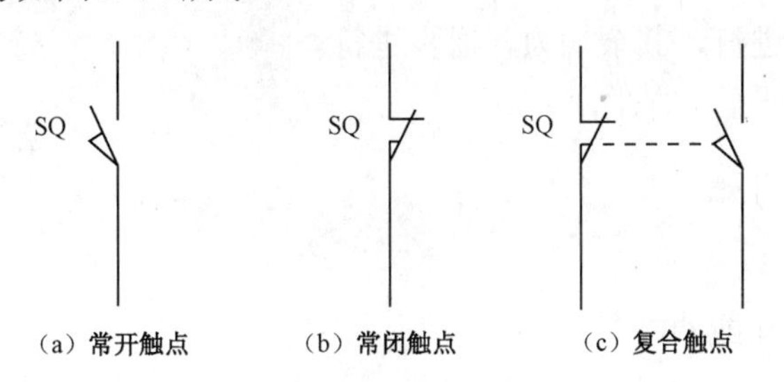

图 2-74　位置开关图形符号

位置开关可按下列要求进行选用。

（1）根据应用场合及控制对象选择种类。

（2）根据安装环境选择防护形式。

（3）根据控制回路的额定电压和电流选择系列。

根据机械位置开关的传力与位移关系选择合适的操作形式。

 自己练习

设计 PLC 控制电路并编写程序，完成直流电动机的启动、调速以及制动控制。

2.15　MC 系列 PLC 内部软元件

MC 系列 PLC 内部软元件的种类和作用，如图 2-75 所示。

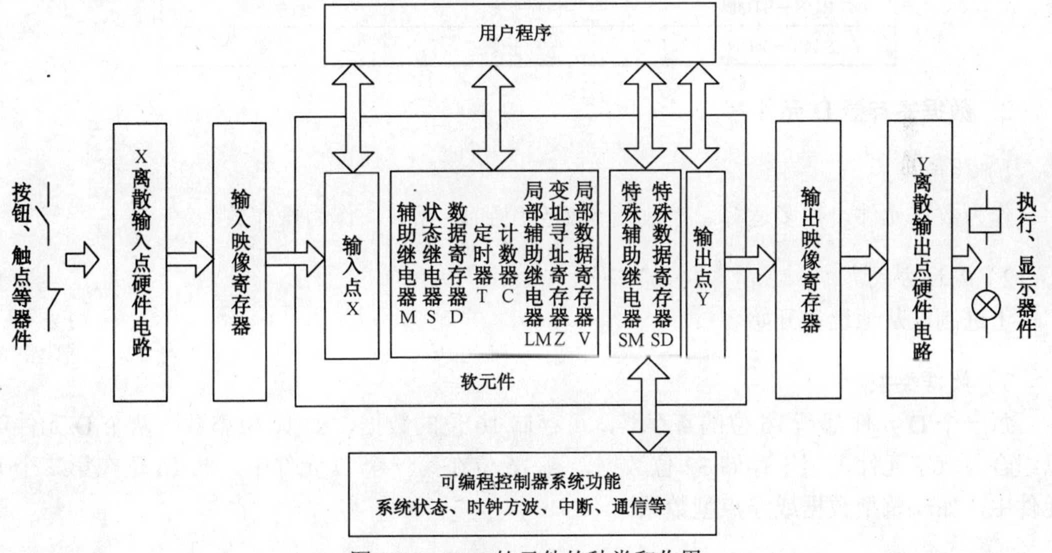

图 2-75　PLC 软元件的种类和作用

1. 状态继电器 S 元件（步进状态符）

1）作用

主要用于顺序功能图的编程，作为步进状态的标志。

2）分类

S0～S19 为初始步进符，其余均为普通步进符。

3）编址方式

十进制，从地址 0 开始。

4）数据类型

布尔（元件值为 ON 或 OFF）。

5）可用形式

（1）表示步进状态（用于顺序功能图编程 STL 指令时）。

（2）常开触点和常闭触点（不用于顺序功能图编程 STL 指令时），其特性与辅助继电器 M 元件类似，编程时可以采用 S 元件的常开触点和常闭触点。

6）赋值方式

（1）指令操作；

（2）在系统调试时强制及写入状态值。

7）掉电保持

掉电保持说明如表 2-5 所示。

表 2-5　掉电保持说明

状　态	设置为掉电保持的 S 元件	非掉电保持的 S 元件
掉电	保存不变	清零
RUN→STOP	保存不变	保存不变
STOP→RUN	保持不变	清零

2. 数据寄存器 D 元件

1）作用

作为数据元件，很多运算、控制指令都会用到 D 元件，作为操作数。

2）编址方式

十进制，从地址 0 开始。

3）数据类型

每一个 D 元件都是 16 位的寄存器，可存储 16 位的数据，如 16 位整数。两个 D 元件可以组合为双字元件，用于存储 32 位数据，高 16 位在第一个 D 元件中，低 16 位在第二个 D 元件中，如长整型数据或浮点型数据。

4）可用形式

很多运算、控制指令都会用到 D 元件，作为操作数。

5）赋值方式

数据块初始化。

6）指令操作

在系统调试时强制及写入状态值。

7）掉电保持

掉电保持说明如表 2-6 所示。

表 2-6 掉电保持说明

状 态	设置为掉电保持的 D 元件	非掉电保持的 D 元件
掉电	保存不变	清零
RUN→STOP	保存不变	保存不变
STOP→RUN	保持不变	清零

3．普通辅助继电器 M 元件

1）作用

系统提供给用户的一种离散型状态元件，类似于真实电气控制电路中的中间继电器，可用于保存用户程序中的各种中间状态。

2）编址方式

十进制，从地址 0 开始。

3）数据类型

布尔（元件值为 ON 或 OFF）。

4）可用形式

软线圈、常开触点和常闭触点。

4．特殊辅助继电器 SM 元件

1）作用

SM 元件是与 PLC 系统功能密切相关的软元件。SM 元件反映了 PLC 系统功能、状态。

2）分类

常用的此类元件有以下几类。

SM0：监控运行位，在 RUN 状态下保持 ON 状态。

SM1：初始运行脉冲位，运行第一个扫描周期内为 ON。

SM3：系统错误，上电后或 STOP 到 RUN 时检测，有系统错误发生时为 ON。

SM10～SM14：分别是以 10ms、100ms、1s、1min、1hour 为周期的时钟振荡方波，半个周期翻转一次。

对部分 SM 元件进行状态修改可以调用、控制、改变 PLC 系统功能。常用的此类元件有以下几类。

SM40～SM68：中断控制标志位，对这些 SM 元件进行置位则可使能相应的中断功能。

SM80/81：Y0/Y1 高速脉冲输出停止指令。

SM110～SM114：自由口 0 监控位元件。

SM135/136：Modbus 通信标志位元件。

3）编址方式

十进制，从地址 0 开始。

4）数据类型

布尔（元件值为 ON 或 OFF）。

5）可用形式

软线圈、常开触点和常闭触点。

6）赋值方式

（1）指令操作；

（2）在系统调试时强制及写入状态值；

（3）只读的 SM 元件不能赋值。

5．特殊数据寄存器 SD 元件

1）作用

与 PLC 系统功能密切相关的软元件，反映了 PLC 系统功能参数、状态代码值、指令运行数据。

2）分类

常用的 SD 元件有以下几类。

SD3：系统错误代码。

SD50～SD57：高速脉冲输出监控。

SD100～SD106：实时时钟数据。

对部分 SD 元件的数据进行修改还可以改变 PLC 系统功能参数。常用的此类元件有以下几类。

SD66～SD68：定时中断周期设置值。

SD80～SD89：定位指令参数。

3）编址方式

十进制，从地址 0 开始。

4）数据类型

字、双字（整数）元件。

5）可用形式

整数存放与运算。

6）赋值方式

（1）指令操作；

（2）在系统调试时强制及写入状态值；

（3）只读的 SD 元件不能赋值。

6. 变址寻址寄存器 Z 元件

1）作用

16 位寄存器元件，可存储符号整数数据。

2）编址方式

十进制，从地址 0 开始。

3）数据类型

字元件。

4）可用形式

用于变址寻址功能。要使用 Z 元件时，先对 Z 元件写入地址偏移量的数据。

5）赋值方式

（1）指令操作；

（2）在系统调试时强制及写入状态值。

7. 局部辅助继电器 LM 元件

1）作用

LM 元件是局部变量，在主程序及子程序中可应用 LM 元件。它们是在各独立程序体内（主程序、子程序和中断程序）局部有效的变量元件，因此在不同程序体之间是不能直接共用任何 LM 元件的状态的。在用户程序执行中离开了某一个程序体，系统就会重新定义 LM 元件。在返回主程序或调用子程序时，重新定义的 LM 元件的值将会被清零，或者根据接口参数传递功能来获得相应的状态。

2）编址方式

十进制，从地址 0 开始。

3）数据类型

布尔（元件值为 ON 或 OFF）。

4）可用形式

软线圈、常开触点和常闭触点。

5）赋值方式

（1）指令操作；

（2）在系统调试时强制及写入状态值。

8. 局部数据寄存器 V 元件

1）作用

V 元件是局部变量，在主程序及子程序中可应用 V 元件。它们是在各独立程序体内（主

程序和子程序）局部有效的变量元件，因此在不同程序体之间是不能直接共用任何V元件的数据的。在用户程序执行中离开了某一个程序体，系统就会重新定义V元件。在返回主程序或调用子程序时，重新定义的V元件的值将会被清零，或者根据接口参数传递功能来获得相应的数据。

2）编址方式

十进制，从地址0开始。

3）数据类型

布尔（元件值为ON或OFF）。

4）可用形式

字元件，可保存数值类型的信息。

5）赋值方式

指令操作。

6）软元件寻址方式

（1）位串组合寻址方式（Kn寻址方式）；

（2）变址寻址方式（Z寻址方式）；

（3）位串组合的变址寻址方式。

具体的寻址方式请读者查阅相关技术手册。

第3章 PLC顺序功能图

教学导航

教	知识重点	1. 顺序功能图概念； 2. 顺序功能图指令； 3. 顺序功能图编程规则
	知识难点	顺序功能图指令、编程方法
	推荐教学方法	从顺序控制基本思想入手，引出 PLC 顺序功能图概念，引导学生自己完成典型 PLC 顺序控制任务，逐步掌握顺序功能图编程方法
	建议学时	12 学时
学	推荐学习方法	遵循 PLC 顺序功能图编程规则完成实训项目，在实践中掌握 PLC 顺序功能图编程方法，并与基本指令相对比
	必须掌握的理论知识	PLC 顺序功能图概念、顺序功能图指令
	必须掌握的技能	PLC 顺序功能图编程方法

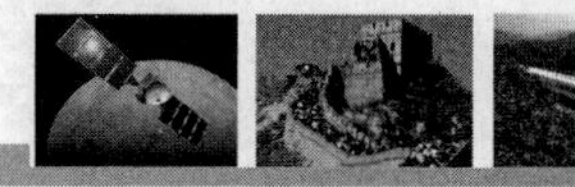

相关知识

一个完整的工业生产过程，按照生产工艺预先规定的顺序，在各个输入信号的作用下，根据内部状态和时间的顺序，在生产过程中各个执行机构自动、有序地进行操作，这个过程就是顺序控制。在工业控制领域中，顺序控制的应用很广泛，尤其在机械电动控制中几乎无例外地利用顺序控制来实现各种自动循环。

在使用顺序控制设计时，首先根据系统的工艺过程画出顺序控制流程图，然后根据所选 PLC 画出顺序功能图（SFC），最后编写顺序功能指令。这种方法很容易被初学者接收，对于有经验的工程师来说，也会大大提高设计效率，程序的调试、修改和阅读也很方便。

实训项目 10　电梯门控制系统设计

1．实训目的

电梯在运行过程中，电梯的上下运行和轿箱门的开关是由电动机正反转控制的。简单来说这种正反转控制的要求是正转 5s（开门），暂停 10s（进人），反转 5s（关门），暂停 15s（上升/下降）。从上述的控制要求中，可以知道：电动机循环正反转控制实际上是一个顺序控制，整个控制过程可分为 5 个工序（也叫阶段）：复位、正转、暂停、反转、暂停。每个阶段又分别完成如下的工作（也叫动作）：初始复位、停止复位、热保护复位，正转、延时，暂停、延时，反转、延时，暂停、延时；各个阶段之间只要条件成立就可以过渡（也叫转移）到下一阶段。可以将整个过程简单地分为如图 3-1 所示的几个阶段，也就是自动顺序控制的流程图。

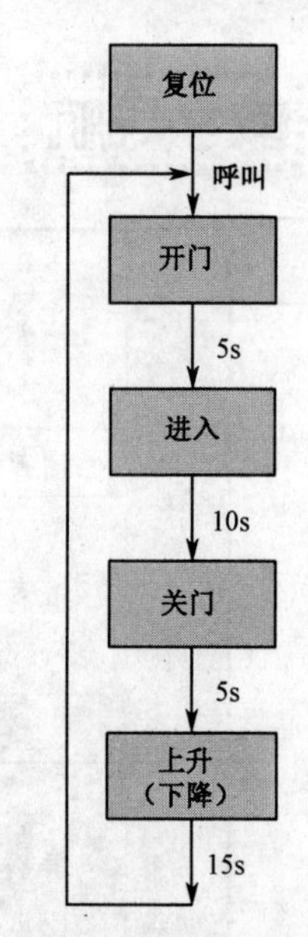

图 3-1　简易电梯开关门顺序控制流程图

如果用 PLC 基本指令编写如图 3-1 的控制程序，对于初学者在处理上就要烦琐一些，容易出现程序段相互冲突，导致误动作的产生，此外整个程序的可观性不强，而且还会浪费 PLC 的内部资源。而 PLC 程序中继承了传统的顺序控制思想，开发了流程图转换为 PLC 语言，即顺序功能图（SFC）。这种设计方法简单明了，易于接收，程序的调试、修改和阅读也十分方便，并且大大缩减了设计周期，提高设计效率。

2．实训要求

应用顺序功能图编写 PLC 程序，完成如图 3-1 所示的简单的电梯门控制运行。

3．设计分析

1）控制要求

（1）按下开门按键 SB1，电动机正转 5s（开门），暂停 10s（进入），反转 5s（关门），暂停 15s（上升/下降）；

（2）一次循环结束后，电动机停止运行，等待下一次呼叫。

2）定义输入/输出（I/O）

输入：X0：SB1；

输出：Y0：KM1；Y1：KM2。

4．PLC 控制电路

电梯开关门 PLC 控制电路图如图 3-2 所示。

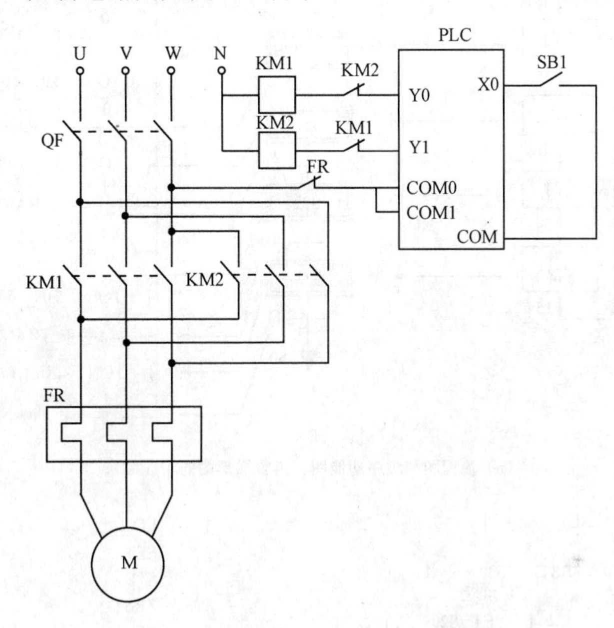

图 3-2　电梯开关门 PLC 控制电路图

5．程序设计

一个步进状态 S 实际为一段独立的程序，代表了顺序控制过程中的一个工作状态或一个工序。将多个步进状态进行有机的组合即可组成一个完整的顺序功能图程序。

在顺序功能图程序中，步进状态由固定的 S 元件来代表。一个正在执行中的步进状态被称为有效的步进状态，其对应的 S 元件状态为 ON，此时 PLC 扫描执行该步进状态内的所有指令序列。而未被执行的步进状态被称为无效的步进状态，其对应的 S 元件状态为 OFF，此时 PLC 不扫描执行相应的内部指令序列。根据图 3-1 所示的流程要求，可以将其转化顺序功能图，状态器的分配如下：

S0：初始状态，全部复位；

S20：驱动 Y0、T0（正转 5s）；

S21：驱动 T1（暂停 10s）；

S22：驱动 Y1、T0（反转 5s）；

S23：驱动 T1（暂停 15s）。

根据状态器的分配，PLC 控制顺序功能图、梯形图和指令语句如图 3-3 所示。

（1）在图 3-3（a）中，S0 为初始状态，用双线框表示，其他状态用单线框表示，垂直线段中间的短横线表示转移的条件。例如，X0 动合点为 S20 的转移条件，T0 动合点为 S21 的

转移条件。状态方框右侧连接的水平横线及线圈表示该状态驱动的负载。图 3-3 的状态转移和驱动的过程如下。

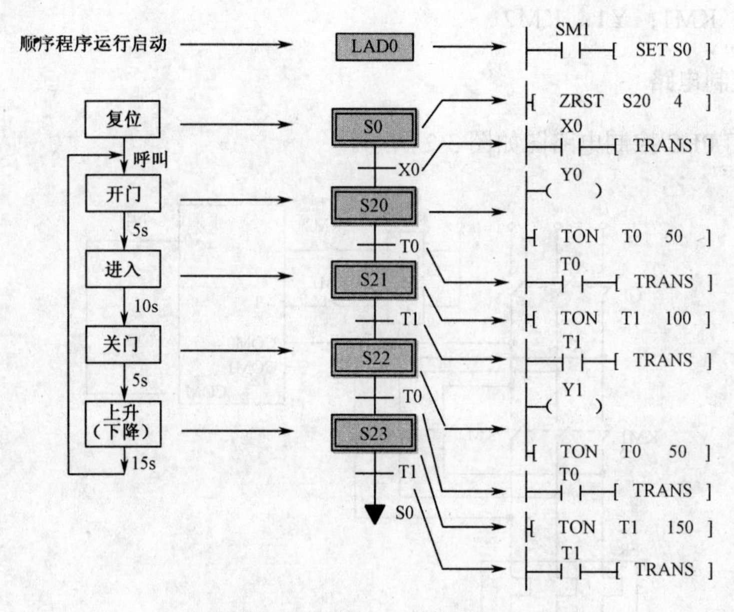

(a) 流程图和顺序功能图、内置梯形图的对应关系

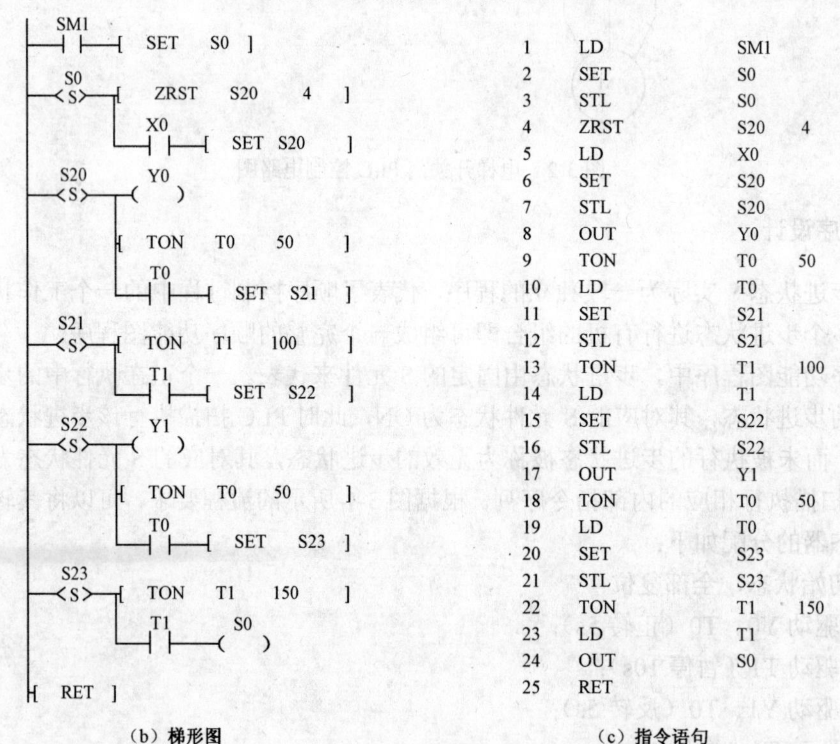

(b) 梯形图　　　　(c) 指令语句

图 3-3　电梯开关门 PLC 控制顺序功能图、梯形图和指令语句

当 PLC 开始运行时，SM1 产生一初始脉冲使初始状态 S0 置 1，进而使 ZRST（ZRST 是一条批量位清零指令，将在后面学习）有效，使 S20 至 S23 复位。当启动按键 X0 接通，状

态转移到 S20，使 S20 置 1，同时 S0 在下一扫描周期自动复位，S20 马上驱动 Y0、T0（延时），则电动机正转开门。当转移条件 T0 闭合，状态从 S20 转移到 S21，使 S21 置 1，S21 驱动 T1，电动机停止并延时进入，而 S20 则在下一扫描周期自动复位，Y0、T1 线圈也就复位。后面的状态 S22、S23 与此相似。当 S23 状态下的 T0 闭合，状态转移到 S20，继续等待呼叫。

（2）在基本指令中是不允许在一个程序中出现一个软线圈被 OUT/SET 指令驱动两次的情况。但是在 SFC 中，每一个状态满足这个基本要求，整个程序中对于同一个输出软线圈，可以用 OUT 指令在不同的状态中输出若干次；也可以用 SET 指令驱动，但是 SET 指令驱动时，不同的状态之间要用 RST 指令复位。

（3）在图 3-3（a）中的内置梯形图是内置于每个状态器或者跳转条件。输入时选中相应元件，使用鼠标右键单击，在弹出的菜单中选择“内置梯形图”选项，即可打开内置梯形图编辑器，如图 3-4 所示。

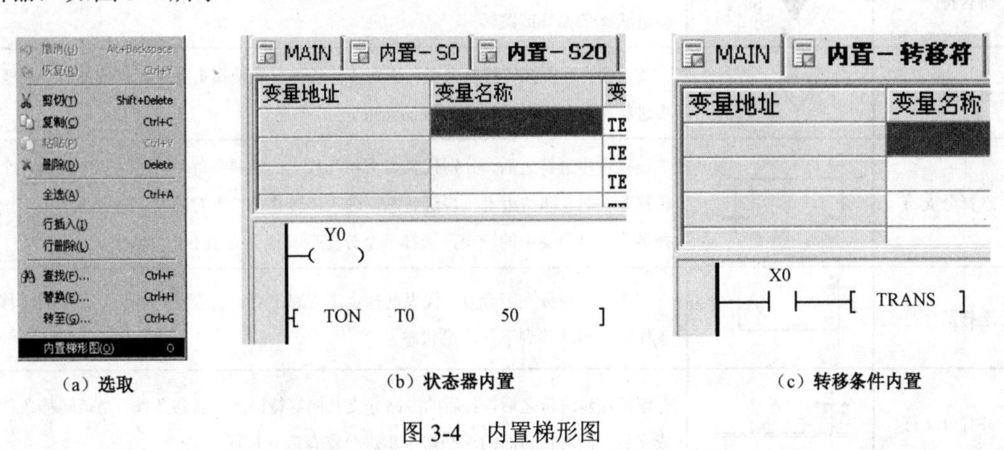

（a）选取　　（b）状态器内置　　（c）转移条件内置

图 3-4　内置梯形图

要注意的是：跳转条件（X0、T0、T1 的常开点）在 X_Builder 编程中是隐藏在跳转条件间的内置梯形图中而不显示的，图中的显示是为了讲解方便而后添加上的。而在内置梯形图中跳转条件的目标也是隐含的，是在连接时自动识别转移的目标，如图 3-4（c）所示。

在本实训程序中，每一个状态对应一个流程，这样把一个复杂的程序分解成为若干个相对简单的程序状态，每一个状态完成一次工作状态，从而大大简化了程序。

自己练习

1. 为什么在 S20 中使用的 T0 又可以在 S22 中使用而不相互影响？
2. 能不能在连续 2 个相邻的状态器之间用同一个定时器。
3. 修改程序使之可以自动在 S20～S23 间不断循环。
4. 在问题 3 基础上，加入停止按键使程序可以在任意状态停止。

3.1　顺序功能图基础知识

1. 状态继电器 S

MC100 系列 PLC 中一共有 1024 个状态继电器，此外还有一些状态转移符号，如表 3-1 所示。

表 3-1　状态继电器构成

编程图元	图形表达	具体说明
初始步进符	S1*	代表一个起始的步进状态，一个步进状态的编号为指定的 S 元件号，编号不能重复。一个顺序功能图网络的执行必须由初始步进符开始。初始步进符对应的 S 软元件地址范围是 S0～S19
普通步进符	S21*	代表一个普通的步进状态，一个步进状态的编号为指定的 S 元件号，编号不能重复。普通步进符对应的 S 软件地址范围是 S20～S1023
转移符		代表转移，可内置使下一个步进有效的转移条件（内置梯形图）。用户可以自己定义其中的代码，达到转移条件时与转移符连接的下一个 S 软元件状态置位，进入下一步进状态。转移符必须连接在步进符之间
跳转符	S0	跳转符，连接在转移符之后，达到转移条件时能使指定的 S 元件为 ON。用于步进状态的循环或跳转
重置符	S0	重置符，连接在转移符之后，达到转移条件时能使指定的 S 元件为 OFF。用于步进状态、顺序功能图程序段的结束
选择分支符	* *	连接在步进符之后，分别代表多个相互独立的转移条件，当达到其中任何一个转移条件时，即结束上一步进状态，进入该转移条件下对应的步进分支。用于选择多个步进分支中的一个，选择一个分支后其他分支则不会再选中
选择汇合符	* *	连接在选择分支汇合点，代表选择步进支路汇合。当达到其中一个支路的转移条件时，即转移到下一步进状态
并行分支符	*	连接在步进符之后，其后的多路分支共同等待同一个转移条件。当该转移条件成立后，同时使后面的这些多个步进分支有效并执行
并行汇合符	*	连接在并行分支汇合点，转移条件代表了各个分支的结束条件之和。多个并行步进分支都执行完毕，满足转移条件后，才能使后面的一个步进状态生效
梯形图块	LAD1*	梯形图块用于表示顺序控制图流程以外的梯形图指令，可以用于起始步进的启动及通用操作

表 3-1 所示的状态继电器和状态转移符号其使用要遵循如下几点规则：

（1）初始步进符不能前接其他图元，后接图元必须是转移符，也可不参与连接；

（2）梯形图块不与任何其他图元相连接；

（3）与普通步进符直接相连的图元必须是转移符，普通步进符在图中不可孤立存在；

（4）重置符和跳转符前接转移符，不能后接其他元件；

（5）转移符和跳转符不可孤立存在。

2. 顺序功能图输入

1）步进符

步进符分为初始步进符和普通步进符。它们利用内部软元件状态（S）在顺序控制程序上面进行工序步进控制。

（1）初始步进符

一个顺序功能图网络的执行必须由初始步进符开始。初始步进符对应的图元符号是 S0* ，可以单击按钮在选中的位置添加初始步进符元件。初始步进符对应的 S 软元件地址范围是 S0～S19。

（2）普通步进符

普通步进符对应的图元符号是 S23* ，可以单击按钮在选中的位置添加普通步进符元件。普通步进符对应的 S 软元件地址范围是大于 19 的所有 S 软元件。

2）梯形图块

梯形图块对应的图元符号是 LAD1* ，可以单击按钮在选中的位置添加梯形图块元件。梯形图块包含一个内置梯形图，它可以用来定义在顺序功能图网络之外执行的代码。

3）转移符

转移符对应的图元符号是┼，可以单击按钮在选中的位置添加转移符元件。转移符中包含一个内置梯形图，可以在其中编写代码决定是否将与之连接的 S 软元件状态置位。

4）重置符

重置符对应的图元符号是▽S0，可以单击按钮在选中的位置添加重置符元件。重置符的作用是将指定的 S 软元件复位。

5）跳转符

跳转符对应的图元符号是▼S0，可以单击按钮在选中的位置添加跳转符元件。跳转符的作用是将指定的 S 软元件状态置位，使其包含的内置梯形图代码得以执行。

6）连接线

连接线将上面所述的顺序功能图元件按自上而下的顺序连接在一起。连接线除起连接作用之外，还包含选择分支、选择汇合、并行分支、并行汇合 4 种条件连接关系。

（1）选择分支。选择分支对应的图元符号是，可以单击按钮在选中的位置添加选择分支连接线和两个转移符元件。选择分支必须从一个顺序功能图步进符开始，到转移符结束。它代表的意义是：如果顺序功能图步进符执行成功，则根据转移符中规定的条件，选择一条支路继续向下执行。

（2）选择汇合。选择汇合对应的图元符号是，可以单击按钮在选中的位置添加两个转移符元件和选择汇合连接线。选择汇合必须从多个转移符开始，到一个普通步进符、跳转符、重置符结束。它代表的意义是：只要有一个转移符的条件满足，就运行下面连接的元件。

（3）并行分支。并行分支对应的图元符号是，可以单击按钮在选中的位置添加一个转移符元件和并行分支连接线。并行分支必须从一个转移符开始，到普通步进符、跳转符、重置符结束。并行分支代表的意义是：如果有转移符中的条件满足，则与并行分支连接的元件将被一同执行。

（4）并行汇合。并行汇合对应的图元符号是，可以单击按钮在选中的位置添加并行汇合连接线和一个转移符元件。并行汇合必须从普通步进符开始，到一个转移符结束。它代表的意义是：只要有一个普通步进符执行通过，就去执行转移符中的代码。

7）修改顺序功能图元件

（1）针对不同的顺序功能图元件有不同的属性修改范围。初始步进符、普通步进符、跳转符、重置符元件可以修改的属性包括步号和注释。梯形图块元件可以修改的属性有元件名；转移符元件可以修改的属性有元件注释。具体操作：双击指定的元件，显示如图 3-5 所示的顺序功能图修改元件属性界面，在顺序功能图修改元件属性界面中修改选中的元件的属性。

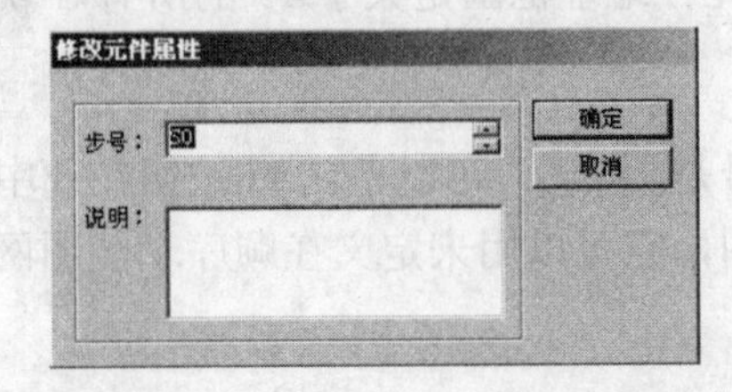

图 3-5　顺序功能图元件属性修改对话框

（2）修改顺序功能图元件内置梯形图。在梯形图块、步进符、转移符这 3 种元件中可以添加自定义的内置梯形图。选中相应元件，使用鼠标右键单击，在弹出的菜单中选择“内置梯形图”选项，即可打开内置梯形图编辑器。

3．顺序功能图特点

由上可知，顺序功能图就是由状态和状态转移条件及转移方向构成的流程图。步进顺控的编程过程就是设计顺序功能图的过程，其一般思想：将一个复杂的控制过程分解为若干个工作状态，搞清楚各状态的工作细节（即各状态的功能、转移条件和转移方向），再依据总的控制顺序要求，将这些状态联系起来，就形成了顺序功能图。顺序功能图和流程图一样，具有如下特点。

（1）可以将复杂的控制任务或控制过程分解成若干个状态。无论多么复杂的过程都能分解为若干个状态，有利于程序的结构化设计。

（2）相对某一个具体的状态来说，控制任务简单了，给局部程序的编制带来了方便。

（3）整体程序是局部程序的综合，只要搞清楚各状态需要完成的动作、状态转移的条件和转移的方向，就可以进行顺序功能图的设计。

（4）这种图形很容易理解，可读性很强，能清楚地反映全部控制的工艺过程。

4．顺序功能指令

SFC 程序可用梯形图来表示。利用梯形图可以了解 SFC 程序结构的实际意义。在梯形图中，SFC 编程的各种图元符号都有对应的 SFC 指令，而对应的流程也是有特定结构的。

1）状态装载指令 STL

梯形图：├─< S >──

指令列表：STL（S）

适用软元件：S

功能说明：

（1）代表一个步进状态（S）处理的开始；

（2）如果该步进状态有效（ON），其内置指令将执行；

（3）如果该步进状态是由有效变为无效（下降沿变化），其内置指令序列将不被执行，并且内置的 OUT、TON、TOF、PWM、HCNT、PLSY、PLSR、DHSCS、SPD、DHSCI、DHSCR、DHSZ、DHST、DHSP、BOUT 所对应的目的操作数将被清除；

（4）如果该步进状态无效，其内置的指令序列将不被执行；

（5）连续的 STL 指令（STL 元件的串联）代表定义了一个并行汇合结构，STL 指令最大连续使用的次数为 16 次（并行分支汇合结构的最大分支数为 16）；

（6）STL 步进触点指令用于“激活”某个状态。在梯形图上体现为从主母线上引出的状态触点，有建立子母线的功能，以便该状态的所有操作都在子母线上进行，如图 3-6 所示。

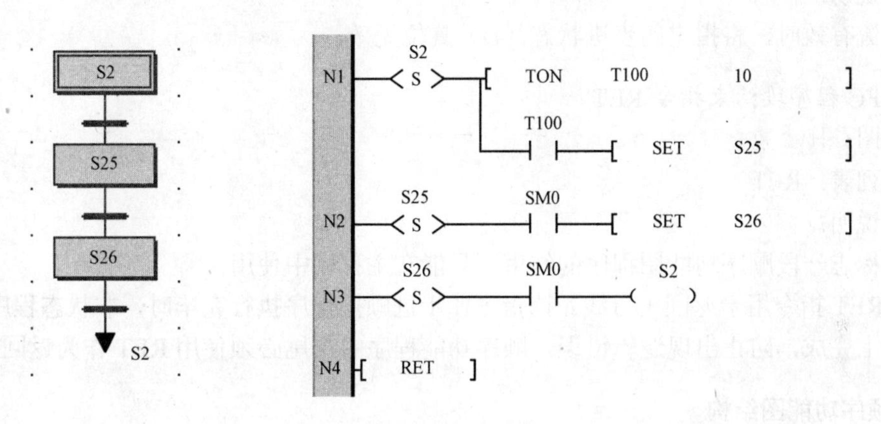

图 3-6　顺序指令

STL 触点一般是与左侧母线相连的常开触点，当某一步被“激活”成为活动步时，对应的 STL 触点接通，它右边的电路被处理，即该步的负载线圈可以被驱动。当该步后面的转移条件满足时，就执行转移，即后续步对应的状态继电器被 SET 或 OUT 指令置位，后续步变为活动步，同时原活动步对应的状态继电器被系统程序自动复位，原活动步对应的 STL 触点断开，其后面的负载线圈复位（SET 指令驱动的除外）。STL 触点驱动的电路块具有 3 个功能，即对负载的驱动处理、指定转移条件和指定转移目标（即方向）。STL 触点驱动的电路块可以使用标准梯形图的绝大多数指令（包括应用指令）和结构。

2）SFC 状态转移指令 SET：Sxx

梯形图：├─<S>──┤ ├──[　SET　(D)　]

指令列表：SET（D）

适用软元件：S

功能说明：

当能流有效时，将指定步进状态（D）置为有效，同时使当前有效的步进状态置为失效，完成步进状态转移的动作。

3）SFC 状态跳转指令 OUT：Sxx

梯形图：├─<S>───┤├─(　　)

指令列表：OUT（D）

适用软元件：S

功能说明：

当能流有效时，将指定步进状态（D）置为有效，同时使当前有效的步进状态置为失效，完成步进状态跳转动作。

4）SFC 状态清除指令 RST：Sxx

梯形图：├─< >───┤├─[　RST　(D)　]

指令列表：RST（D）

适用软元件：S 功能说明

功能说明：

当能流有效时，将指定的步进状态（D）置位无效。

5）SFC 程序段结束指令 RET

梯形图：├[　RET　]

指令列表：RET

功能说明：

（1）标志一段顺序功能图程序的结束，只能在主程序中使用；

（2）RET 指令用于返回主母线。该指令使步进顺控程序执行完毕时，非状态程序的操作在主母线上完成，防止出现逻辑错误。顺序功能程序的结尾必须使用 RET 作为返回。

5．顺序功能图结构

1）简单顺序结构

所谓单流程，就是指状态转移只可能有一种顺序，没有其他可能。图 3-7 为简单顺序结构及其梯形图表示的示例。

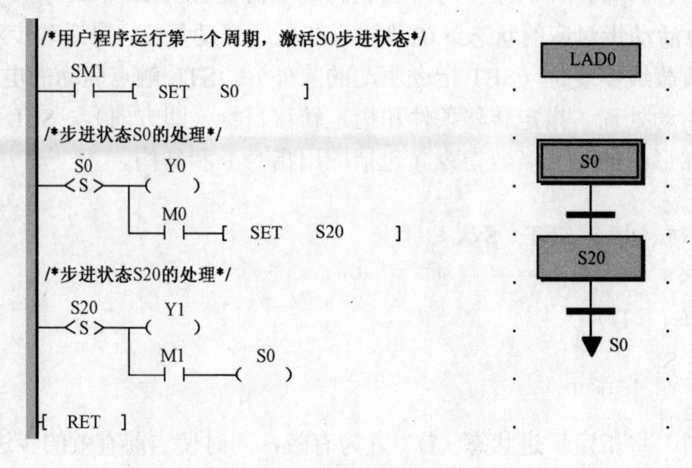

图 3-7　简单顺序结构

在简单顺序结构中，当步进转移条件满足时，由前一个步进状态顺序转移到下一个状态，其中无任何分支结构。最后一个步进状态当转移条件满足时，退出顺序功能图程序段，或者转移到初始步进状态。

梯形图块用于启动顺序功能图程序段，即设置初始步进符的 S 元件为 ON，上图例程中采用上电启动的方式。梯形图块还用于非顺序功能图的其他通用程序段。示例中由梯形图块来启动初始步进状态，S 元件范围 0～19。普通状态继电器用于顺序过程中的编程，S 元件范围 20～991（MC200 系列适用）或者是 20～1023（MC100 系列适用）。

图 3-7 所示的程序最后一个转移符连接跳转符，跳转到初始步进状态。这是一种连续循环操作的流程。最后一个转移符也可以连接重置符，复位最后一个步进状态。重置之后，这一次简单顺序结构的流程操作就完成了，然后等待下一次流程操作的开始。

2）跳转结构

跳转结构常用于以下用途：跨越部分步进状态、循环、返回起始步进状态或某一普通步进状态、转移到其他流程。

（1）跨越部分步进状态。在一个流程中，根据一定的转移条件，当不需要顺序执行时，可以采用跳转符转移到需要的步进状态，即跨越部分步进状态，如图 3-8 所示。左边为梯形图，右边为对应的顺序功能图。

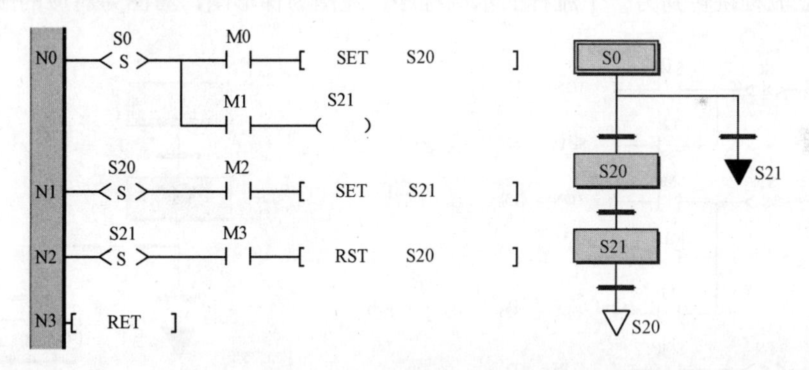

图 3-8　跨越部分步进状态

在顺序功能图中，采用 S21 跳转符表示跳转，S20 步进状态被跨越。跳转之前实际上是选择分支结构。

在梯形图中，第 N0 行的第二支路就是跳转指令。跳转指令采用的是 OUT 线圈的形式，而不是顺序转移的 SET 指令形式。在 S0 步进状态运行时，当 M1 为 ON，则实现跳转，跨越到 S21 状态。

（2）循环。在一个流程中，根据一定的转移条件，需要在部分或全部步进状态间循环时，采用跳转符实现循环的功能。在这段流程最后的转移时，跳转到之前的普通步进符，实现部分步进状态循环功能；如果是跳转到初始步进符，则实现全部步进状态循环功能。图 3-9 为同时实现上述两种循环结构的示例程序，左图为梯形图，右图为对应的顺序功能图。

在顺序功能图中，在 S22 步进状态下，当其中一个转移条件满足时，跳转到 S21，重新运行 S21 步进状态。在另一个转移条件下，将跳转到 S0 初始步进状态，重新运行全部步进状态。

在梯形图中，这两个循环的跳转都在第 N3 行中实现，可采用跳转指令的 OUT 线圈。

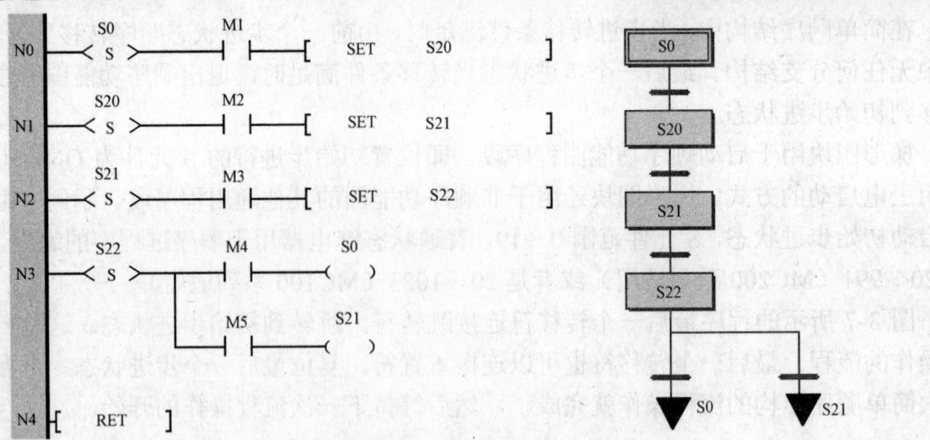

图 3-9　实现循环结构的应用示例

（3）在不同的独立流程间跳转。MC 系列 PLC 顺序功能图程序中可以同时存在多个独立流程，支持在这些流程间的跳转。在一个独立流程中可以设置转移条件，在该条件满足时，直接转移到另一个独立流程。可以跳转到另一个流程的初始步进状态，也可以转到普通步进状态。但是要注意在多个流程之间跳转会增加了 PLC 程序的复杂性，必须谨慎对待。图 3-10 为实现了从一个独立流程跳转到另一个流程的示例程序，左图为梯形图，右图为对应的顺序功能图。

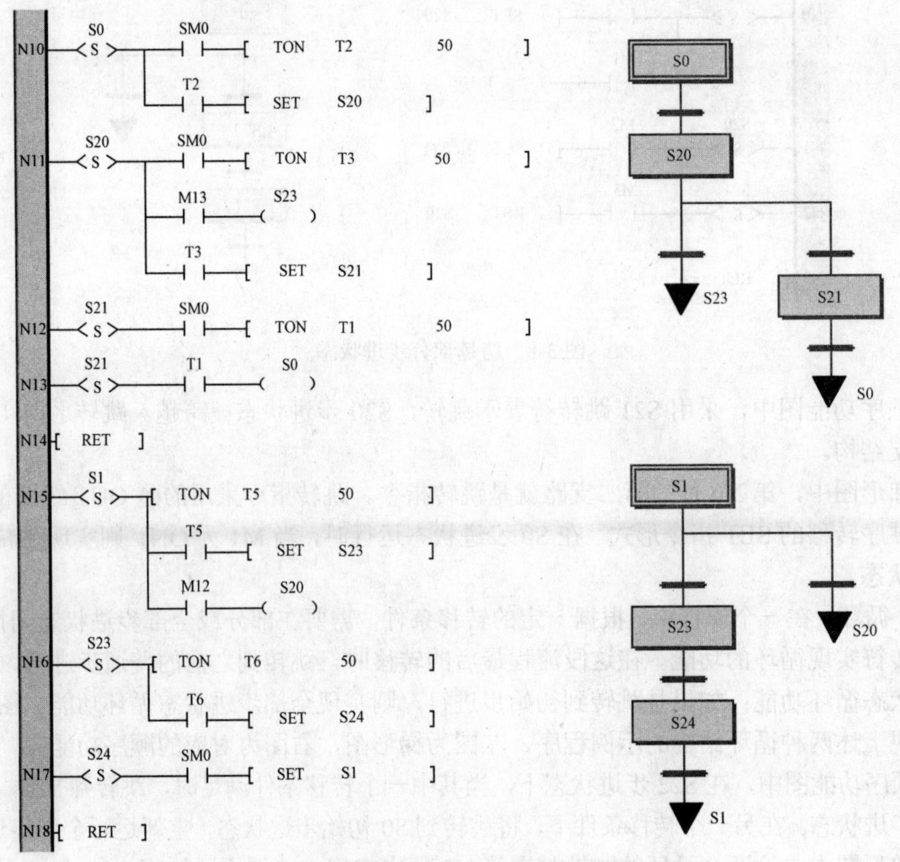

图 3-10　在不同的独立流程间跳转

在顺序功能图中，在上面的流程 S20 步进状态下，可根据转移条件跳转到 S23 步进状态。而在下面的流程步进状态 S1 下，也可根据转移条件跳转到 S20 步进状态。

在图 3-10 中，可以看到这种跳转是基于选择分支结构的，因此在发生不同流程间的跳转时，发生跳转的那个流程中的步进状态将全部无效。例如，图 3-10 中上面的流程 S20 步进状态下，如果转移到下面的流程 S23 步进状态，则 S20 将会置 OFF，该独立流程所有的步进状态 S0、S20、S21 都为 OFF，也就是处于无效状态。

自己练习

1. 电梯开关门的控制中加入手动开关门信号，并编写程序验证。
2. 用基本指令编写本实训的全部程序，对比两种编程方法的区别。

实训项目 11 数码管控制系统设计

1. 实训目的

设计 PLC 控制共阳极数码管电路，并应用顺序功能指令编写程序控制共阳极数码管显示的程序。

2. 实训要求

按下启动按键 SB1 后，数码管每段依次亮灭 1s，循环一次；按下启动按键 SB2 后，循环显示 0～9，每个数字显示时间为 1s；循环显示 3 次后自动停止。

3. 设计分析

1）控制要求

（1）按下启动按键 SB1，数码管每段依次亮灭 1s，循环一次；

（2）按下启动按键 SB2，循环显示 0～9，每个数字显示时间为 1s；循环显示 3 次后自动停止。

2）定义输入/输出（I/O）

输入：X0：SB1；X1：SB2；

输出：Y0～Y6：共阳极数码管的 a～g 段。

4. PLC 控制电路

数码管显示 PLC 控制电路图如图 3-11 所示。

5. 程序设计

根据控制要求画出控制流程图，如图 3-12 所示。

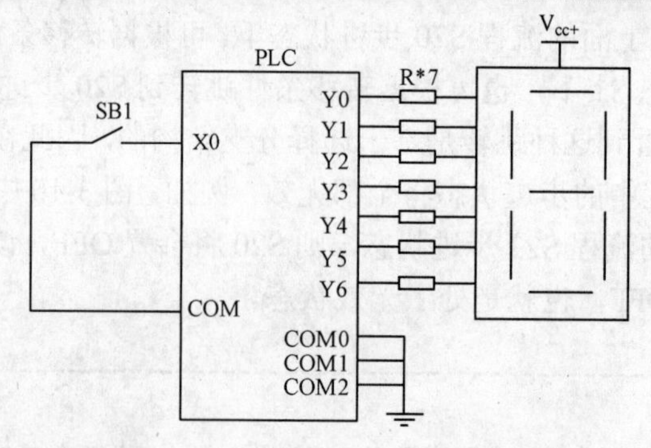

图 3-11　数码管显示 PLC 控制电路图

根据控制要求，状态及电器的分配如下：

S0：Y0～Y6，T0、T1、T2、T3，C0 清零。

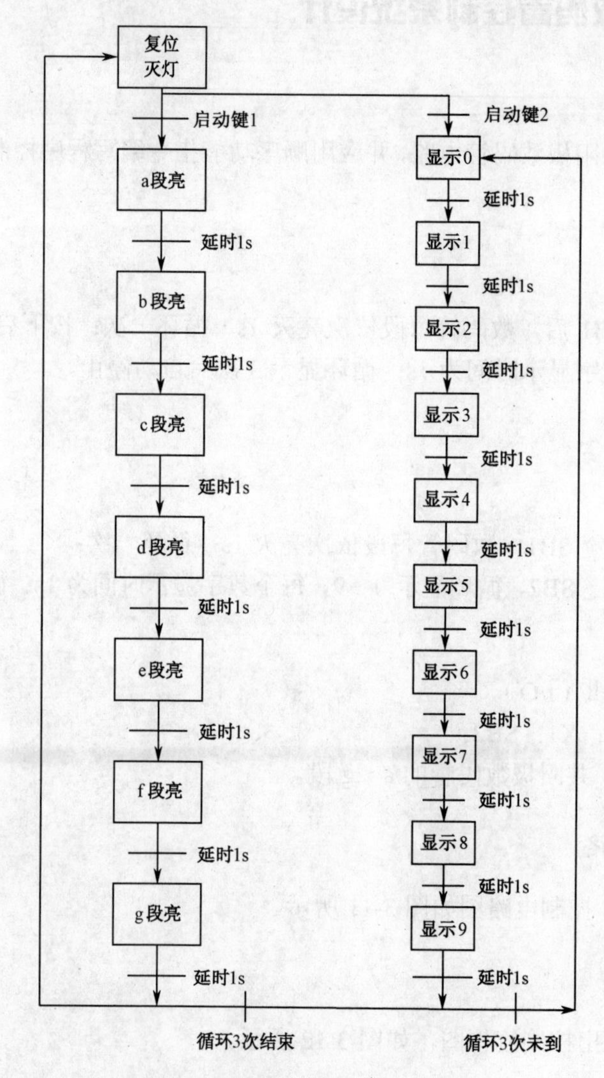

图 3-12　数码管显示控制流程图

分支一：每段显示一次

S21：驱动 Y0；S22：驱动 Y1；S23：驱动 Y2；S24：驱动 Y3。

S25：驱动 Y4；S26：驱动 Y5；S27：驱动 Y6。

分支二：循环 3 次显示 0～9

S28：驱动 Y0、Y1、Y2、Y3、Y4、Y5。

S29：驱动 Y1、Y2。

S30：驱动 Y0、Y1、Y3、Y4、Y6。

S31：驱动 Y0、Y1、Y2、Y3、Y6。

S32：驱动 Y1、Y2、Y5、Y6。

S33：驱动 Y0、Y2、Y3、Y5、Y6。

S34：驱动 Y0、Y2、Y3、Y4、Y5、Y6。

S35：驱动 Y0、Y1、Y2。

S36：驱动 Y0、Y1、Y2、Y3、Y4、Y5、Y6。

S37：驱动 Y0、Y1、Y2、Y3、Y5、Y6。

根据设计控制要求和硬件电路连接图，数码管显示 PLC 控制程序图如图 3-13 所示。

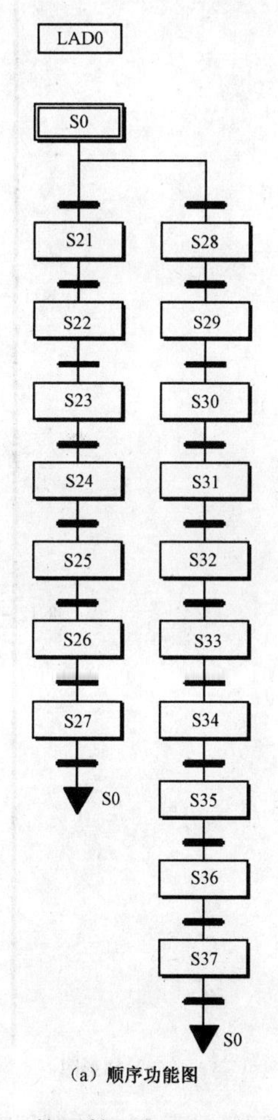

（a）顺序功能图

图 3-13　数码管显示 PLC 控制程序图

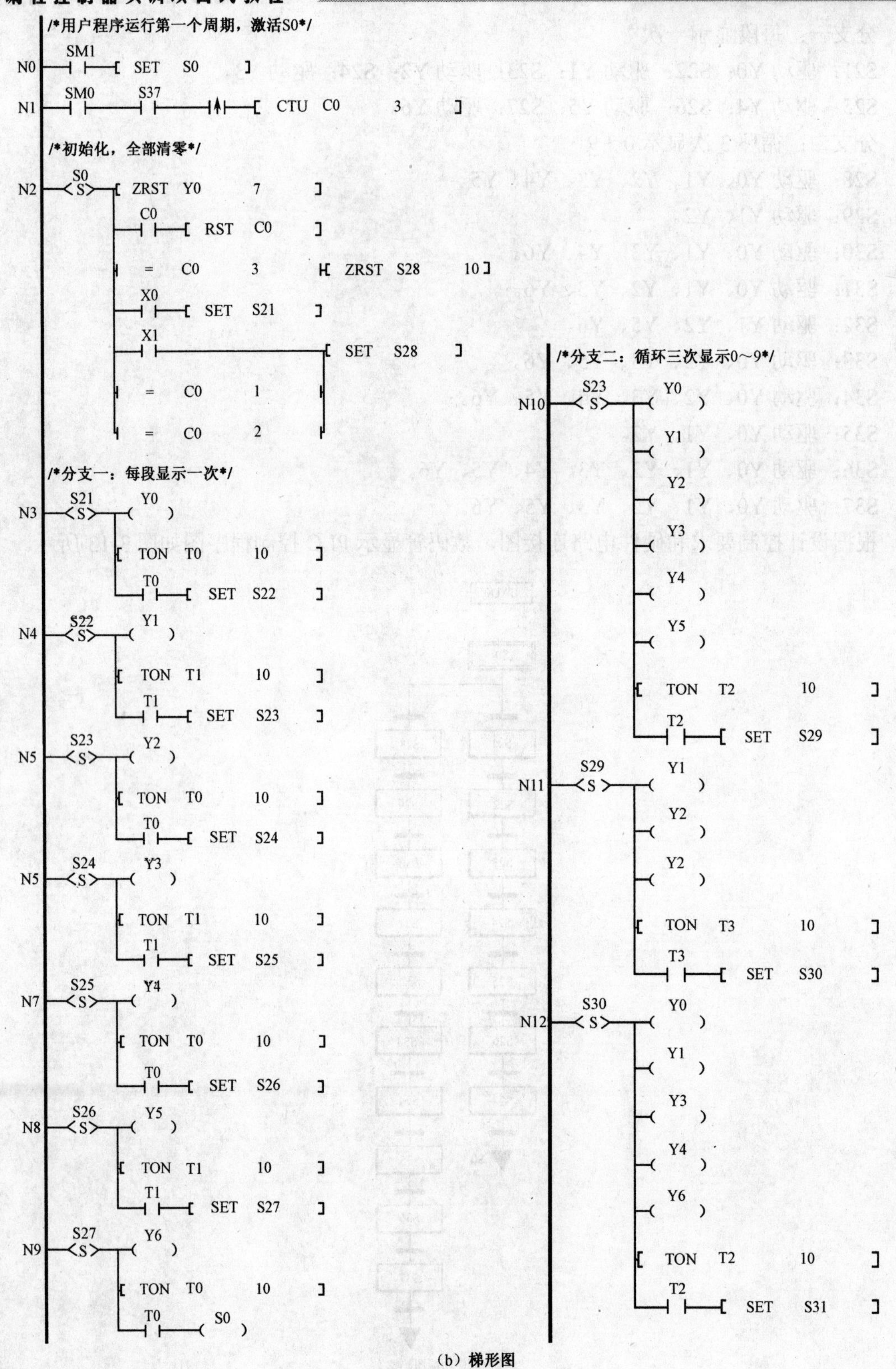

（b）梯形图

图 3-13　数码管显示 PLC 控制程序图（续）

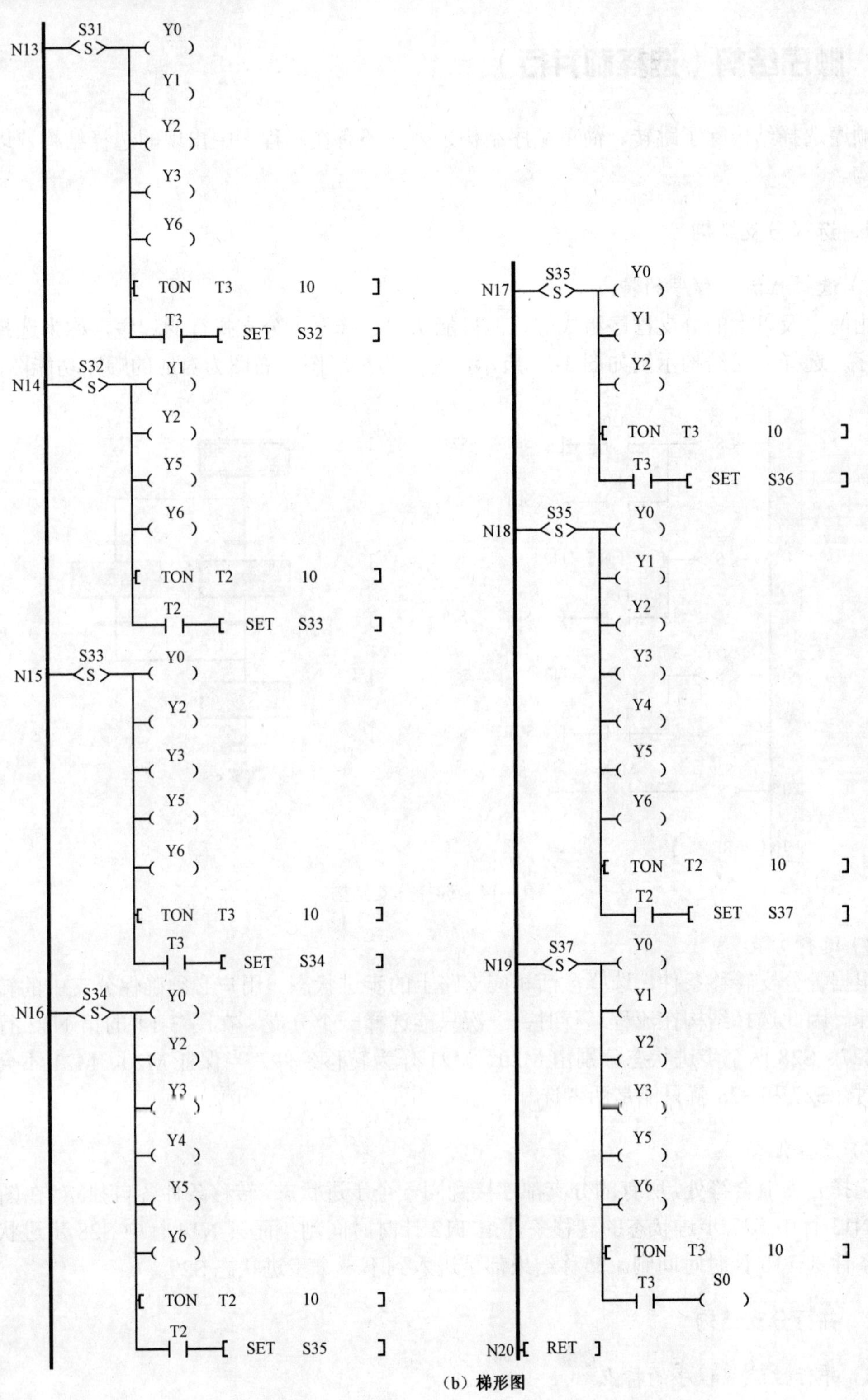

（b）梯形图

图 3-13　数码管显示 PLC 控制程序图（续）

3.2 顺序结构（选择和并行）

顺序选择结构除了跳转、简单顺序结构之外，还有在本程序中出现的选择结构，以及并行结构。

1．选择分支结构

1）选择性流程程序的特点

由两个及以上的分支程序组成的，但只能从中选择一个分支执行的程序，称为选择性流程程序。选择分支结构示例如图 3-14 所示，左图为梯形图，右图为对应的顺序功能图。

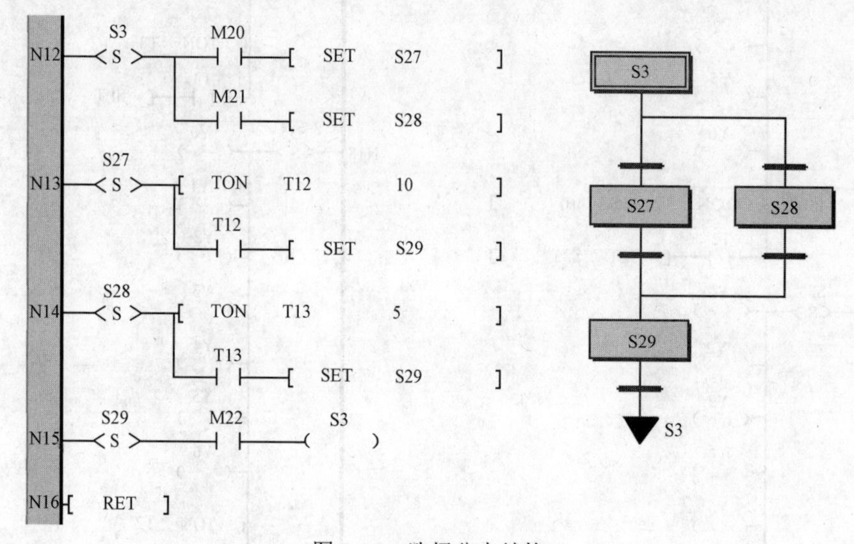

图 3-14　选择分支结构

2）选择分支

根据各分支转移条件，选择激活相应支路上的步进状态。用户必须确保分支中的转移条件互斥。因此选择结构在流程运行时，一次只能选择一个分支。在图 3-14 的第 N12 行程序中，S27、S28 两个步进状态分别由 M20、M21 作为转移条件，当保证 M20、M21 不会同时置位时，S27 和 S28 就只能是两者选其一。

3）选择汇合

选择分支汇合符处，所有的分支都连接到同一个步进状态，转移条件各自独立。在图 3-14 的第 N13 行中 S27 步进状态的转移条件是 T12 计时时间到；而第 N14 行中 S28 步进状态的转移条件是 T13 计时时间到。转移结果都是进入到下一个步进状态 S29。

2．并行分支结构

1）并行性流程程序的特点

由两个及以上的分支程序组成的，但必须同时执行各分支的程序，称为并行性流程程序。并行分支结构示例如图 3-15 所示，左图为梯形图，右图为对应的顺序功能图。

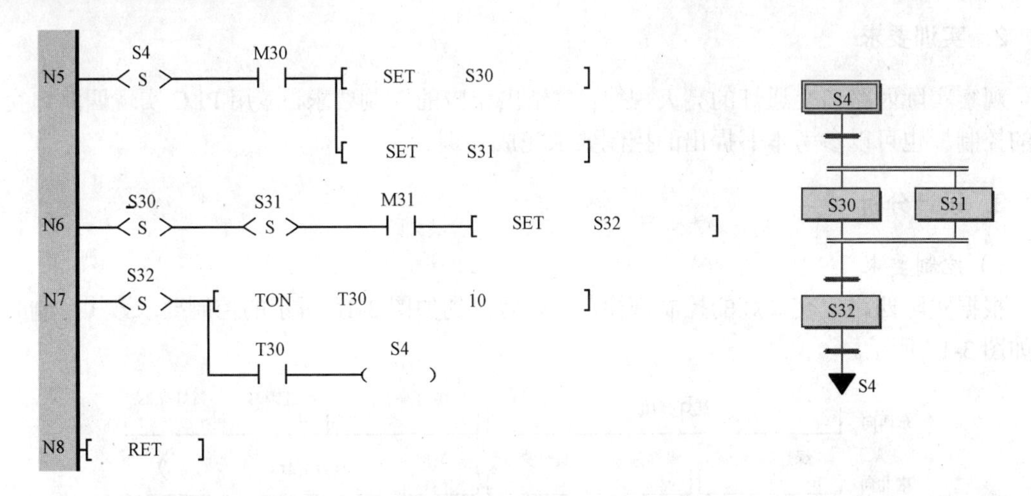

图 3-15　并行分支结构

2）并行分支

当并行分支结构的转移条件满足时，并行分支结构下接的各步进状态同时激活。这也是一种常见的顺控结构，即在一定条件下，将并行地启动处理多项工序。在图 3-15 的 N5 行程序中，M30 为转移条件，当 M30 置位，则 S30 和 S31 步进状态同时有效。

3）并行汇合

当并行汇合结构的转移条件满足时，将会使并行分支结构上接的各步进状态同时失效，转移到后续步进状态。在图 3-15 N6 行程序中，当处在 S30 和 S31 步进状态下，M31 置位时，即转移到 S32 步进状态，结束 S30 和 S31 步进状态。并行汇合的转移条件要保证汇合之前进行处理的各项独立步骤能全部完成，然后才能进行转移。

自己练习

1. 应用顺序功能指令编写程序控制数码管完成如下显示要求：

（1）如果按下按键 SB0，每秒按照 a～g 的顺序依次点亮，最终全部点亮；

（2）如果按下按键 SB1，显示数字 1；如果按下按键 SB2，显示数字 2；如果按下按键 SB3，显示数字 3;…;如果按下按键 SB9，显示数字 9。无论显示哪一个数字，当最终按下按键 SB10，显示数字 0。

2. 请在原有程序上修改完成循环显示 0～4，若出现问题请考虑是什么原因造成，并改正。

实训项目 12　四路口交通灯控制系统设计

1．实训目的

观察实际四路口交通灯的亮灭规律，结合实训设备，设计四路口交通灯程序。通过本实训加强对较复杂逻辑的分析、设计和编程的能力。

2. 实训要求

观察实际四路口交通灯的亮灭规律，总结出相应的控制要求，应用 PLC 实现四路口交通灯的控制。也可以参考本书提出的控制要求完成实训。

3. 设计分析

1）控制要求

根据实际四路口交通灯的控制规律，简化后得到如图 3-16 所示的控制要求，其控制时序图如图 3-17 所示。

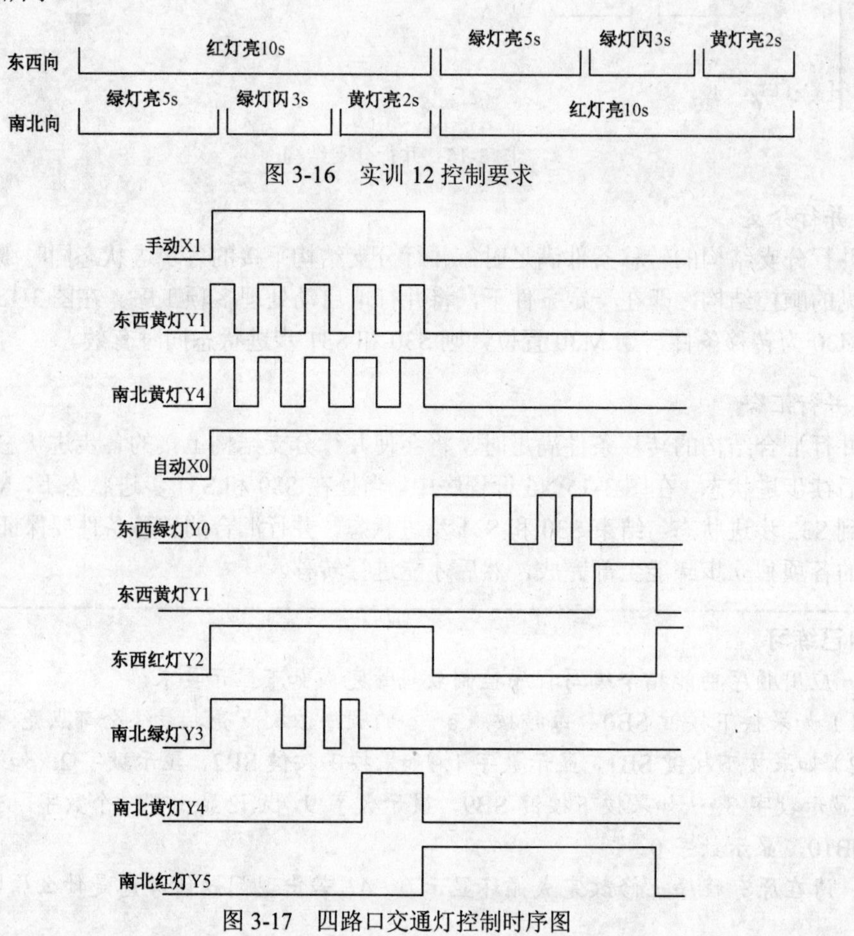

图 3-16　实训 12 控制要求

图 3-17　四路口交通灯控制时序图

2）I/O 分配

输入：X0：自动启动按键；X1：手动开关（带自锁型）；X2：停止按键；

输出：Y0：东西向绿；Y1：东西向黄；Y2：东西向红；Y3：南北向绿，Y4：南北向黄；Y5：南北向红。

4. PLC 控制电路

根据控制要求和 I/O 的分配就可以设计 PLC 控制电路图，如图 3-18 所示。

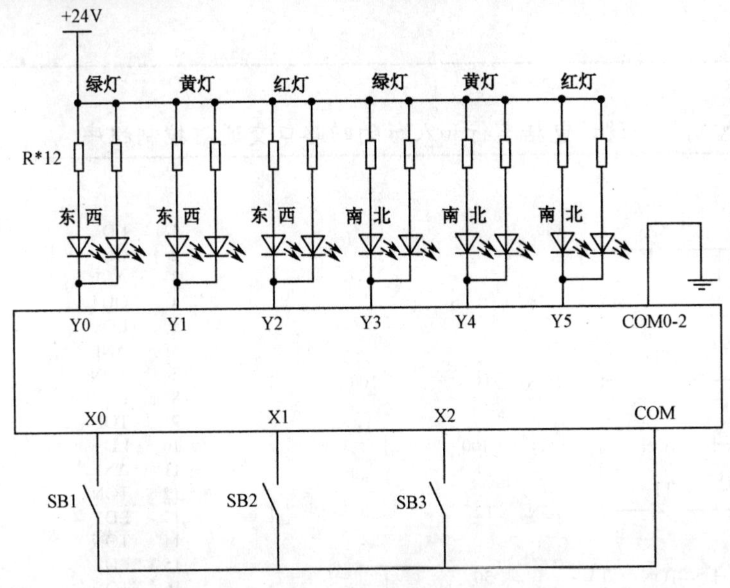

图 3-18　四路口交通灯 PLC 控制电路图

5．状态间电器分配

根据控制要求，状态及电器的分配如下：

S0：全部状态清零；

S20：驱动 Y5、T0；

S21：驱动 Y3、T1；

S22：驱动 Y3、T2；

S23：驱动 Y4；

S24：驱动 Y0、T3；

S25：驱动 Y0、T4；

S26：驱动 Y1、T5；

S27：驱动 Y2、T6。

6．程序编写

1）基本指令

根据上述的控制时序图，用 8 个定时器分别累计各信号转换时的时间；用特殊功能继电器 SM12 产生的脉冲（周期为 1s）来控制闪烁信号，其梯形图和指令语句如图 3-19 所示。

2）步进指令

东西方向和南北方向的信号灯的动作过程可以看成是两个独立的顺序控制过程，可以采用并行性分支与汇合的编程方法，其顺序功能图和梯形图如图 3-20 所示。

7．下载与调试

在 X_Builder 中调试无误后，下载到 MC100 系列 PLC 上，运行并观察控制效果是否符

合控制要求。

自己练习

应用顺序控制指令设计包括车行和人行的四路口交通灯控制程序。

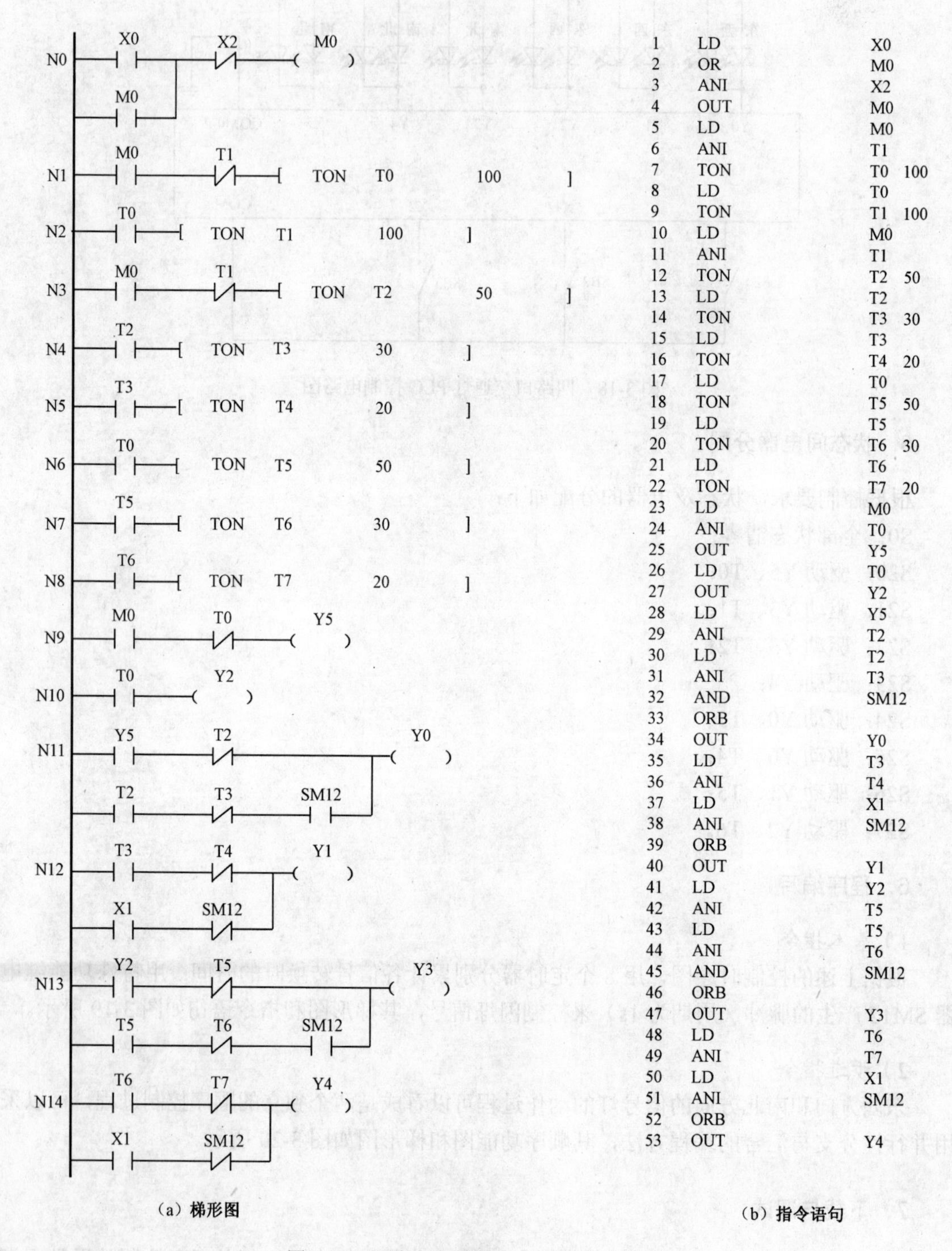
N0 X0 X2 M0
M0
N1 M0 T1 TON T0 100
N2 T0 TON T1 100
N3 M0 T1 TON T2 50
N4 T2 TON T3 30
N5 T3 TON T4 20
N6 T0 TON T5 50
N7 T5 TON T6 30
N8 T6 TON T7 20
N9 M0 T0 Y5
N10 T0 Y2
N11 Y5 T2 Y0
T2 T3 SM12
N12 T3 T4 Y1
X1 SM12
N13 Y2 T5 Y3
T5 T6 SM12
N14 T6 T7 Y4
X1 SM12
1 LD X0
2 OR M0
3 ANI X2
4 OUT M0
5 LD M0
6 ANI T1
7 TON T0 100
8 LD T0
9 TON T1 100
10 LD M0
11 ANI T1
12 TON T2 50
13 LD T2
14 TON T3 30
15 LD T3
16 TON T4 20
17 LD T0
18 TON T5 50
19 LD T5
20 TON T6 30
21 LD T6
22 TON T7 20
23 LD M0
24 ANI T0
25 OUT Y5
26 LD T0
27 OUT Y2
28 LD Y5
29 ANI T2
30 LD T2
31 ANI T3
32 AND SM12
33 ORB
34 OUT Y0
35 LD T3
36 ANI T4
37 LD X1
38 ANI SM12
39 ORB
40 OUT Y1
41 LD Y2
42 ANI T5
43 LD T5
44 ANI T6
45 AND SM12
46 ORB
47 OUT Y3
48 LD T6
49 ANI T7
50 LD X1
51 ANI SM12
52 ORB
53 OUT Y4

（a）梯形图　　　　（b）指令语句

图 3-19　四路口交通灯 PLC 基本指令控制

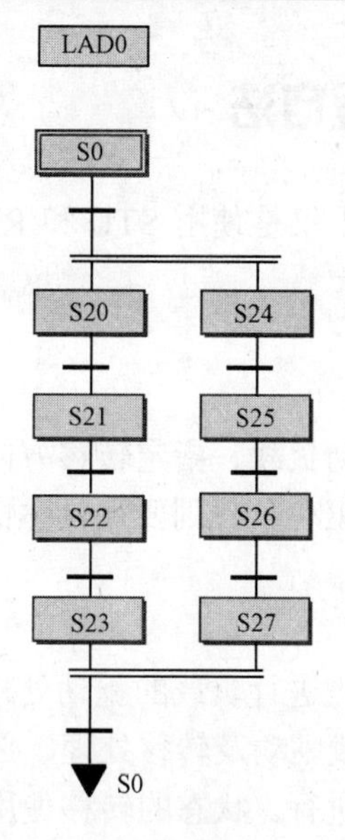

（a）顺序功能图

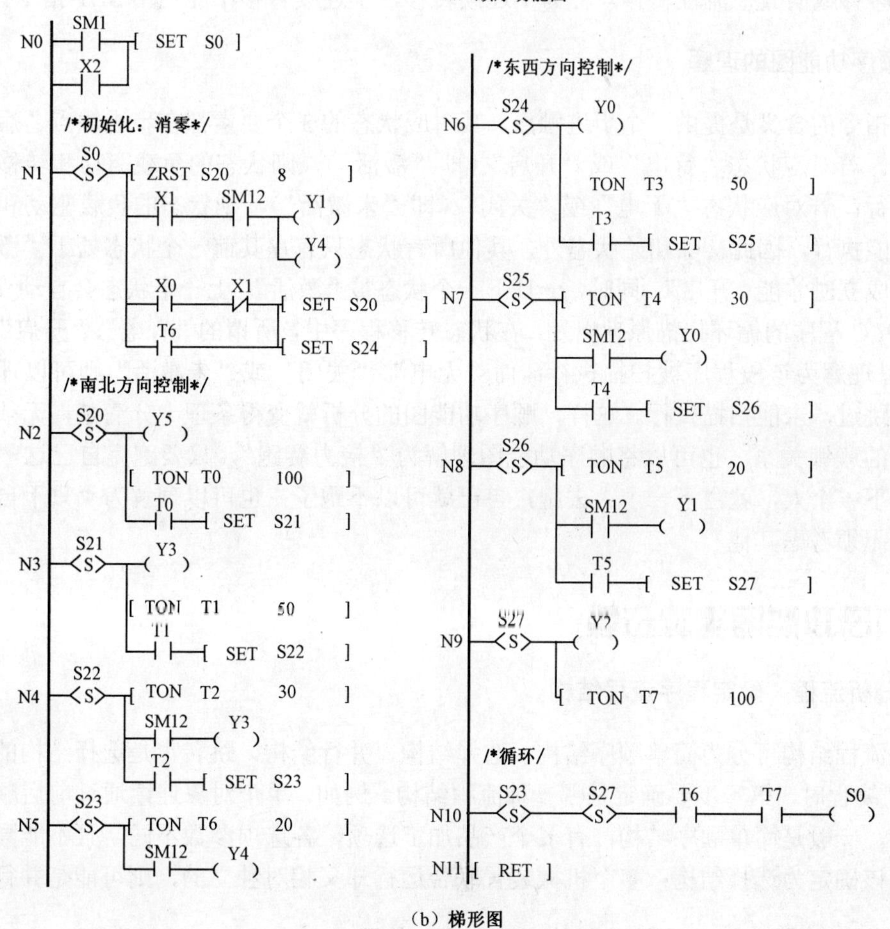

（b）梯形图

图 3-20 四路口交通灯 PLC 步进指令控制

3.3 顺序功能图的编程方法

对顺序功能图进行编程，不仅是使用 STL 和 RET 指令的问题，而且还要搞清楚每个状态的特性和要素。

1. 状态的三要素

顺序功能图中的状态有驱动负载、指定转移方向和转移条件 3 个要素。其中指定转移方向和转移条件是必不可少的，驱动负载则要视具体情况，也可能不进行实际负载的驱动。

2. 编程方法

顺序功能图的编程原则为先进行负载的驱动处理，然后进行状态的转移处理。

从指令表程序可看到，负载驱动及转移处理，必须要使用 STL 指令，这样才能保证负载驱动和状态转移都在子母线上进行。状态的转移使用 SET 指令，但若为向上游转移、向非相连的下游转移或向其他流程转移，称为不连续转移，不连续转移不能使用 SET 指令。

3. 顺序功能图的理解

STL 指令的含义是提供一个步进触点，其对应状态的 3 个要素都在步进触点之后的子母线上进行。若对应状态“有电”或“开启”（即“激活”），则状态的负载驱动和转移处理才有可能执行；若对应状态“无电”或“关闭”（即“未激活”），则状态的负载驱动和转移处理就不可能执行。因此，除初始状态外，其他所有状态只有在其前一个状态处于“激活”且转移条件成立时才能“开启”；同时，一旦下一个状态被“激活”，上一个状态会自动变成“关闭”。从 PLC 程序的循环扫描原理出发，在状态转移程序中，所谓的“有电”、“开启”或“激活”，可以理解为该段程序被扫描执行；而“无电”、“关闭”或“未激活”则可以理解为该段程序被跳过，未能扫描执行。这样，顺序功能图的分析就变得条理十分清楚，无须考虑状态间繁杂的联锁关系。也可以将顺序功能图理解为“接力赛跑”，只要跑完自己这一棒，接力棒传给下一个人，就由下一个人去跑，自己就可以不跑了；也可以理解为“只干自己需要干的事，无须考虑其他”。

3.4 顺序功能图编程步骤

1. 分析流程，确定程序流程结构

程序流程结构可分为简单顺序结构、选择结构、并行结构，跳转也是选择结构的一种。采用 SFC 编程时，第一步要确定是哪一种流程结构。例如，单个对象连续通过前后顺序步骤完成操作，一般是简单顺序结构；有多个产品加工选项，各选项参数不同，且不能同时加工的，则应该确定为选择结构；多个机械装置联合运行却又相对独立的，则可能是并行结构。

2. 确定主要步骤和主要转移条件，得出流程草图

确定了流程结构，接下来是大体上确定主要步骤和主要转移条件。把流程结构划分为细

化的操作过程，每个操作过程就是步骤，而操作过程结束的重要标志则是转移条件；这样就能得到流程的草图。

3．根据流程草图做出 SFC 顺序功能图

打开 X_Builder 编程软件的 SFC 编程界面，将流程草图变为 SFC 顺序功能图。此时已经能够得到可执行的 PLC 程序，只是程序有待完善。

4．做出输入/输出点表，确定各步骤操作对象及实际转移条件

输入点多为转移条件，输出点多为操作对象。根据点表，还可以进一步修正顺序功能图。

5．步骤和转移条件的输入

在 SFC 编程界面中，使用鼠标右键单击 SFC 图元，可以弹出相应的快捷菜单，选择“内置梯形图”选项，可以打开该图元的内置梯形图编辑工作区，输入梯形图程序及条件。

6．梯形图程序块

不要忘记在程序中编写一些通用处理功能的梯形图程序块，如顺序流程的启动，还有停机、报警等通用的操作。这些都需要放在梯形图块中。

3.5 顺序功能图程序的执行

(1) 顺序功能图程序的执行过程与普通梯形图相同之处在于：两者都是连续地从上到下、自左及右地周期扫描；顺序功能图的各步进状态会按顺序条件切换有效/无效状态，相应有效的步进状态的内部指令序列才会得到扫描执行，无效的步进状态内部指令则不会被扫描执行；而普通梯形图主程序的全部程序行则在每次扫描周期中都会被经过和执行。如图 3-21 所示，右边的梯形图程序由左边的顺序功能图程序转换而来。当 S20 步进状态有效时，T2 计时器

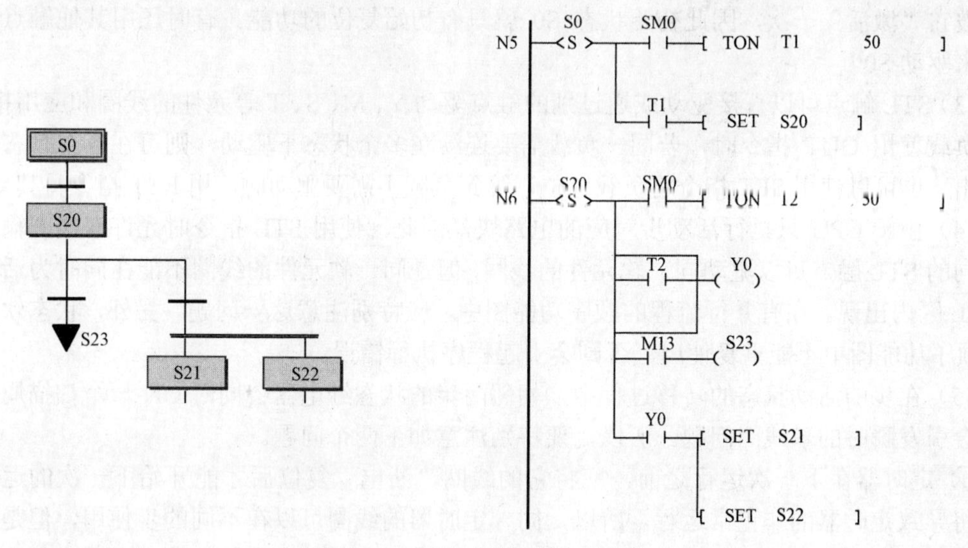

图 3-21 顺序功能图程序的执行

会被扫描并计时，在 T2 完成之前不会进入 S21、S22 状态；在 M13 为 OFF 时，不会进入 S23，它们的内部指令都不会被扫描执行。

（2）各 S 元件之间根据步进转移条件进行 ON/OFF 切换，结果就导致上一步进状态转移到下一步进状态。在一个 S 元件由 ON 跳转为 OFF 时，其内部指令的输出软元件会被复位或清零。

（3）MC 系列 PLC 顺序功能图程序中一般都会同时包含有顺序功能图和梯形图块。梯形图块用于处理流程以外的事务，包括启动顺序功能图的操作，不受任何 S 元件的控制。在每个扫描周期中，PLC 扫描到的这些梯形图块的程序行都会被执行。

（4）由于 S 元件的状态变化会对步进状态内置指令产生影响，且上下步进状态切换也有一个过程，因此在进行顺序功能图编程时对软件元件的操作和指令的使用有一些需要注意的事项。

3.6 顺序功能图编程注意事项

（1）与 STL 步进触点相连的触点应使用 LD 或 LDI 指令，即 LD 点移到 STL 触点的右侧，该点成为子母线，下一条 STL 指令的出现意味着当前 STL 程序区的结束和新的 STL 程序区的开始。RET 指令意味着整个 STL 程序区的结束，LD 点返回左侧母线。每个 STL 触点驱动的电路一般放在一起，最后一个 STL 电路结束时（即步进程序的最后），一定要使用 RET 指令，否则将出现“程序语法错误”信息，PLC 不能执行用户程序。

（2）初始状态可由其他状态驱动，但运行开始时，必须用其他方法预先做好驱动，否则状态流程不可能向下进行。一般用控制系统的初始条件，若无初始条件，可用 SM0 或 SM1 进行驱动。

SM0 是运行监视，它在 PLC 的运行开关由 STOP→RUN 后一直有电，直到 PLC 停电或 PLC 的运行开关由 RUN→STOP，故初始状态 S0 就一直处在被“激活”的状态。SM1 是一个初始脉冲，它只在 PLC 运行开关由 STOP 至 RUN 时有电，扫描一个周期，故初始状态 S0 就只被它“激活”一次，因此初始状态 S0 就只有初始复位的功能。有时还用其他触点进行组合来驱动 S0。

（3）STL 触点可以直接驱动或通过别的触点驱动 Y、M、S、T 等元件的线圈和应用指令。驱动负载使用 OUT 指令时，若同一负载需要连续在多个状态下驱动，则可在各个状态下分别输出，也可以使用 SET 指令将负载置位，等到负载不需要驱动时，用 RST 指令将其复位。

（4）由于 CPU 只执行活动步对应的电路块，因此，使用 STL 指令时允许双线圈输出，即不同的 STL 触点可以驱动同一软元件的线圈，但是同一软元件的线圈不能在同时为活动步的 STL 区内出现。在有并行流程的顺序功能图中，应特别注意这一问题。另外，状态软元件 S 在顺序功能图中不能重复使用，否则会引起程序执行错误。

（5）在步的活动状态的转移过程中，相邻两步的状态继电器会同时 ON 一个扫描周期，可能会引发瞬时的双线圈问题。所以，要特别注意如下两个问题。

① 定时器在下一次运行之前，应将它的线圈“断电”复位后才能开始下一次的运行，否则将导致定时器的非正常运行。所以，同一定时器的线圈可以在不同的步使用，但是同一定时器的线圈不可以在相邻的步使用。若同一定时器的线圈用于相邻的两步，在步的活动状

态转移时，该定时器的线圈还没有来得及断开，又被下一活动步启动并开始计时，这样，导致定时器的当前值不能复位，从而导致定时器的非正常运行。

② 为了避免不能同时接通的两个输出（如控制异步电动机正反转的交流接触器线圈）同时动作，除了在梯形图中设置软件互锁电路外，还应在 PLC 外部设置由常闭触点组成的硬件互锁电路。

（6）并行流程或选择流程中每一分支状态的支路数不能超过 8 条，总的支路数不能超过 16 条。

（7）若为顺序不连续转移（即跳转），不能使用 SET 指令进行状态转移，应改用 OUT 指令进行状态转移。

（8）STL 触点右边不能紧跟着使用入栈（MPS）指令。STL 指令不能与 MC、MCR 指令一起使用。在 FOR、NEXT 结构中、子程序和中断程序中，不能有 STL 程序块，但 STL 程序块中可允许使用最多 4 级嵌套的 FOR、NEXT 指令。虽然并不禁止在 STL 触点驱动的电路块中使用 CJ 指令，但是为了不引起附加的和不必要的程序流程混乱，建议不要在 STL 程序中使用跳转指令。

（9）需要在停电恢复后继续维持停电前的运行状态时，可使用停电保持状态继电器。

3.7　顺序功能图常见编程错误

1．用步进状态符

在同一个 PLC 程序中，用于顺序控制编程的每一个步进状态符都是对应于一个唯一的 S 元件，不可重用。在采用梯形图输入时必须注意这个要求。

2．转移条件后再分支路

转移条件后不可再分出带条件的支路。如图 3-22（a）所示的梯形图程序将不能通过编译，因为 M1 已经成为了转移条件，其后不能再分支；应该修改为图 3-22（b）的程序，可正确编译。

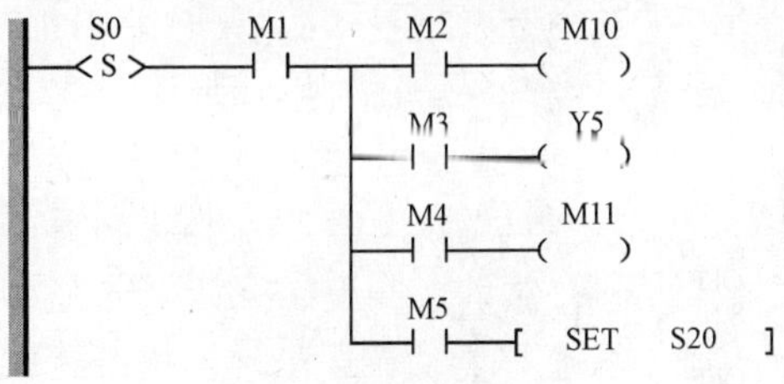

（a）错误 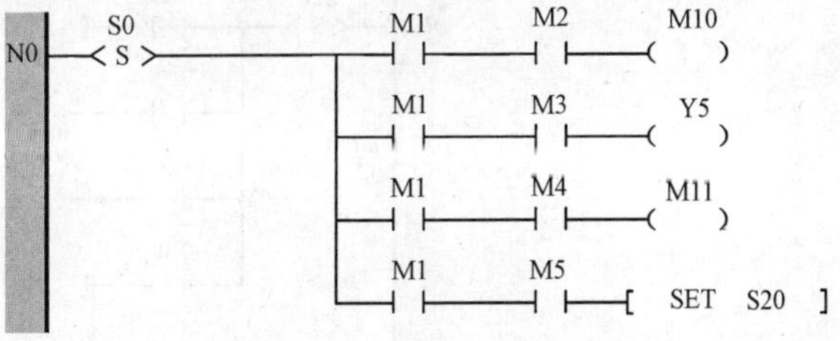　　　　（b）正确

图 3-22　转移条件后再分支路示例

3．开常闭触点与输出线圈使用错误

当一个支路里使用了常开或常闭触点指令后，其后的支路里面的输出线圈不能直接连接

到内部母线上，否则不能通过编译，如图 3-23（a）所示。将支路顺序修改为图 3-23（b）所示，则可通过编译。

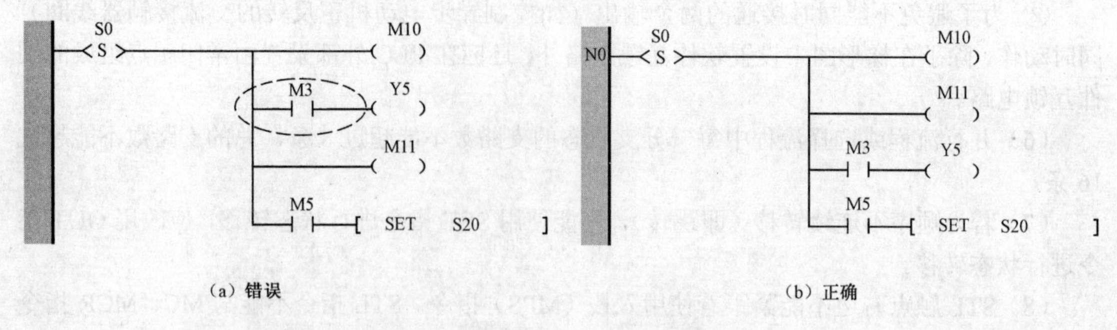

图 3-23　开常闭触点与输出线圈使用示例

4．相邻的步进状态重复使用软元件

PLC 执行程序时是按指令顺序循环扫描的。当从上一步进状态转移到下一步进状态时，上一步进状态内的指令序列刚扫描结束，下一步进状态指令序列也已经开始扫描，形成控制输出。

根据上述分析可知，STL 指令在由 ON 变为 OFF 时，虽然会复位其内部的一些元件，但这个复位操作只能在下一次扫描周期时进行。在步进状态转移的瞬间，上一步进状态内部元件仍然保持原有数据和状态直到下一次扫描经过该步进状态，如图 3-24 所示。上下两个相联的步进状态中同时使用了 T2 计时器。当步进状态由 S0 转向 S20 时，T2 元件会保持计数值和接通状态。S20 步进状态因此不能按照用户最初的设计来执行计时操作，而是直接进入下面的 S21 和 S22 步进状态。因此，在不同的步进状态中，编程软元件虽然可以重复使用，但是最好不要用在相邻的步进状态中，否则可能会造成意外的结果。

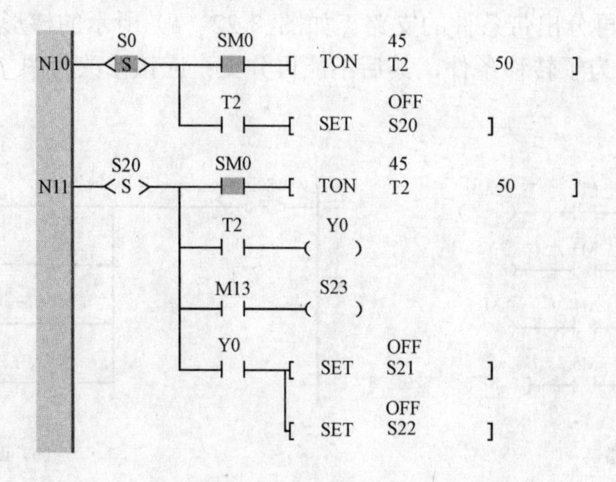

图 3-24　相邻的步进状态重复使用软元件示例

5．元件未能互锁

在 SFC 编程中，有些软元件之间可能因为步进状态转移时的特殊情况而出现矛盾。此时

需要对其进行互锁。

例如，图 3-25 的正反顺序操作程序示例。Y0 和 Y1 分别是设备运行正向和反向控制输出。X0 为正向操作，X1 为反向操作，X2 为停止按键。要求 Y0 和 Y1 互锁，即不能同时为 ON。然而在该例程中，当设备正向运行时，接通 X1 使 S5 步进状态转移到 S33 步进状态的时刻，Y0 和 Y1 同时为 ON 且时间为一个程序扫描周期。因此，程序中应该增加互锁的语句，如图 3-25（c）所示。在图 3-25（b）的程序中 Y1 输出线圈前增加 Y0 的常闭触点，以作为互锁。

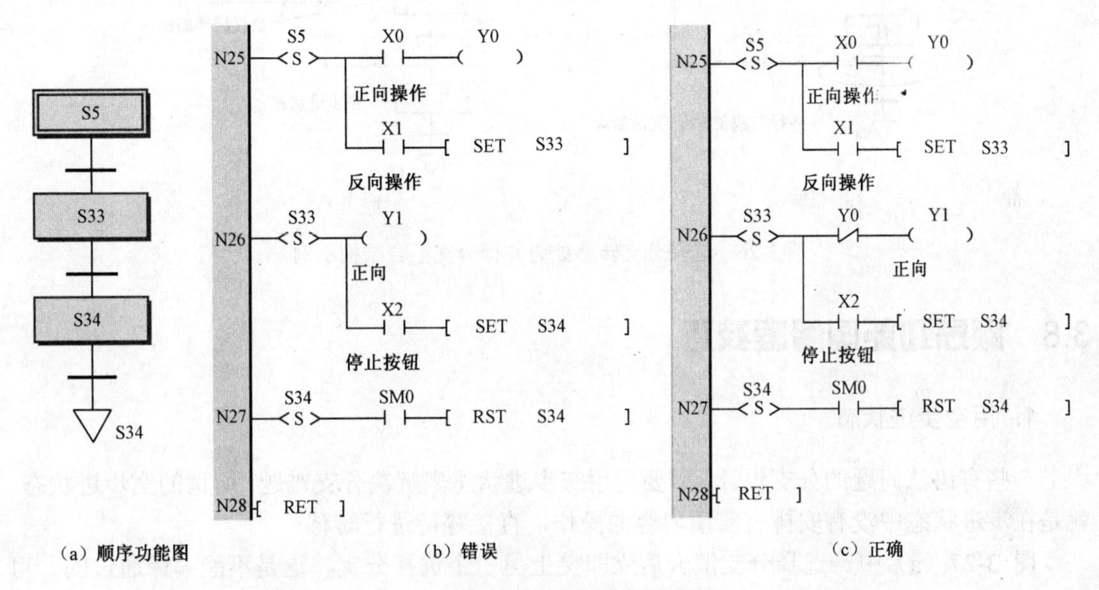

（a）顺序功能图　　（b）错误　　（c）正确

图 3-25　正反顺序操作程序示例

6. 跳转与转移混用

跳转多是应用在不同流程、不相邻步进状态之间切换，而转移则是相邻步进状态之间切换的操作。如果将应该使用跳转的地方由 OUT 线圈改为 SET 语句，或者在应该使用转移的地方把 SET 语句改为 OUT 线圈，则都不能通过编译。

7. 选择分支转移处为并行分支汇合结构导致无法结束流程

选择分支是多选一的流程，如果其中混合了并行分支，则可能会发生导致选择分支运行无法结束的流程错误。图 3-26（a）中，流程 1 在执行到步进状态 S41 时，由于转移条件为并行分支，而此刻系统不会再运行流程 2，导致该处转移条件永远无法实现，从而出现流程错误。

修改方法如图 3-26（b）所示，增加步进状态 S42，功能与 S41 完全一致；增加 S43 空步进状态，仅作为编程结构要素，没有实质操作。S38、S41、S43 的转移条件需要编程者设计，比如都采用原 S41 的转移条件即可。

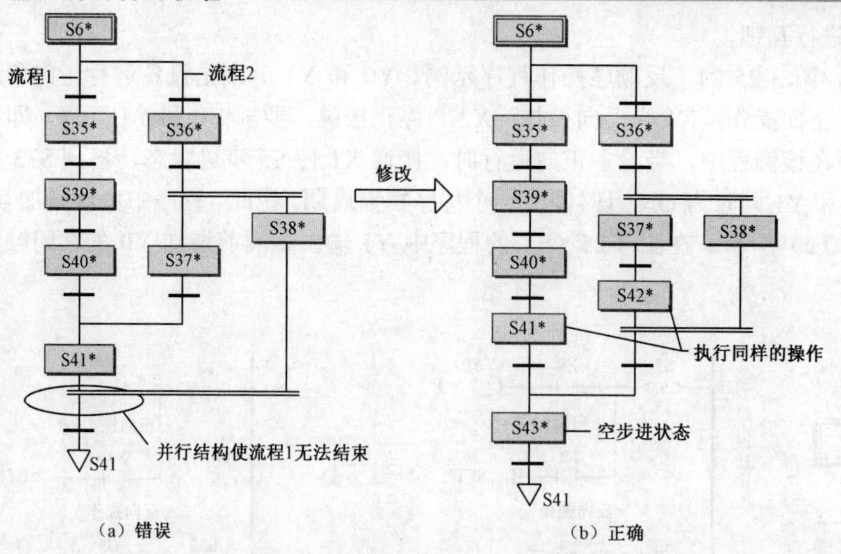

图 3-26　选择分支转移处为并行分支汇合结构示例

3.8　顺序功能图编程技巧

1. 用空步进状态

一些有语法问题的分支设计，需要采用空步进状态来解决分支难题。所谓的空步进状态，就是在步进状态中没有安排有实质内容的操作，直接等待进行转移。

图 3-27（a）中，选择分支汇合后立即接上另一个选择分支，这是不能编译通过的。可按照图 3-27（b）来修改，增加一个空步进状态。

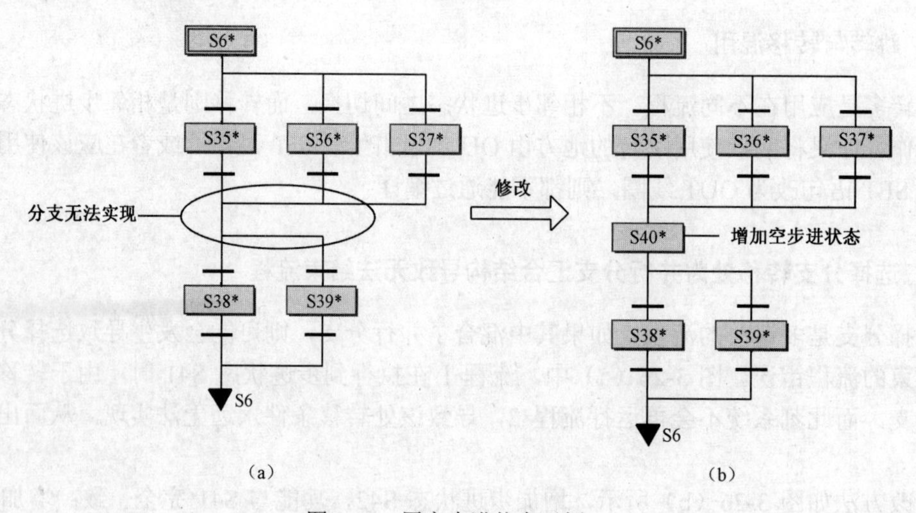

图 3-27　用空步进状态示例 1

图 3-28（a）中，选择分支后立即接上另一个并行分支，也是不能编译通过的。可按照图 3-28（b）来修改，增加一个空步进状态即可。

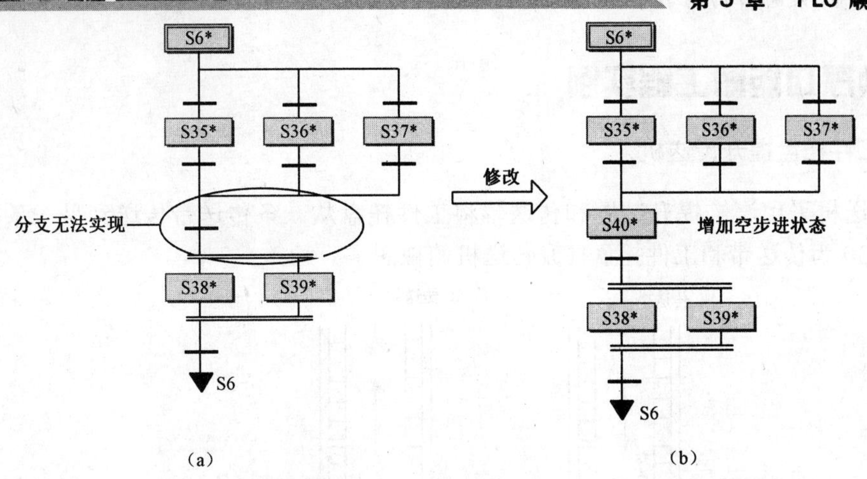

图 3-28　用空步进状态示例 2

其他问题分支如并行汇合之后接并行分支、并行分支之后接选择分支，也可这种采用增加空步进状态的方式解决问题。

2. 并行分支和转移条件

一些看起来复杂的分支，实际上是设计时分析不当造成的，可以适当合并或简化。

如图 3-29 所示，设计者先做了第一个选择分支，然后分别再做第二个选择分支。实际上只需要采用一个 4 条支路的选择分支即可，原设计的上下两级转移符则合并为转移条件相与的一级转移符。

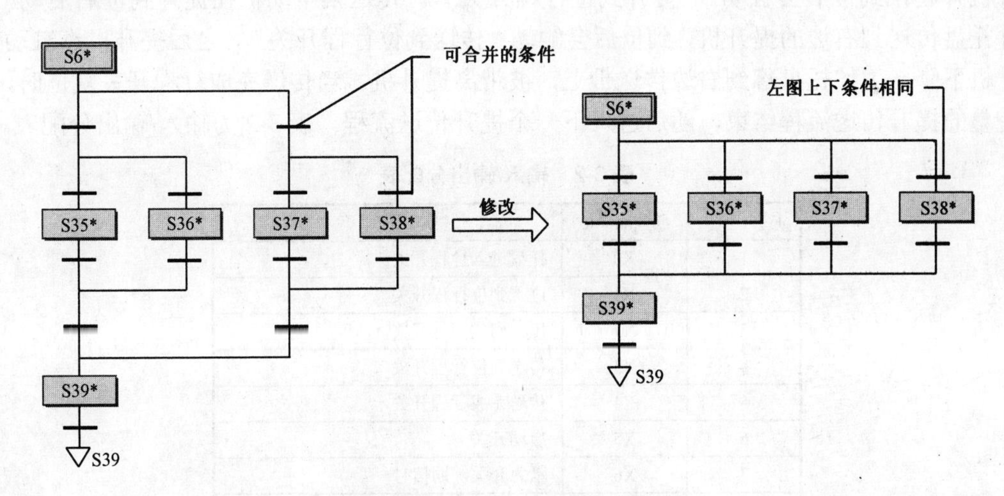

图 3-29　并行分支和转移条件示例

3. 利用停电保持功能

可用停电保持设置来保持 S 元件的值，在恢复上电后还可以从停电时的步进状态重新运行。

3.9 顺序功能图工程实例

1. 工件托盘提升传送机

该传送机采用汽缸提升装置和传送辊将工件托盘从一条传送带传送到另一条传送带上去。图 3-30 为传送带和工件托盘提升传送机俯视图。

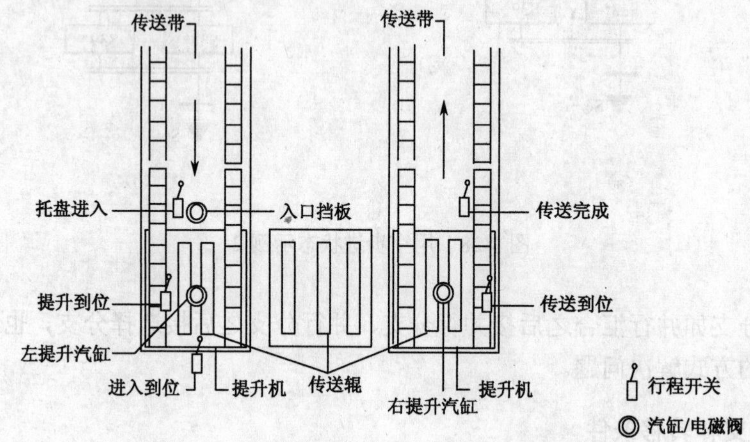

图 3-30 传送带和工件托盘提升传送机俯视图

设备启动后，工件托盘沿左边的传送带传送到提升传送机入口，触动“托盘进入行程开关”。当整个传送机上没有工件托盘传送时，入口挡板下降，将工件托盘输送进入提升传送机。等到工件托盘完全进入左边的提升机，触动“进入到位行程开关”，则提升汽缸动作，提升机升起，到位后会触动 “提升到位行程开关”。传送辊电动机在提升到位后启动，将工件托盘传送到右边的提升机，到位后会触动“传送到位行程开关”，之后提升机汽缸动作，提升机下降。工件托盘落到右边传送带上，被带离提升机。当传送完成行程开关复位时，一个完整的提升传送流程结束，随后进入下一个提升传送流程。表 3-2 为输入/输出分配表。

表 3-2 输入/输出分配表

序 号	点 地 址	监 控 对 象
1	X0	托盘进入行程开关
2	X1	进入到位行程开关
3	X2	提升到位行程开关
4	X3	传送到位行程开关
5	X4	传送完成行程开关
6	X5	启动开关
7	X6	紧急开关辅助信号
8	Y0	入口挡板汽缸电磁阀
9	Y1	左提升机汽缸电磁阀
10	Y2	右提升机汽缸电磁阀
11	Y3	传送辊电动机接触器
12	Y4	左传送带电动机接触器
13	Y5	右传送带电动机接触器

通过分析工作流程可以看出这是一个简单顺序流程。每块托盘经过几个连续步骤被传送，没有其他选择或并行步骤，也没有并行流程。以顺序功能图设计程序，比常规逻辑设计要简便快速，条理更清晰。图 3-31 为顺序功能图程序及对照的梯形图程序。

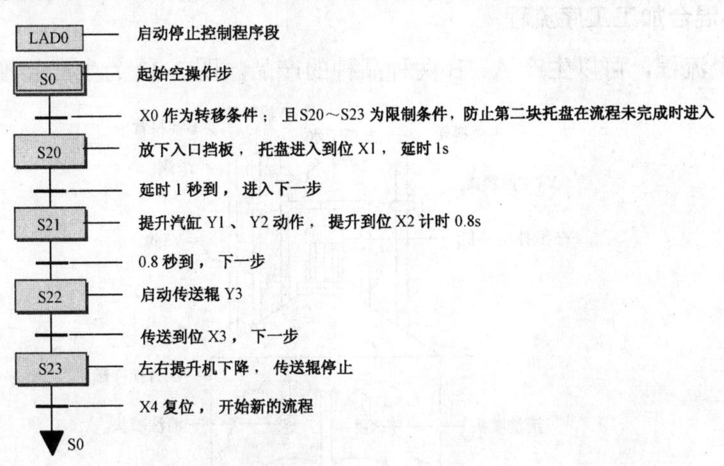

（a）顺序功能图

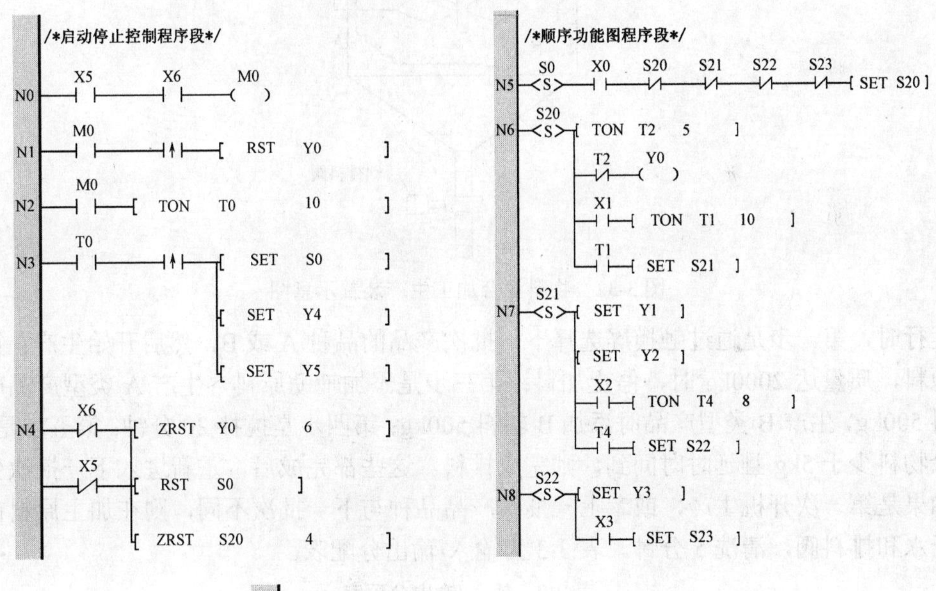

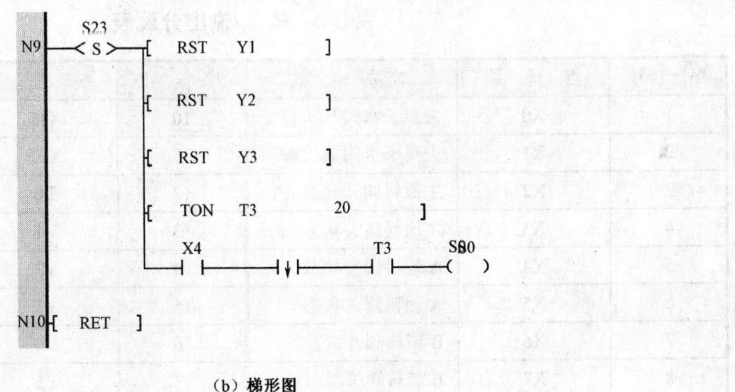

（b）梯形图

图 3-31　传送机控制

自己练习

在传送机控制中，应用了顺序功能指令的什么结构？

2. 物料混合加工工序流程

通过这个流程，可以生产 A、B 两种品种的产品。图 3-32 为生产装置示意图。

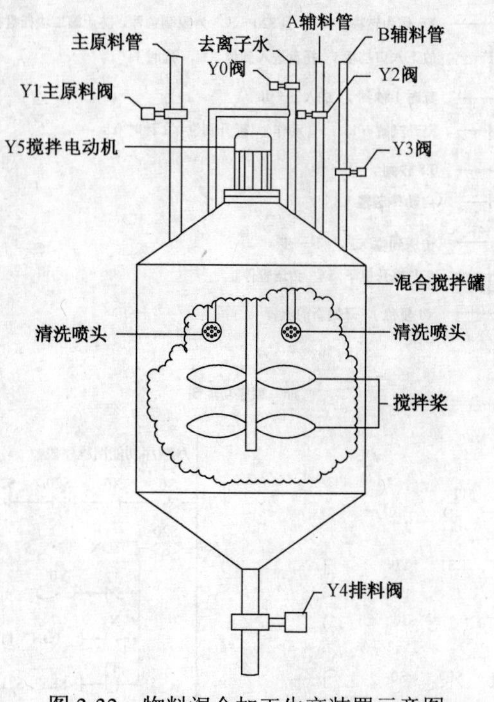

图 3-32　物料混合加工生产装置示意图

运行时，第一步是通过触摸屏选择下一批次产品的品种 A 或 B，然后开始生产；第二步加主原料，质量达 2000kg 时，停止加料；第三步是添加辅助原料，生产 A 类型产品时添加 A 辅料 500kg，生产 B 类型产品时添加 B 辅料 500kg；第四步是搅拌 20 分钟；第五步是排料，当剩余物料少于 5kg 且延时时间到，则完成排料。这些都完成后，重新进入下一批次生产流程。如果是第一次开机生产，或者上一批次产品品种与下一批次不同，则在加主原料前打开去离子水和排料阀，清洗 5 分钟。表 3-3 为输入/输出分配表。

表 3-3　输入/输出分配表

序　号	点 地 址	监 控 对 象	序　号	点 地 址	监 控 对 象
1	X0	去离子水阀开状态	10	X11	排料阀开状态
2	X1	去离子水阀关状态	11	X12	排料阀关状态
3	X2	主原料阀开状态	12	Y0	去离子水电磁阀
4	X3	主原料阀关状态	13	Y1	主原料电磁阀
5	X4	A 辅料阀开状态	14	Y2	A 辅料电磁阀
6	X5	A 辅料阀关状态	15	Y3	B 辅料电磁阀
7	X6	B 辅料阀开状态	16	Y4	排料电磁阀
8	X7	B 辅料阀关状态	17	Y5	搅拌电动机接触器
9	X10	搅拌电动机运行状态			

通过分析工作流程可见这是一个选择结构的流程，生产产品时，只能从 A 或 B 中选择一种，生产完毕后才可能切换品种。同时，流程中还有一个选择和跳转的结构，即清洗步骤。图 3-33 为顺序功能图程序及对照的梯形图程序。

3. 瓶装产品包装机

该包装机是将瓶装产品加上封盖，然后贴上产品标签。在这过程中，对瓶盖和标签进行检测，检测到有问题的产品则通过后一步剔除装置来剔除，正品可直接送下道工序。如果上道工序没有瓶子送过来，则相关的加盖、贴标工序都不动作。三道工序同时进行，转盘一次走一个工位。图 3-34 为生产装置示意图。

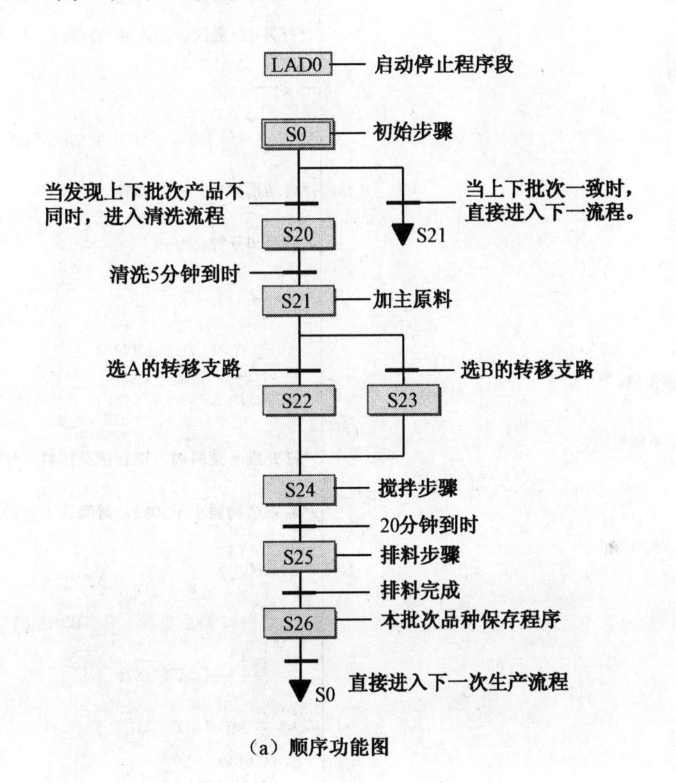

（a）顺序功能图

/*复位M1到M3。*/

/*D1为上一次产品标志，0代表A产品，1代表B产品。*/

/*D2为本次产品标志，0为A产品，1为B产品。*/

/*M3为启动标志*/

图 3-33　物料混合加工控制

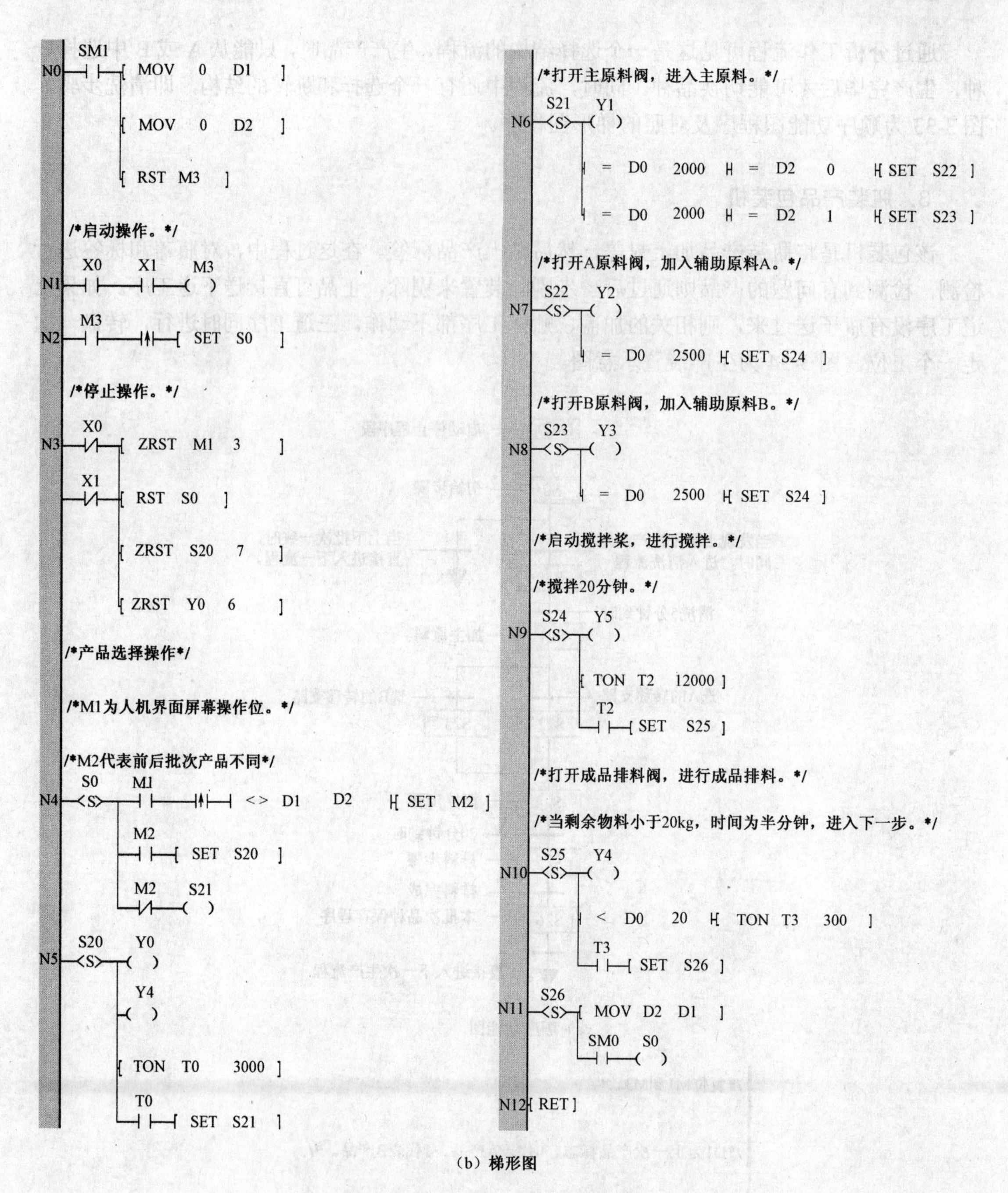

（b）梯形图

图 3-33　物料混合加工控制（续）

运行时，转盘一次走一个工位，由 X0 接近开关检测。在每个工位转盘都会停顿直到所有操作完成。加盖、贴标、剔除机构均由汽缸驱动，并分别检测汽缸行程到位和汽缸回程完毕信号。表 3-4 所示为输入/输出分配表。

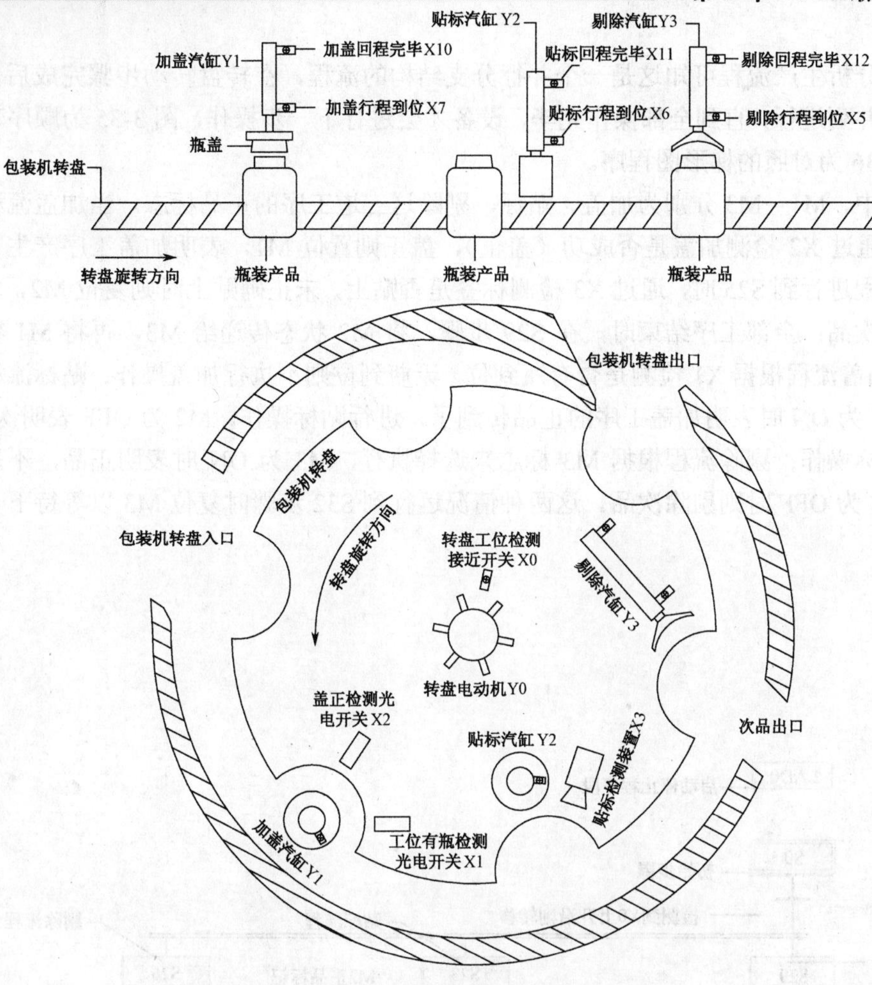

图 3-34　瓶装产品包装机生产装置示意图

表 3-4　输入/输出分配表

序　号	点 地 址	监 控 对 象
1	X0	转盘工位检测接近开关
2	X1	工位有瓶检测光电开关
3	X2	盖正检测光电开关
4	X3	贴标检测装置
5	X5	剔除行程到位
6	X6	贴标行程到位
7	X7	加盖行程到位
8	X10	加盖回程完毕
9	X11	贴标回程完毕
10	X12	剔除回程完毕
11	Y0	转盘电动机
12	Y1	加盖汽缸
13	Y2	贴标汽缸
14	Y3	剔除汽缸

通过分析生产流程可知这是一个并行分支结构的流程，在转盘转动步骤完成后，3 个工位的操作并列进行，直到全部操作完毕，设备才会进行下一步操作。图 3-35 为顺序功能图程序，图 3-36 为对照的梯形图程序。

程序中，M1～M3 分别为加盖、贴标、剔除这三道工序的正品标志。当加盖流程进行到 S22 时，通过 X2 检测加盖是否成功（盖正），盖正则置位 M1，表明加盖工序产生了正品；当贴标流程进行到 S25 时，通过 X3 检测标签是否贴上，未正确贴上时则复位 M2，表明贴标工序产生次品；全部工序结束时，在 S29 步骤，将 M2 状态传递给 M3，再将 M1 状态传递给 M2。加盖流程根据 X1 检测是否有瓶到位，无瓶到位则不执行加盖操作；贴标流程开始运行时，M2 为 ON 时表明加盖工序的正品传到了，进行贴标操作，M2 为 OFF 表明次品到位，不执行贴标操作；剔除流程根据 M3 标志来选择执行，M3 为 ON 时表明正品，不执行剔除操作；M3 为 OFF 时则剔除次品。这两种情况运行到 S32 步骤时复位 M3 以等待下一步骤和工序。

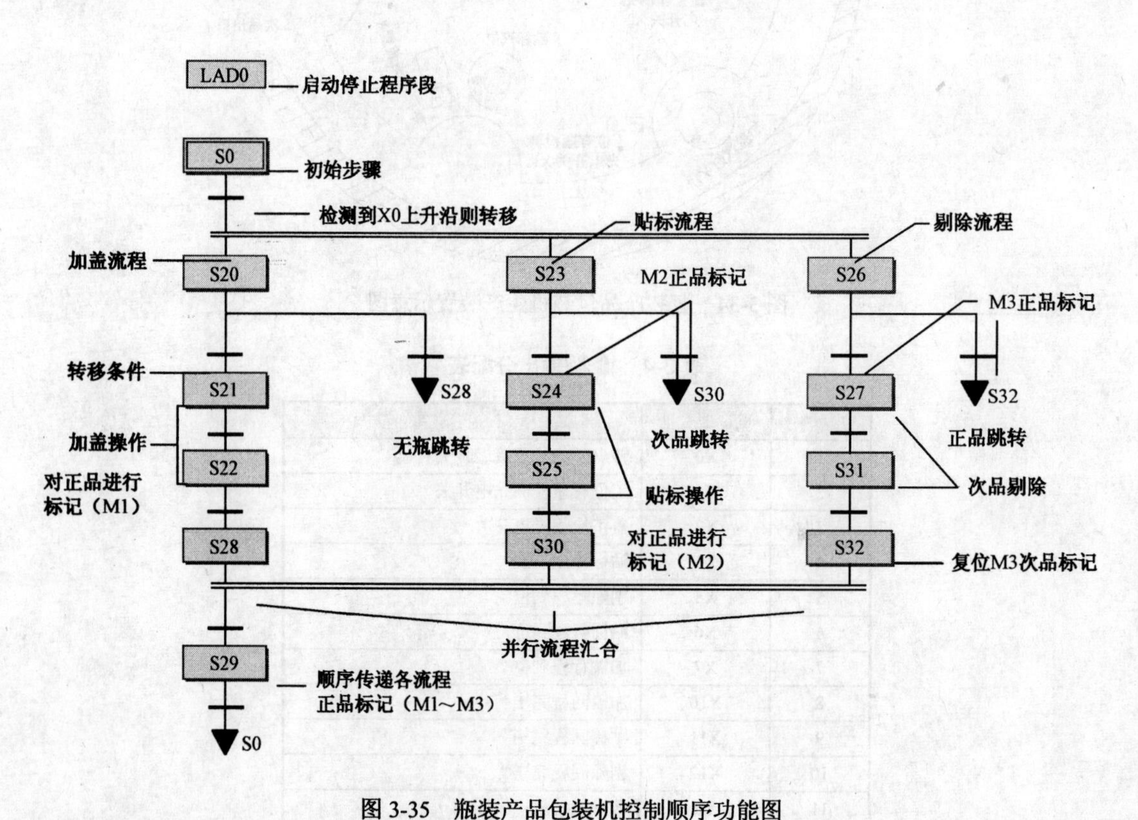

图 3-35　瓶装产品包装机控制顺序功能图

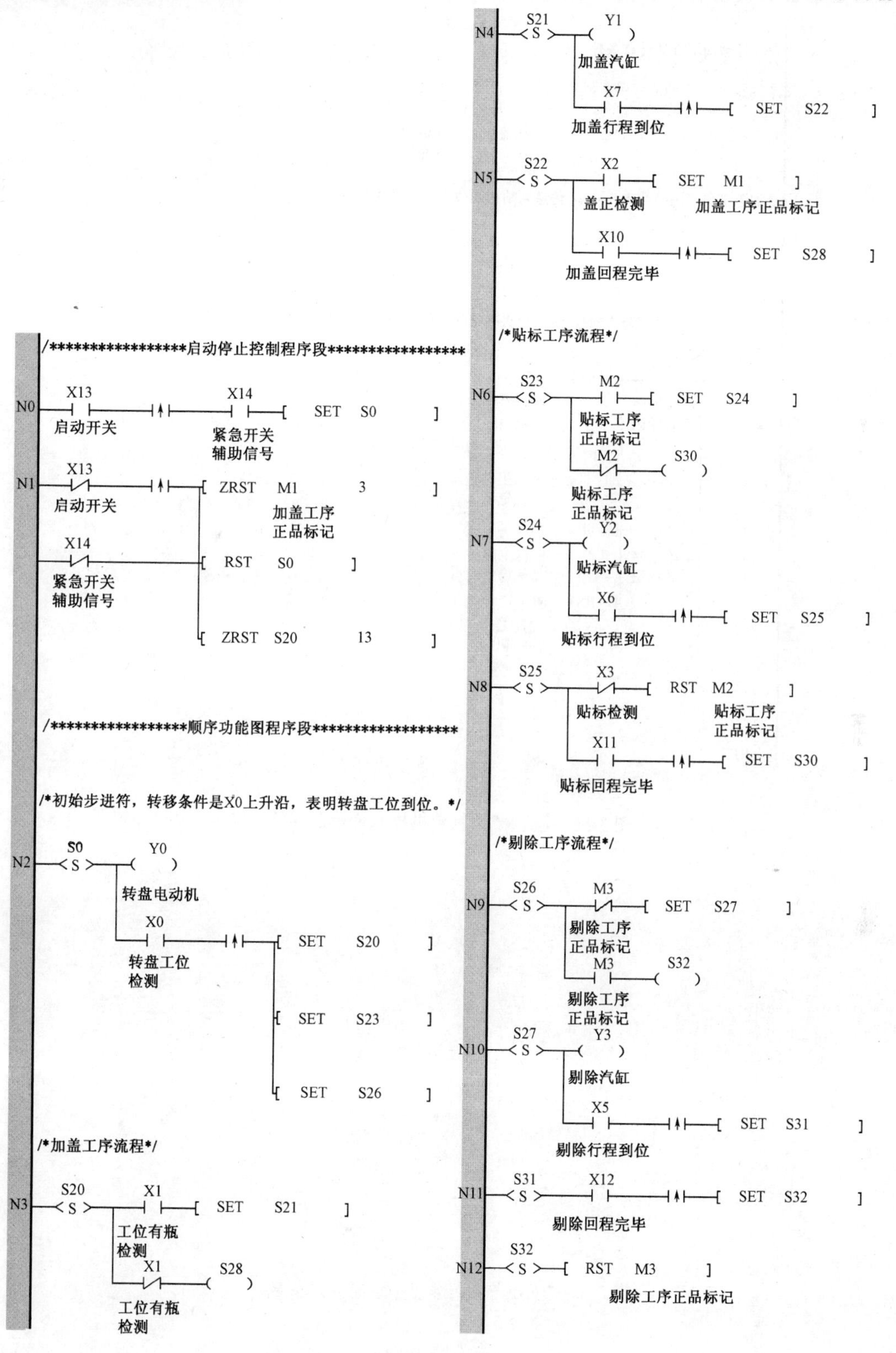

图 3-36　瓶装产品包装机控制梯形图

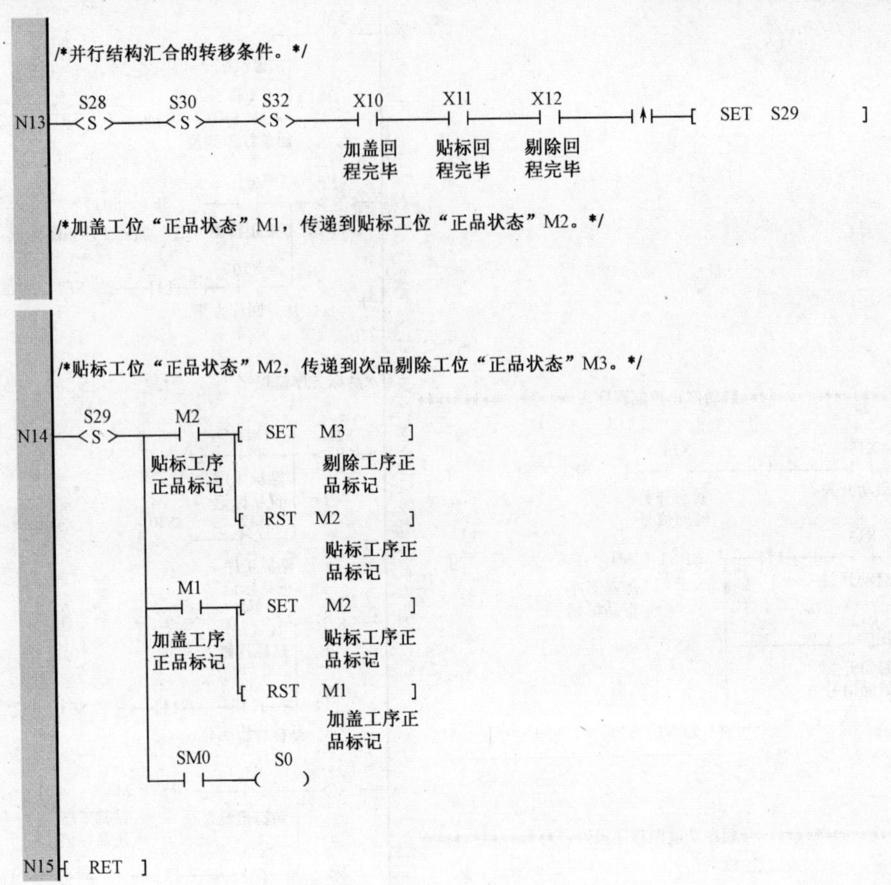

图 3-36　瓶装产品包装机控制梯形图（续）

第4章 PLC功能指令

教学导航

<table>
<tr><td rowspan="4">教</td><td>知识重点</td><td>1. PLC 功能指令作用；
2. 功能指令使用方法</td></tr>
<tr><td>知识难点</td><td>功能指令使用方法</td></tr>
<tr><td>推荐教学方法</td><td>从实训项目中引出功能指令作用、使用方法和注意事项，介绍典型、常用的功能指令，并引导学生学会查阅附件的指令表，自主学习其他功能指令</td></tr>
<tr><td>建议学时</td><td>12 学时</td></tr>
<tr><td rowspan="3">学</td><td>推荐学习方法</td><td>学习并掌握实训项目中用到的功能指令，从而熟悉功能指令的使用方法，并学会查阅附件的指令表，自主学习其他功能指令</td></tr>
<tr><td>必须掌握的理论知识</td><td>PLC 功能指令作用、编程格式</td></tr>
<tr><td>必须掌握的技能</td><td>PLC 功能指令使用方法</td></tr>
</table>

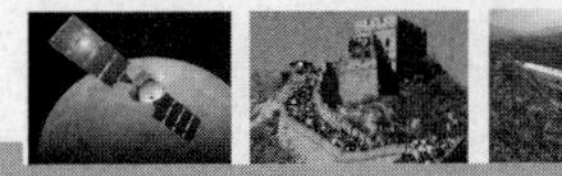

相关知识

前面学习的基本指令和顺序功能图主要是进行逻辑运算，而现代化工业自动化过程往往需要数据处理等复杂的运算及一些复杂的程序处理。本章将着重学习PLC的功能指令，这些指令主要用于数据运算、转换及其他控制功能，使PLC成为真正意义上的工业控制计算机。

PLC功能指令十分强大，往往一条功能指令是几十条甚至上百条基本指令才可实现的功能，所以对于使用者来说掌握功能指令的使用十分便于程序的编写。

实训项目13　电动机星形-三角形降压启动系统设计

1．实训要求

应用功能指令实现交流电动机的自动星形-三角形降压启动，切换时间间隔为5s。

2．设计分析

本实训的控制要求可以应用基本指令实现，采用功能指令中的传送指令和Kn寻址的方法进行控制。

1）控制要求

（1）按下启动按钮SB1，电动机以Y接法降压启动；

（2）延时5s后，电动机以△接法全压运行；

（3）按下停止按钮SB电动机停止。

2）定义输入/输出（I/O）

输入：X0：SB；X1：SB1；

输出：Y0：KM；Y1：KM_Y；Y2：$KM_{\triangle}$。

3．PLC控制电路

电动机自动星形-三角形降压启动PLC控制电路图如图4-1所示，输出口选择Y0、Y1、Y2。

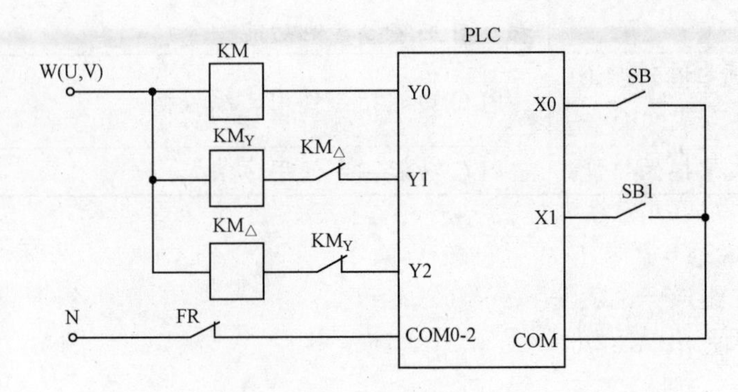

图4-1　电动机自动星形-三角形降压启动PLC控制电路图

4．程序设计

根据设计控制要求和硬件电路连接图，PLC 控制梯形图及指令语句如图 4-2 所示。

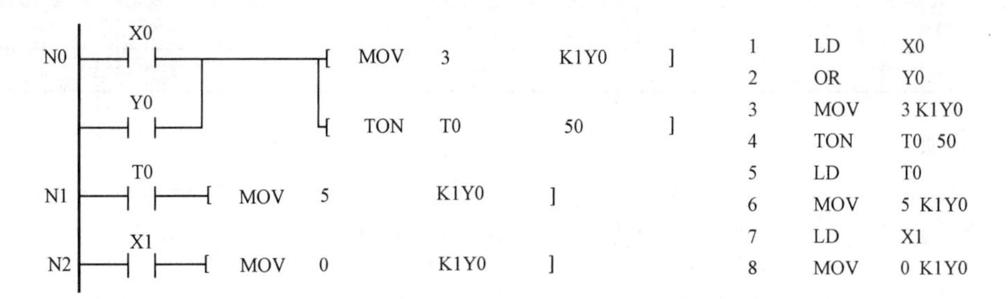

图 4-2　电动机自动星形-三角形降压启动 PLC 控制梯形图及指令语句

当启动按键 SB，X0 能流有效，利用 MOV 指令将十进制数 3（二进制 0011）送到由位元件 Y3～Y0 组成的字元件中，则 Y3=OFF、Y2=OFF、Y1=ON、Y0=ON，此时电动机以星形接法启动，并且通过 Y0 自锁，同时定时器 T0 开始定时；当定时时间结束（5s），T0 能流有效，利用 MOV 指令将十进制数 5（二进制 0101）送到由位元件 Y3～Y0 组成的字元件中，则 Y3=OFF、Y2=ON、Y1=OFF、Y0=ON，此时电动机以三角形接法运行。

当按下停止按键 SB1 时，X1 能流有效，利用 MOV 指令将十进制数 0（二进制 0000）送到由位元件 Y3～Y0 组成的字元件中，则 Y3=OFF、Y2=OFF、Y1= OFF、Y0= OFF，此时电动机停止运行。

从程序可以看出，这种编程控制方法虽然实现了控制要求，却浪费了一个输出口（Y3），在使用中要注意这一点。

4.1　操作数及寻址方式

1．位元件和字元件

只处理 ON/OFF 状态的元件称为位元件，如 X、Y、M 和 S。处理数据的元件称为字元件，如 T、C 和 D 等。

2．寻址方式

1）位串组合寻址方式（Kn 寻址方式）

位串组合寻址方式（Kn 寻址方式）是将位元件串组合成字或长字使用，具体方法为：位串组合寻址格式为 K（n）（U），其中 n 是一个 1～8 的整数，表示元件串长度为 n×4 位；U 代表元件串的起始位元件地址。例如，K1X0 代表 4 位长的位串（X0，X1，X2，X3）组成的一个字使用；K3Y0 代表 12 位长的位串（Y0，Y1，Y2，Y3）、（Y4，Y5，Y6，Y7）、（Y10，Y11，Y12，Y13）组成一个字使用；K4M0 代表 16 位长的位串（M0，M1，M2，M3，…，M15）组成一个字使用；K8M0 代表 32 位长的位串（M0，M1，M2，M3，…，M31）组成一个双字使用。

一个具体的数据 16#89（10001001）在 Kn 寻址方式中（K2M0）的存储格式如表 4-1 所示。

表 4-1 数据存储格式

数　据	最 高 位	中 间 位						最 低 位
K2M0	M7	M6	M5	M4	M3	M2	M1	M0
16#89	1	0	0	0	1	0	0	1

注意事项：

如果指令的目的操作数使用 Kn 寻址方式，而需要存储到目的操作数的数据宽度大于 Kn 寻址所指定的宽度时，系统按保留低位部分，舍去高位部分的规则存储数据。

2）变址寻址方式（Z 寻址方式）

MC 系列 PLC 提供变址寻址方式（Z 寻址方式），用户可通过使用 Z 元件（变址寻址寄存器），达到对元件进行间接寻址访问的目的。

变址寻址的目标地址=元件基地址＋Z 元件中存储的地址偏移量。

例如，变址寻址 D0Z0（其中 Z0=3），表示 D0 为变址寻址的基地址，变址寻址的地址偏移量存储在 Z0 中（地址偏移量等于 3），目标地址应为 D3。因此在 Z0=3 的情况下，这两条指令"MOV　45　D0Z0"和"MOV　45　D3"是等效的，指令有效执行后 D3 都会被赋值 45。

再例如，Z1=6，则 X0Z1 = X（0＋Z1）= X6；Z20=30，D100 Z20 = D（100＋Z20）= D130。

注意事项：

（1）在变址寻址方式（Z 寻址方式）中，Z 元件存储地址偏移量，总是被系统当做符号整数处理，即 Z 寻址方式支持负地址偏移量。例如，Z20=−30，则 D100Z20=D70。

（2）SM 元件、SD 元件不支持变址寻址方式；

（3）在使用 Z 寻址方式时，用户应避免发生 Z 寻址越界的情况。例如，D7999Z0（其中 Z0=9）就发生了 Z 寻址越界情况（D 元件的最大地址为 D7999）。

3）位串组合变址寻址方式

位串组合寻址方式也可配合变址寻址方式使用，即形如 K1X0Z10。这种寻址方式首先通过 Z 寻址确定位串组合的起始位元件的地址，再通过 Kn 寻址确定位串的长度。例如，Z10=3，则 K1X0Z10=K1X（0＋Z10）=K1X3。

4）D、V 元件对 32 位数据的存储和寻址

数据若是 32 位宽度的，而一个 D 元件或 V 元件只有 16 位宽度，因此需要两个地址连续的 D 元件或 V 元件存储 32 位数据。MC 系列 PLC 采用 Big Endian 方式存储 32 位数据，即小地址编号的元件用于存放 32 位宽度数据的高字，大地址编号的元件存放 32 位宽度数据的低字。例如，无符号长整数数据 16#FEA867DA 存放在（D0，D1）元件中，其实际存放格式如表 4-2 所示。

表 4-2 数据存放格式

D0	0xFEA8
D1	0x 67DA

此外，一个 D、V 元件地址可寻址一个 16 位数据（如 INT、WORD 型数据），也可寻址到一个 32 位数据（如 DINT、DWORD 型数据）。如果指令操作数引用了 D 元件地址或 V 元件地址，那么该地址是代表一个 16 位数据，还是代表一个 32 位数据，将由操作数的数据类型决定。

4.2 功能指令（MOV、DMOV、RMOV、BMOV、DFMOV）

1. MOV：字数据传输指令

梯形图：├──┤ ├──[MOV (S) (D)]

指令列表：MOV （S） （D）

适用软元件：

（S）：常数、KnX、KnY、KnM、KnS、KnLM、KnSM、D、SD、C、T、V、Z。

（D）：KnY、KnM、KnS、KnLM、D、SD、C、T、V、Z。

操作数说明：

（S）：源操作数

（D）：目的操作数

功能说明：

当能流有效时，（S）的内容赋给（D）、（S）的值不变。

注意事项：

（1）MOV 指令支持有符号和无符号两种整数。如果指令两个操作数都是软元件，则数据类型都是有符号整数。如果指令的源操作数是有符号常整数，如（－10，＋100），则目的操作数也是有符号整数。如果源操作数是无符号的常整数，如（100，45535），则目的操作数也是无符号整数；

（2）对应的软元件 C 只支持 C0～C199。

使用示例：

MOV 使用示例如图 4-3 所示。

```
        X0                500          500                1    LD    X0
|───┤■├───[ MOV    D0           D10         ]           2    MOV   D0 D10
```

图 4-3 MOV 使用示例

当 X0=ON 时，D0 的内容赋给 D10，D10=500。

2. DMOV：双字数据传输指令

梯形图：├──┤ ├──[DMOV (S) (D)]

指令列表：DMOV （S） （D）

适用软元件：

（S）：常数、KnX、KnY、KnM、KnS、KnLM、KnSM、D、SD、C、T、V、Z。

（D）：KnY、KnM、KnS、KnLM、KnSM、D、SD、C、T、V、Z。

操作数说明

（S）：源操作数

（D）：目的操作数

功能说明：

当能流有效时，（S）的内容赋给（D），（S）的值不变。

注意事项：

（1）DMOV 指令支持有符号和无符号两种长整数。如果指令两个操作数都是软元件，则数据类型都是有符号整数。如果指令的源操作数是有符号常整数，如（－10，＋100），则目的操作数也是有符号整数。如果源操作数是无符号的常整数，如（100，45535），则目的操作数也是无符号整数；

（2）对应的软元件 C 只支持 C200～C255。

使用示例：

DMOV 使用示例如图 4-4 所示。

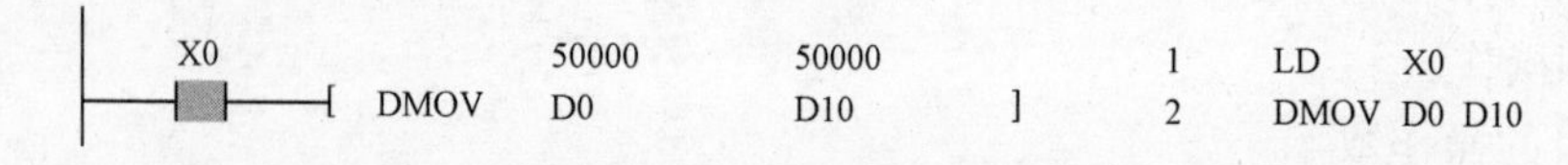

图 4-4　DMOV 使用示例

当 X0=ON 时，（D0, D1）的内容赋给（D10, D11），（D10, D11）=50000。

3．RMOV：浮点数数据传输指令

梯形图：RMOV (S) (D)]

指令列表：RMOV　（S）　（D）

适用软元件：

（S）：常数、D 、V

（D）：D 、V

操作数说明

（S）：源操作数

（D）：目的操作数

功能说明：

当能流有效时，（S）的内容赋给（D），（S）的值不变。

使用示例：

RMOV 使用示例如图 4-5 所示。

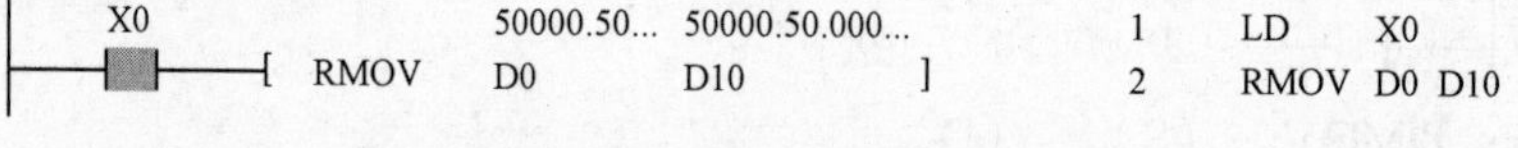

X0　RMOV　50000.50... D0　50000.50.000... D10]

1　LD　X0
2　RMOV　D0 D10

图 4-5　RMOV 使用示例

当 X0=ON 时，（D0,D1）的内容赋给（D10,D11），（D10,D11）=50000.5。

4．BMOV：块数据传输指令

梯形图：BMOV (S1) (D) (S2)]

指令列表：BMOV　（S1）　（D）　（S2）

适用软元件：

（S1）：KnX、KnY、KnM、KnS、KnLM、D、SD、C、T、V。

（D）：KnY、KnM、KnS、KnLM、D、C、T、V。

（S2）：常数、KnX、KnY、KnM、KnS、KnLM、KnSM、D、SD、C、T、V。

操作数说明：

（S1）：源操作数，数据块起始单元

（D）：目的操作数，数据块起始单元

（S2）：数据块大小

功能说明：

当能流有效时，（S1）单元开始的（S2）个单元的内容赋给（D）单元开始的（S2）个单元，（S1）单元开始的（S2）个单元的内容不变。

使用示例：

BMOV 使用示例如图 4-6 所示。

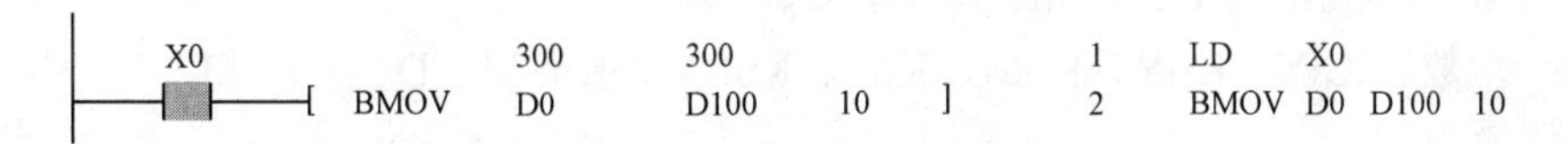

图 4-6　BMOV 使用示例

当 X0=ON 时，D0 开始的 10 个单元的内容赋给 D100 开始的 10 个单元。D100=D0，D101=D1，…，D109=D9。

5. FMOV：数据块填充指令

梯形图：[FMOV (S1) (D) (S2)]

指令列表：FMOV　（S1）　（D）　（S2）

适用软元件：

（S1）：常数、KnX、KnY、KnM、KnS、KnLM、KnSM、D、SD、C、T、V、Z。

（D）：KnY、KnM、KnS、KnLM、D、C、T、V。

（S2）：常数、KnX、KnY、KnM、KnS、KnLM、KnSM、D、SD、C、T、V、Z。

操作数说明：

（S1）：源操作数，数据块起始单元；

（D）：目的操作数，数据块起始单元；

（S2）：数据块大小。

功能说明：

当能流有效时，（S1）单元的内容填充到（D）单元开始的（S2）个单元中，（S1）单元的内容不变。

注意事项：

（1）当（S1）、（D）、（S2）使用 C 元件时，合法范围为 C0～C199；

（2）（S2）大于等于 0；

（3）当（S1）、（D）同时为 Kn 寻址时，Kn 应相等。

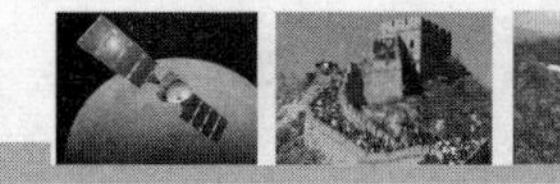

使用示例：

FMOV 使用示例如图 4-7 所示。

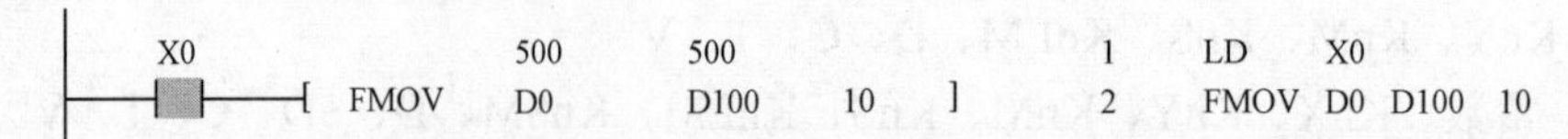

图 4-7 FMOV 使用示例

当 X0=ON 时，D0 的内容填充到 D100 开始的 10 个单元。D100=D101=…=D109=D0=500。

6. DFMOV：数据块双字填充指令

梯形图：DFMOV (S1) (D) (S2)

指令列表：DFMOV （S1） （D） （S2）

适用软元件：

（S1）：常数、KnX、KnY、KnM、KnS、KnLM、KnSM、D、SD、C、V。

（D）：KnY、KnM、KnS、KnLM、D、C、V。

（S2）：常数、KnX、KnY、KnM、KnS、KnLM、KnSM、D、SD、C、T、V、Z。

操作数说明：

（S1）：源操作数起始

（D）：目的操作数，数据块起始单元

（S2）：数据块大小

功能说明：

当能流有效时，（S1）单元的内容填充到（D）单元开始的（S2）个单元中，（S1）单元的内容不变。

注意事项：

（1）（S1）、（D）、（S2）使用 C 元件时，合法范围为 C200～C255；

（2）（S2）大于等于 0；

（3）（S1）、（D）同时为 Kn 寻址时，Kn 应相等。

使用示例：

DFMOV 使用示例如图 4-8 所示。

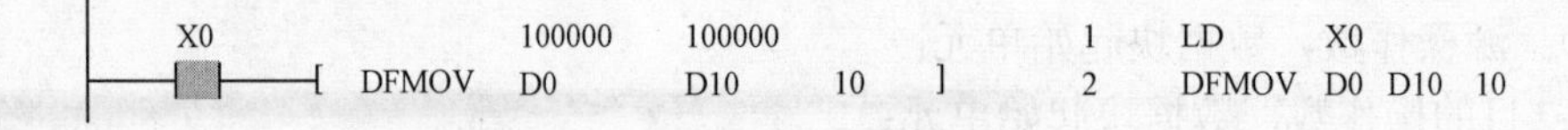

图 4-8 DFMOV 使用示例

当 X0=ON 时，（D0,D1）的内容填充到 D10 开始的 10×2 个单元。（D10,D11）=（D12,D13）=…=（D28,D29）=（D0,D1）=100000。

自己练习

应用寻址方式和传送指令完成如下控制要求：

（1）按下按键 SB0，Y0～Y7=01010101。

（2）结合顺序控制指令完成电动机自动星形-三角形降压启动 PLC 控制。

实训项目 14　PLC 数据加 1 运算系统设计

1．实训要求

编写程序实现如下功能：初始时 PLC 的数据寄存器 D0 中的数据为 0，每次按下点动按键 SB，D0 中的数据每 1 秒加一，共加 10 次；加数过程中若按下暂停按键 SB1，则加数暂停，保持当前数据，松开 SB1 继续加数。

2．设计分析

利用功能指令中循环指令、跳转指令和加 1 指令来实现数据加 1 的实训要求。

1）控制要求

（1）每次按下点动按钮 SB，D0 中的数据每 1 秒加一，共加 10 次；

（2）加数过程中若按下暂停按键 SB1，则加数暂停，保持当前数据，松开 SB1 继续加数。

2）定义输入/输出（I/O）

输入：X0：SB；X1：SB1；

输出：无。

3．PLC 控制电路

数据加 1 PLC 控制电路图如图 4-9 所示。

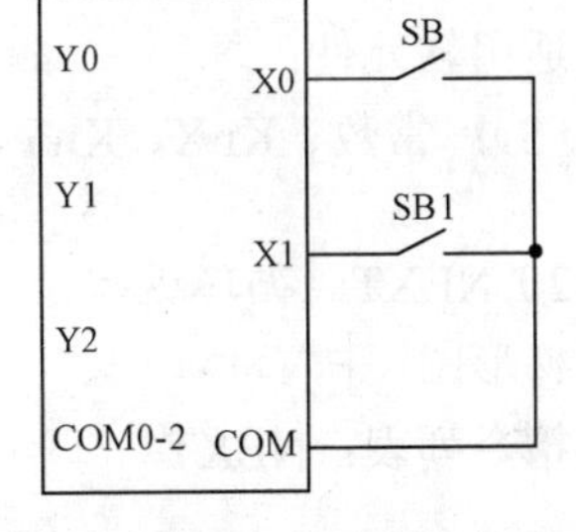

图 4-9　数据加 1 PLC 控制电路图

4．程序设计

根据设计控制要求和硬件电路连接图，程序梯形图和指令语句如图 4-10 所示。

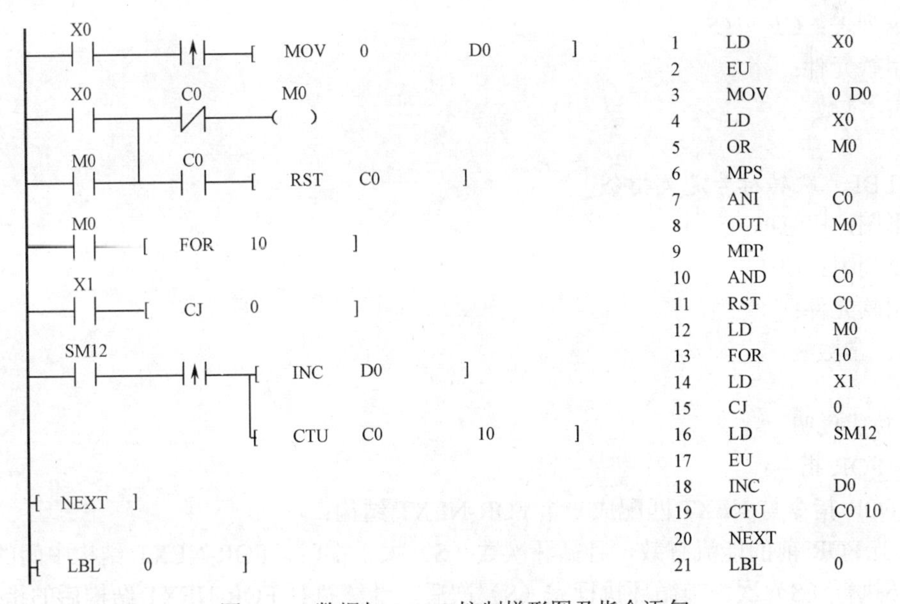

图 4-10　数据加 1 PLC 控制梯形图及指令语句

程序中使用的SM1是初始运行脉冲位，运行第一个扫描周期内为ON，对D0初始化;SM12是周期为1s时钟振荡方波。

本实例应用计数器C0控制每次加数的次数，利用功能指令中的程序流控制指令和整数算术运算指令来实现其他控制要求。

计数器D0数值的变化，可以通过X_Builder中自带的监控功能来进行观察，在程序运行时，单击“调试”→“监控”或者在快捷操作栏中单击图标，就可以对程序运行中的各个软元件的变化进行监控。

4.3 功能指令（FOR、NEXT、CJ、LBL、INC、DMC）

1. 程序流控制指令

1）FOR：循环指令

梯形图：├──┤ ├──[FOR (S)]

指令列表：FOR （S）

适用软元件：

（S）：常数、KnX、KnY、KnM、KnS、KnLM、KnSM、D、SD、C、T、V、Z

2）NEXT：循环返回

梯形图：├[NEXT]

指令列表：NEXT

3）CJ：条件跳转指令

梯形图：├──┤ ├──[CJ (S)]

指令列表：CJ （S）

适用软元件：

（S）：常数

4）LBL：跳转标号定义指令

梯形图：├[LBL (S)]

指令列表：LBL （S）

适用软元件：

（S）：常数

5）功能说明

（1）FOR指令：

① FOR指令与NEXT匹配成一个FOR-NEXT结构；

② 当FOR前的能流有效，且循环次数（S）大于零时，FOR-NEXT结构中间的指令被连续循环执行（S）次。当循环执行完（S）次后，继续执行FOR-NEXT结构后的指令；

③ 如果 FOR 前的能流无效或循环次数（S）小于等于零时，FOR-NEXT 结构中间的指令不被执行，程序直接跳转到该 FOR-NEXT 结构后继续执行。

（2）CJ、LBL 指令：

① 当能流有效时，用户程序跳转到编号为（S）的合法标号指令处执行；

② 当能流无效时，不发生跳转操作，顺序执行 CJ 后一条指令；

③ 定义了一个标号值为（S）的标号；

④ 不产生实质性操作，只是为条件跳转指令（CJ）标明了跳转的具体位置。

6）使用示例

跳转指令的使用示例如图 4-11 所示。

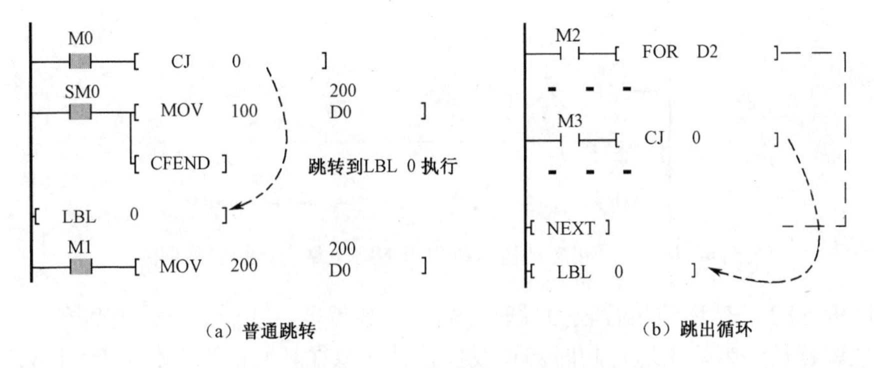

图 4-11　跳转指令使用示例

7）注意事项

（1）FOR-NEXT 指令在一个程序体（POU）中必须成对使用，否则用户程序不能正确编译通过；

（2）支持多个 FOR-NEXT 结构嵌套，MC100 系列的 CPU 单元最多只支持 8 层 FOR-NEXT 结构嵌套，图 4-12 示例了一个 3 层 FOR-NEXT 结构嵌套；

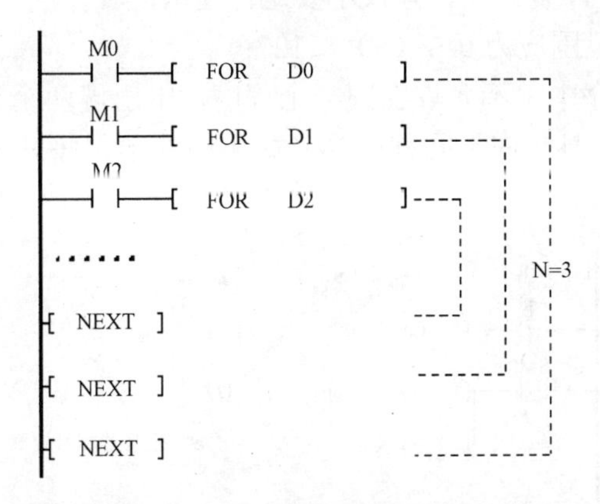

图 4-12　3 层 FOR-NEXT 结构嵌套

（3）禁止用户使用跳转语句（CJ）跳入一个循环体，如图 4-13 将不能正确编译通过。

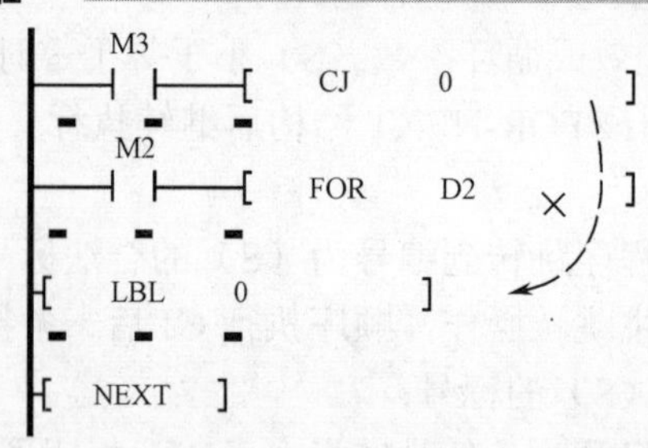

图 4-13　使用跳转语句（CJ）跳入一个循环体示例

（4）禁止 MC-MCR 结构体和 FOR-NEXT 结构体的交叉，如图 4-14 所示将不能通过正确编译。

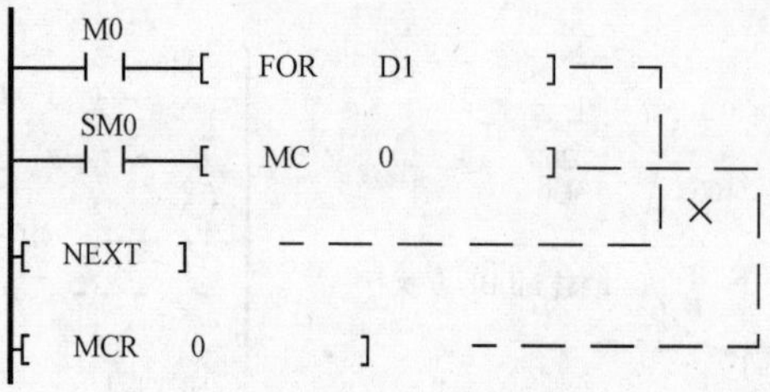

M0
FOR　D1
SM0
MC　0
×
NEXT
MCR　0

图 4-14　MC-MCR 结构体和 FOR-NEXT 结构体的交叉示例

（5）FOR-NEXT 循环体执行较为耗时，循环次数越多，或循环体内所包含的指令越多，执行耗时也就越长。为防止运行超时错误发生，请注意在耗时的循环体内使用 WDT 指令。

如果在循环过程中跳出循环，可以在循环体内使用条件跳转指令（CJ）跳出循环体，从而达到提前终止循环体执行的目的。

（6）CJ 指令所要跳转的标号（S）（0≤（S）≤127）应是一个合法的、已定义的标号，否则用户程序将不能正确通过编译。

（7）不允许使用 CJ 指令跳转到一个 FOR-NEXT 结构中。

（8）可以使用 CJ 指令跳出或跳入 MC-MCR 结构和 SFC 状态，但这样将破坏 MC-MCR 和 SFC 状态的逻辑，使程序复杂化，建议不要这样使用；

（9）标号值（S）的范围应为 0≤（S）≤127;

（10）在一个用户程序中，不允许在同一个程序体中出现两个重复定义的标号，否则用户程序将不能通过编译。但允许不同程序体（如不同的子程序）中出现重复标号定义，如图 4-15 所示。

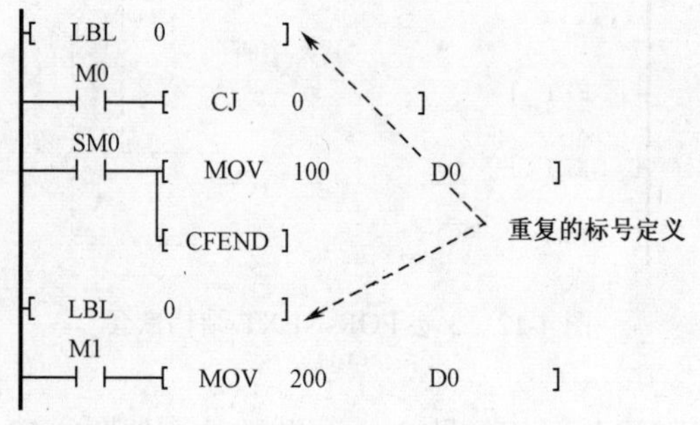

图 4-15　在同一个程序体中重复定义标号示例

2．整数算术运算指令

1）INC：整数加 1 指令

梯形图：├──┤ ├──[INC (D)]

指令列表：INC　（D）

影响标志位：零标志、进位标志、借位标志。

适用软元件：

（D）：KnY、KnM、KnS、KnLM、D、C、T、V、Z。

操作数说明：

（D）：目的操作数。

功能说明：

当能流有效时，（D）自增 1。

注意事项：

本指令为循环加指令，范围为-32768～32767；C 元件的支持范围为 C0～C199。

使用示例：

DMC 使用示例如图 4-16 所示。

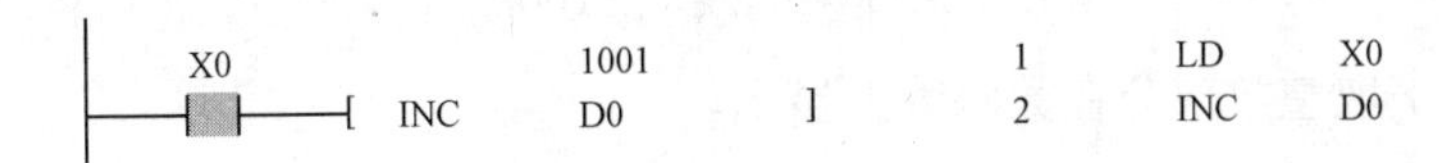

图 4-16　DMC 使用示例

当 X0=ON 时，D0（1000）自增 1，执行后 D0=1001。

2）DMC：整数减 1 指令

梯形图：├──┤ ├──[DEC (D)]

指令列表：DMC　（D）

影响标志位：零标志、进位标志、借位标志。

适用软元件：

（D）：KnY、KnM、KnS、KnLM、D、C、T、V、Z。

操作数说明：

（D）：目的操作数

功能说明：

当能流有效时，（D）自减 1。

注意事项：

本指令为循环减，范围为-32768～32767。

使用示例：

DMC 使用示例如图 4-17 所示。

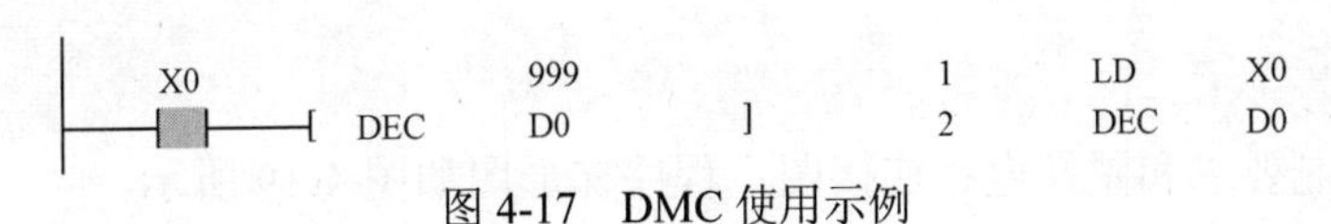

图 4-17　DMC 使用示例

当 X0=ON 时，D0（1000）自减 1，执行后 D0=999。

自己练习

设计 PLC 电路及编写程序完成如下功能：

（1）修改程序，达到如下运行结果：每次按下点动按键 SB，D0 中的数据都是从 0 开始累加，每秒钟加 1，共加 10 次。

（2）每按一次按键 SB0，数据寄存器 D0 中的数值加 1，每按一次按键 SB1，数据寄存器 D0 中的数值减 1，数据寄存器 D0 初始值为 0，最大值为 10，最小值为 0。

实训项目 15　PLC 四则混合运算系统设计

1．实训要求

通过数字编码开关将一个十进制两位数字 X（0～99）输入到 PLC，并计算下面算式的结果：

$$Y=\left|{(10X-550)}/{100}\right|$$

最终将计算出的 Y 取整数部分在数码管上显示。

2．设计分析

采用 8421 码的数字编码开关将一个两位数字输入 PLC，并保存于数字寄存器 D0 中，然后应用算数运算指令求 Y。

1）控制要求

（1）按下启动按钮 SB，数字编码开关将一个两位数字输入 PLC；

（2）PLC 计算算式结果；

（3）在数码管上显示 Y 的整数部分。

2）定义输入/输出（I/O）

输入：X0：SB；

D0：存储输入数据；D13：存储计算结果；

输出：Y0：个位驱动端；Y1：十位驱动端；

Y2～Y7、Y10 对应数码管的 a～g 段。

3．PLC 控制电路

四则混合运算 PLC 控制电路图如图 4-18 所示。

4．程序设计

根据设计控制要求和硬件电路连接图，程序梯形图如图 4-19 所示。

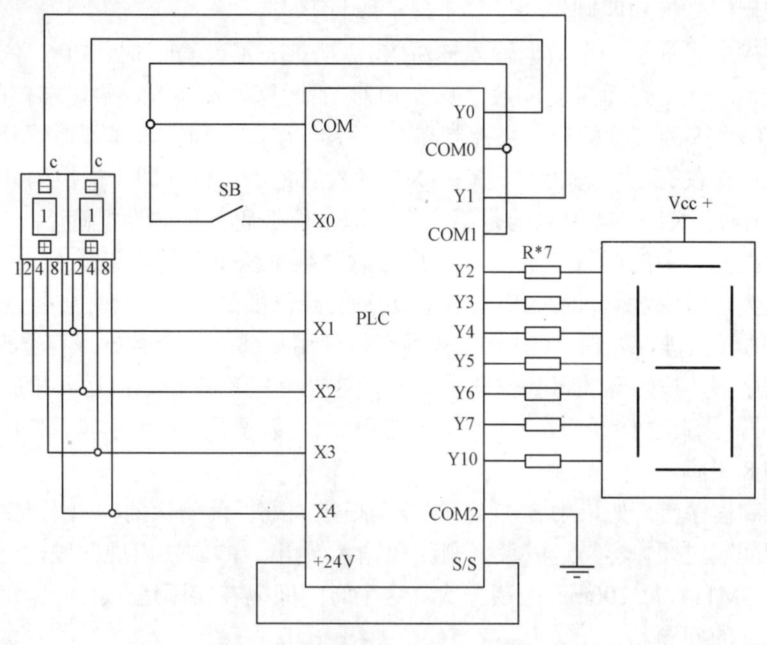

图 4-18　四则混合运算 PLC 控制电路图

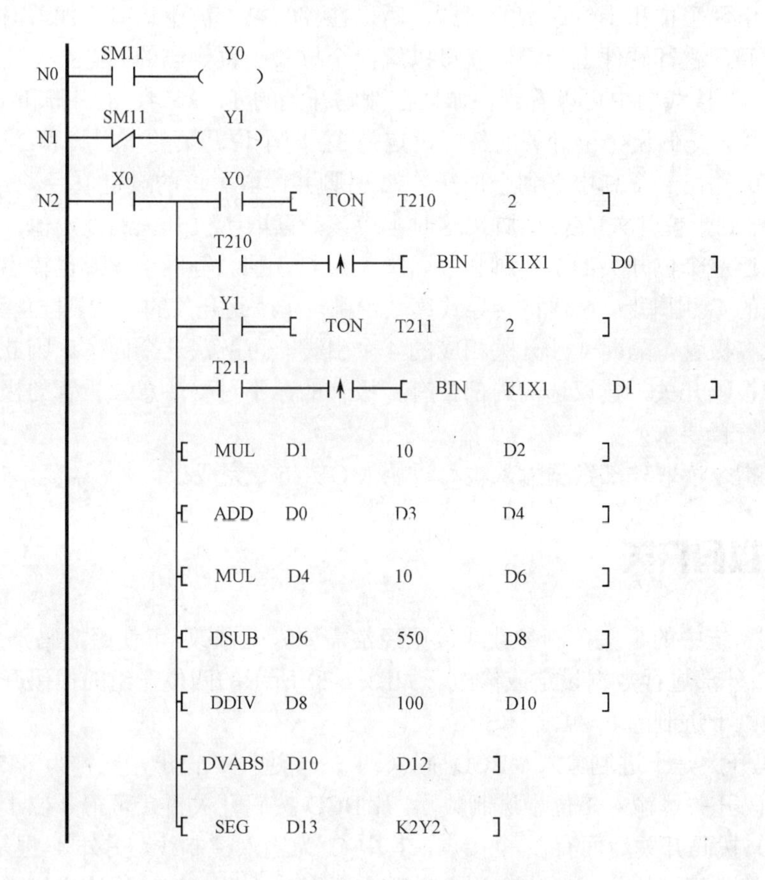

图 4-19　四则混合运算 PLC 控制梯形图

程序中应用码转换和四则混合运算实现了题目要求。

（1）在程序中设计了一个数据输入按钮 X0，当 X0 置为 ON 时，PLC 依次读入拨码开关各位的设定值一次，避免重复读数，减少 PLC 的运算量及输入、输出端口的通断次数。

（2）用 Y0、Y1 的依次输出，来控制在 X1～X4 端口分别输入 4 位拨码开关，每一位设定值依次读入；在仅有 Y0 输出时，X1～X4 读入的是第一位，即个位拨码开关的设定值，在仅有 Y1 输出时，X1～X4 读入的是第二位，即十位拨码开关的设定值。

（3）十位拨码开关的读数应乘以 10，应注意整数乘法运算的结果是 32 位的整数，本例中最大输入值为 99，故所有的乘积（32 位数）的高位都是 0，在合并各位的读数时，只需对各 32 位数的低位进行处理，此外 32 数据存储使用相邻的 2 个数据寄存器来完成。

（4）在程序中，拨码开关每一位的设定值，是采用将 K1X1 的值送入相应的 D 寄存器，来读入 PLC 的，因此在接线时，X1 对应的是每一位拨码开关的 1 引脚，X4 对应的是每一位拨码开关的 8 引脚。

（5）在编制程序时，如果用 SM15，即一个扫描周期振荡一次的输出来控制 STFL 指令，由于这个时间间隔过短，容易造成数据刷新和输入/输出口的刷新出现问题，会出现读错数据的情况。改用 SM11，每 100ms 振荡一次，这个时间间隔在实际运用上也是允许的，而且不会出现读数混乱的问题。

（6）当程序设计 Y0 输出时读取个位数字，Y1 输出时读取十位数字，但是由于硬件上的滞后作用，会出现个位和十位颠倒的问题，所以在 Y0、Y1 被驱动时，加入时间延时，设定合理的死区时间，避开硬件上的滞后就可以解决个位和十位颠倒的问题；

（7）在 PLC 接线图中可以看到，如果在拨码开关的 1、2、4、8 引脚和 PLC 的输入口中间没有二极管，先假设个位开关的拨码设定是 3，即个位开关的 1 引脚和 2 引脚与 C 脚之间接通，在 Y0 输出一个高电平到个位开关 C 引脚并读取个位的设定值后，Y0 输出终止，Y1 输出高电平到十位开关的 C 引脚，这时本应该是读取十位开关的设定值，但 Y1 输出的高电平可能会通过个位开关的 1 引脚和 2 引脚流到 C 引脚，等同于 Y0 也输出了一个高电平加在个位开关的 C 引脚上，这样将会导致读数混乱。在拨码开关的 1、2、4、8 引脚和 PLC 输入口之间焊上二极管，隔断 4 片开关相应的 4 个引脚，可解决这个问题。因此在应用中如果要使用到这种拨码开关，建议选购内部带有二极管的，不过要注意二极管的极型（共阴极或共阳极）是否符合要求；

（8）BIN 指令读取外部数据输入也可以用 MOV 指令完成。

4.4 数字拨码开关

PLC 控制系统中的某些控制参数或数据经常需要人工修改，可使用拨码开关与 PLC 进行连接，在 PLC 外部进行数据设定或修改。如图 4-20 所示的四位一组的拨码开关，每一位拨码开关可以输入十进制的 0～9。

BCD 拨码开关是十进制输入，BCD 码（即二-十进制）输出，又称为 8421 拨码开关。每位 BCD 拨码开关可输入 1 位十进制数，4 片 BCD 拨码开关拼接可得 4 位十进制输入拨码组。每个 BCD 拨码开关后面有 5 个接点，其中 C 为输入控制线，另外 4 根是 BCD 码输出信号线。拨盘拨到不同的位置时，输入控制线 C 分别与 4 根 BCD 码输出线中的某根或某几

根接通。其接通的 BCD 码输出线状态正好与拨盘指示的十进制数相一致，符合二-十进制编码关系。

（a）拨码开关外形图

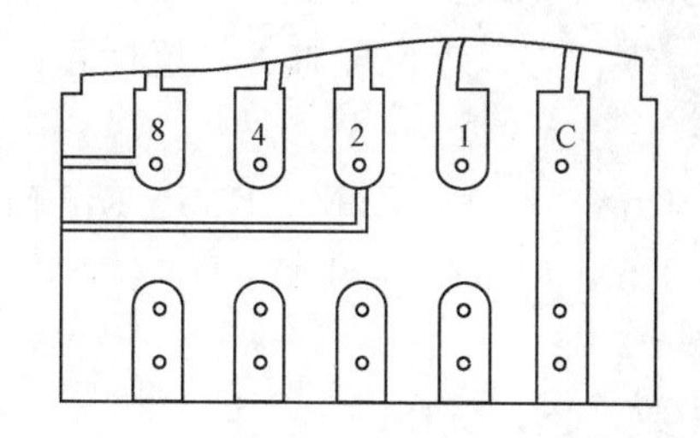

（b）拨码开关接线端子图

图 4-20　8421BCD 拨码开关

4.5　功能指令（BIN、SEG、MUL、DSUB、DDIV、DVABS）

1．值转换指令

1）BIN：16 位 BCD 码转换字指令

梯形图：├[　BIN　(S)　(D)　]

指令列表：BIN　（S）　（D）

影响标志位：零标志、进位标志、借位标志。

适用软元件：

（S）：常数、KnX、KnY、KnM、KnS、KnLM、KnSM、D、SD、C、T、V、Z。

（D）：KnY、KnM、KnS、KnLM、D、C、T、V、Z。

操作数说明：

（S）：源操作数，数据格式必须符合 BCD 码格式。

（D）：目的操作数。

功能说明：

当能流有效时，（S）由 16 位 BCD 码转换成整数，结果赋予（D）。

注意事项：

当（S）的数据格式不符合 BCD 码格式时，系统报操作数错误，不执行转换，（D）内容不变。

使用示例：

BIN 使用示例如图 4-21 所示。

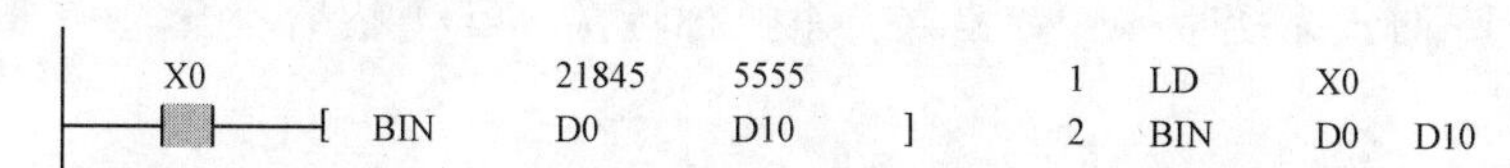

图 4-21　BIN 使用示例

当 X0=ON 时，D0=0x5555（21845）由 16 位 BCD 码转换成整数，赋给 D10，D10=0x15B3（5555）。

2）SEG：字转换七段码指令

梯形图：├──┤ ├──┤ SEG (S) (D)]

指令列表：SEG （S） （D）

影响标志位：零标志、进位标志、借位标志。

适用软元件：

（S）：常数、KnX、KnY、KnM、KnS、KnLM、KnSM、D、SD、C、T、V、Z。

（D）：KnY、KnM、KnS、KnLM、D、C、T、V、Z。

操作数说明：

（S）：源操作数，（S）≤15；

（D）：目的操作数。

功能说明：

当能流有效时，（S）由整数转换成七段码，结果赋予（D）。七段码译码的对应关系如表 4-3 所示。

表 4-3 七段码译码表

源		七段组合数字	目标输出							
十六进制数	位组合格式		B7	B6	B5	B4	B3	B2	B1	B0
0	0000		0	1	1	1	1	1	1	1
1	0001		0	0	0	0	0	1	1	0
2	0010		0	1	0	1	1	0	1	1
3	0011		0	1	0	0	1	1	1	1
4	0100		0	1	1	0	0	1	1	0
5	0101	B0	0	1	1	0	1	1	0	1
6	0110	B5 B1	0	1	1	1	1	1	0	1
7	0111	B6	0	0	1	0	0	1	1	1
8	1000	B4 B2	0	1	1	1	1	1	1	1
9	1001	B3	0	1	1	0	1	1	1	1
A	1010		0	1	1	1	0	1	1	1
B	1011		0	1	1	1	1	1	0	0
C	1100		0	0	1	1	1	0	0	1
D	1101		0	1	0	1	1	1	1	0
E	1110		0	1	1	1	1	0	0	1
F	1111		0	1	1	1	0	0	0	1

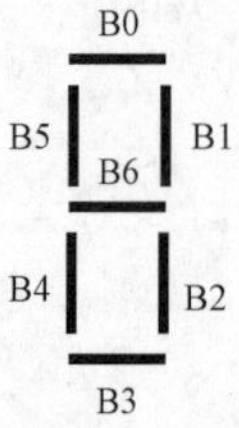

注意事项：

当（S）＞15 时，系统报操作数错误，不执行转换，（D）内容不变。

使用示例：

SEG 使用示例如图 4-22 所示。

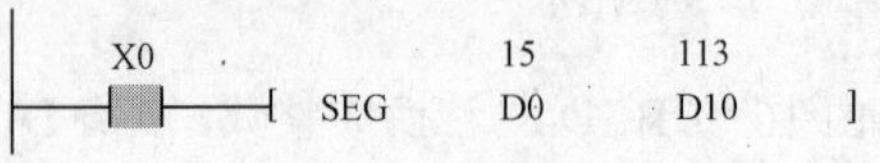

X0 ├─┤ SEG 15 D0 113 D10]　　1 LD X0　2 SEG D0 D10

图 4-22 SEG 使用示例

当 X0=ON 时，D0=0x0F（15）由整数转换成七段码，赋给 D10，D10=0x71（113）。

2. 整数运算指令

1）MUL：整数乘法指令

梯形图：├──┤ ├──[MUL (S1) (S2) (D2)]

指令列表：MUL　（S1）　（S2）　（D）

影响标志位：零标志、进位标志、借位标志。

适用软元件：

（S1）：常数、KnX、KnY、KnM、KnS、KnLM、KnSM、D、SD、C、T、V、Z。

（S2）：常数、KnX、KnY、KnM、KnS、KnLM、KnSM、D、SD、C、T、V、Z。

（D）：KnY、KnM、KnS、KnLM、D、C、V。

操作数说明：

（S1）：源操作数 1

（S2）：源操作数 2

（D）：目的操作数

功能说明：

当能流有效时，（S1）乘（S2），运算结果赋予（D）。

注意事项：

MUL 指令的运算结果是 32 位数据。

使用示例：

MUL 使用示例如图 4-23 所示。

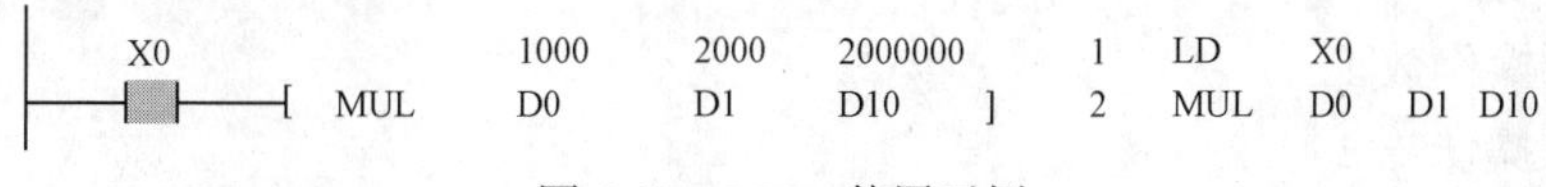

图 4-23　MUL 使用示例

当 X0=ON 时，D0（1000）乘以 D1（2000）结果赋给（D10,D11），（D10,D11）=2000000。

2）DSUB：长整数减法指令

梯形图：├──┤ ├──[DSUB (S1) (S2) (D2)]

指令列表：DSUB　（S1）　（S2）　（D）

影响标志位：零标志、进位标志、借位标志。

适用软元件：

（S1）：常数、KnX、KnY、KnM、KnS、KnLM、KnSM、D、SD、C、V。

（S2）：常数、KnX、KnY、KnM、KnS、KnLM、KnSM、D、SD、C、V。

（D）：KnY、KnM、KnS、KnLM、D、C、V。

操作数说明：

（S1）：源操作数 1

（S2）：源操作数 2

（D）：目的操作数

功能说明：

（1）当能流有效时，（S1）减（S2），运算结果赋予（D）；

（2）当运算结果（D）大于 2147483647 时，置进位标志位（SM181）；运算结果等于 0 时，置零标志位（SM180）；运算结果小于-2147483648 时，置借位标志位（SM182）。

使用示例：

DSUB 使用示例如图 4-24 所示。

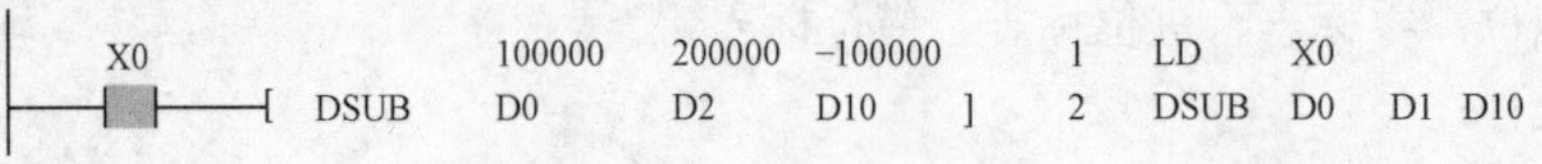

梯形图					指令表				
X0		100000	200000	-100000	1	LD	X0		
─┤├─	DSUB	D0	D2	D10]	2	DSUB	D0	D1	D10

图 4-24　DSUB 使用示例

当 X0=ON 时，(D0,D1)的值(100000)减去(D2,D3)的值(200000)，结果赋给(D10,D11)，(D10,D11) ＝－100000。

3）DDIV：长整数除法指令

梯形图：├─┤ ├─[DDIV (S1) (S2) (D)]

指令列表：DDIV　（S1）　（S2）　（D）

影响标志位：零标志、进位标志、借位标志。

适用软元件：

（S1）：常数、KnX、KnY、KnM、KnS、KnLM、KnSM、D、SD、C、V。

（S2）：常数、KnX、KnY、KnM、KnS、KnLM、KnSM、D、SD、C、V。

（D）：KnY、KnM、KnS、KnLM、D、C、V。

操作数说明：

（S1）：源操作数 1

（S2）：源操作数 2

（D）：目的操作数

功能说明：

当能流有效时，（S1）除以（S2），运算结果赋予（D）（（D）包括 4 个单元，前两个单元存储商值，后两个单元存储余值）。

注意事项：

（S2）≠0，否则报操作数错误，不执行除法运算。

使用示例：

DDIV 使用示例如图 4-25 所示。

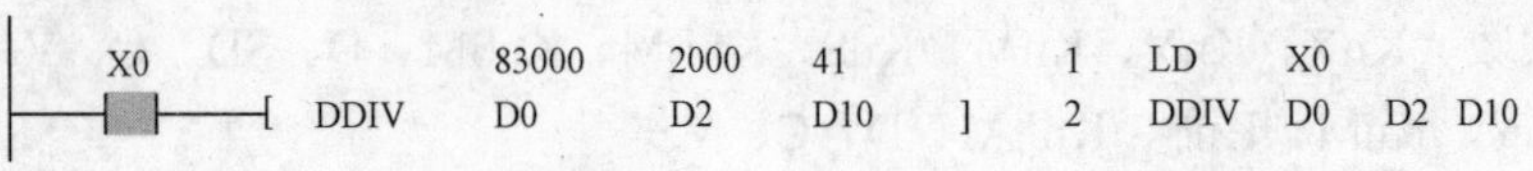

梯形图					指令表				
X0		83000	2000	41	1	LD	X0		
─┤├─	DDIV	D0	D2	D10]	2	DDIV	D0	D2	D10

图 4-25　DDIV 使用示例

当 X0=ON 时，（D0,D1）的值（83000）除以（D2,D3）（2000）结果赋给（D10,D11）、（D12,D13）。（D10,D11）=41，（D12,D13）=1000。

4）DVABS：长整数绝对值指令

梯形图：├──┤ ├──[DVABS　(S)　(D)　]

指令列表：DVABS　（S）　（D）

影响标志位：零标志、进位标志、借位标志。

适用软元件：

（S）：常数、KnX、KnY、KnM、KnS、KnLM、KnSM、D、SD、C、V。

（D）：KnY、KnM、KnS、KnLM、D、C、V。

操作数说明：

（S）：源操作数

（D）：目的操作数。

功能说明：

当能流有效时，（S）取绝对值，结果赋予（D）。

注意事项：

（S）的范围应为−2 147 483 647～2 147 483 647；当 S 值为−2147483648 时，报操作数非法错误，指令不产生动作。

使用示例：

DVABS 使用示例如图 4-26 所示。

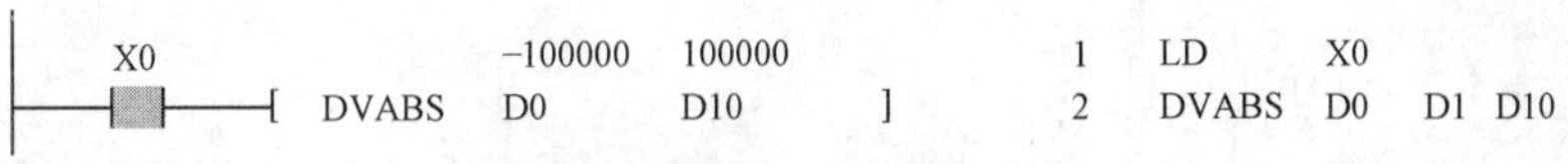

梯形图		指令列表
X0 ─┤ ├─[DVABS　D0 (−100000)　D10 (100000)]	1	LD　X0
	2	DVABS　D0　D1　D10

图 4-26　DVABS 使用示例

当 X0=ON 时，（D0,D1）的值（−100000）取绝对值，结果赋给（D10,D11），（D10,D11）= 100000。

 **自己练习**

通过数字编码开关将 1 个两位数字 X（0～99）输入到 PLC，并计算下面算式的结果：

$$Y=\left|\frac{7X+11}{100}-3\right|$$

最终将计算出的 Y 取整数部分在数码管上显示。

实训项目 16　PLC 彩灯循环亮灭控制系统设计

1．实训要求

有 16 个彩灯依次接到 Y0～Y17 上，要求：

（1）按下启动按键 SB0 时，16 个彩灯每次单号或双号 8 个灯以 1s 为周期交替闪亮，按下停止按键 SB1 时，全部熄灭；

（2）按下启动按键 SB2 时，16 个彩灯以 1s 为间隔，从 Y0 到 Y17 每秒点亮一个，再从 Y17 到 Y0 每秒点亮一个，循环进行，当按下停止按键 SB1 时，全部熄灭。

2．设计分析

本实训如果采用基本指令，程序将很复杂，也不便于理解，可以采用顺序指令编写。本例使用数据传送指令和位移动旋转指令来实现。

1）控制要求

（1）按下按钮 SB0，16 个彩灯以 1s 为间隔依次点亮，每次亮灭 8 个，当按下停止按键 SB1 时，全部熄灭；

（2）按下启动按键 SB2 时，16 个彩灯以 1s 为间隔，从 Y0 到 Y17 每秒点亮一个，再从 Y17 到 Y0 每秒点亮一个，循环进行，按下停止按键 SB1 时，全部熄灭。

2）定义输入/输出（I/O）

输入：X0：SB0；X1：SB1；X2：SB2；

输出：Y0～Y17：16 个彩灯。

3．PLC 控制电路

彩灯 PLC 控制电路图如图 4-27 所示。

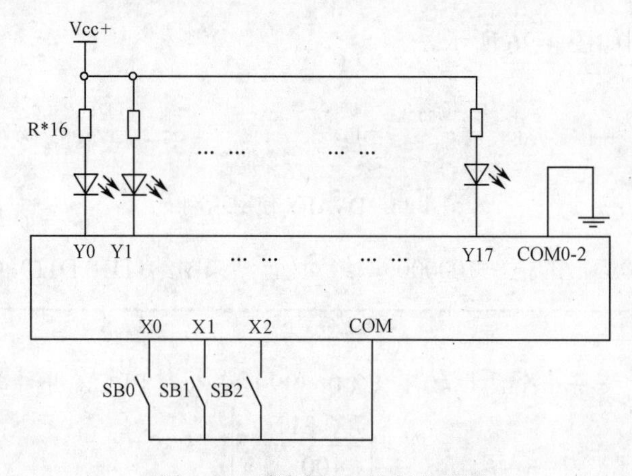

图 4-27　彩灯 PLC 控制电路图

4．程序设计

根据设计控制要求和硬件电路连接图，程序梯形图如图 4-28 所示。

本实训实际为 2 个项目，要求 1 是应用特殊辅助继电器 SM12（每秒开关一次）、MOV 指令及字取反指令实现彩灯的间隔亮灭；要求 2 相对比较复杂，应用了移位指令和特殊辅助继电器 SM12。

自己练习

在应用移位指令时使用的是上升沿触发，而不是能流有效触发，请读者思考是什么原因？

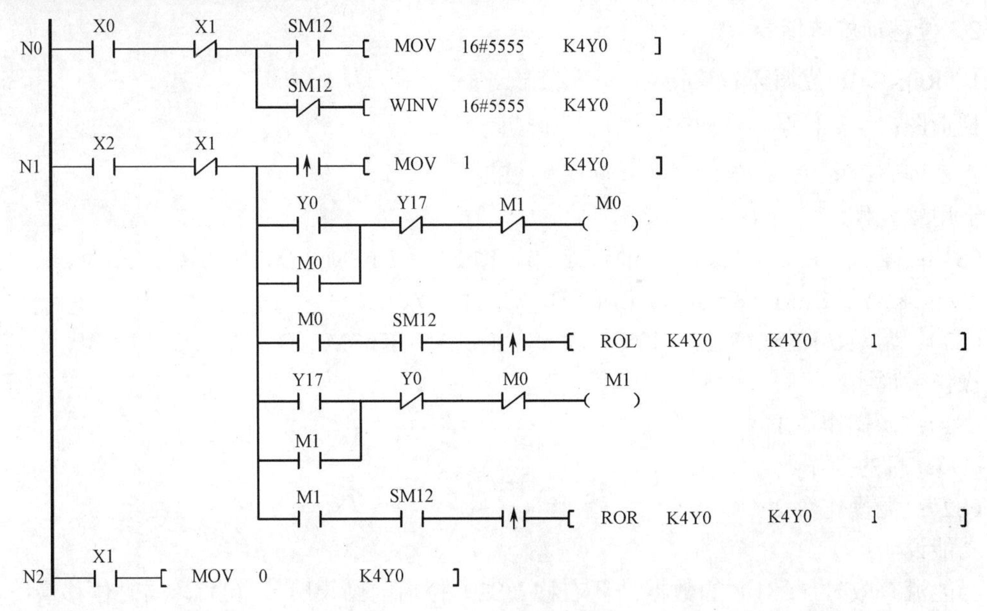

图 4-28　彩灯 PLC 控制梯形图

4.6　功能指令（WINV、ROR、ROL）

1．字逻辑指令

WINV：字取反运算

梯形图：├──┤ ├──[WINV (S) (D)]

指令列表：WINV　（S）　（D）

适用软元件：

（S）：常数、KnX、KnY、KnM、KnS、KnLM、KnSM、D、SD、C、T、V、Z。

（D）：KnY、KnM、KnS、KnLM、D、C、T、V、Z。

操作数说明：

（S）：源操作数；

（D）：目的操作数。

功能说明：

当能流有效时，对（S）按位逻辑取反，结果赋予（D）。

使用示例：

WINV 使用示例如图 4-29 所示。

图 4-29　WINV 使用示例

当 X0=ON 时，对 D0=（46739）按位逻辑取反，结果赋给 D10，D10=（18796）。

2．位移动旋转指令

1）ROR：16 位循环右移指令

梯形图：[ROR (S1) (D) (S2)]

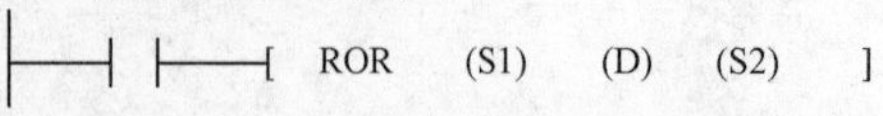

指令列表：ROR （S1） （D） （S2）

适用软元件：

（S1）：常数、KnX、KnY、KnM、KnS、KnLM、KnSM、D、SD、C、T、V、Z。

（D）：KnY、KnM、KnS、KnLM、D、C、T、V、Z。

（S2）：常数、KnX、KnY、KnM、KnS、KnLM、KnSM、D、SD、C、T、V、Z。

操作数说明：

（S1）：源操作数 1

（D）：目的操作数

（S2）：源操作数 2

功能说明：

当能流有效时，（S1）的数据循环右移（S2）位后的结果赋予（D），同时位移最终位被存入进位标志位（SM181）。

注意事项：

（S2）范围大于等于 0；当（S1）为 Kn 寻址时，Kn 必须等于 4。

使用示例：

ROR 使用和数据执行情况分别如图 4-30 和图 4-31 所示。

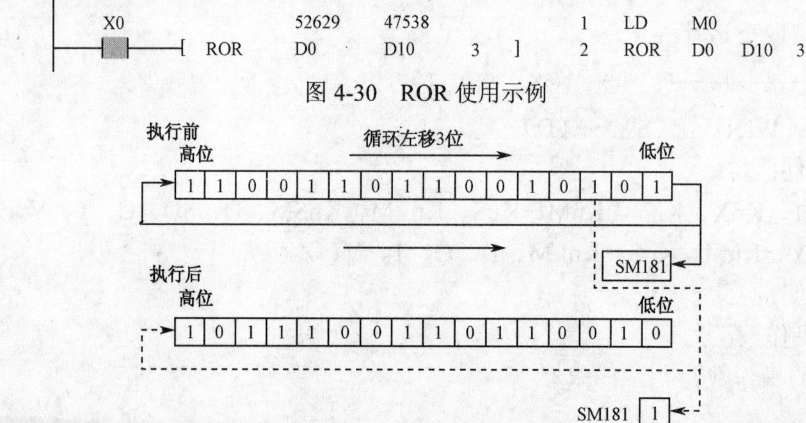

图 4-30 ROR 使用示例

图 4-31 ROR 指令数据执行情况

当 M0=ON 时，D0=2#1100110110010101（52629）循环右移 3 位，结果赋给 D10，位移最终位被存入进位标志位，D10=2#1011100110110010（47538），SM181=ON。

2）ROL：16 位循环左移指令

梯形图：[ROL (S1) (D) (S2)]

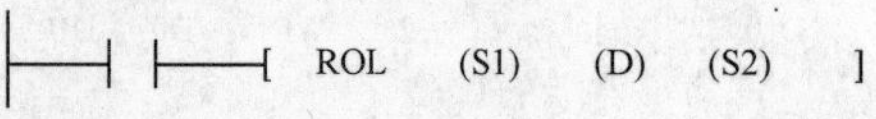

指令列表：ROL （S1） （D） （S2）

适用软元件：

（S1）：常数、KnX、KnY、KnM、KnS、KnLM、KnSM、D、SD、C、T、V、Z。

(D)：KnY、KnM、KnS、KnLM、D、C、T、V、Z。

(S2)：常数、KnX、KnY、KnM、KnS、KnLM、KnSM、D、SD、C、T、V、Z。

操作数说明：

(S1)：源操作数 1

(D)：目的操作数

(S2)：源操作数 2

功能说明：

当能流有效时，(S1) 的数据循环左移 (S2) 位后的结果赋予 (D)。同时，位移最终位被存入进位标志位 (SM181)。

注意事项：

(S2) 范围大于等于 0；当 (S1) 为 Kn 寻址时，Kn 必须等于 4。

使用示例：

ROL 使用示例如图 4-32 所示，数据执行情况如图 4-33 所示。

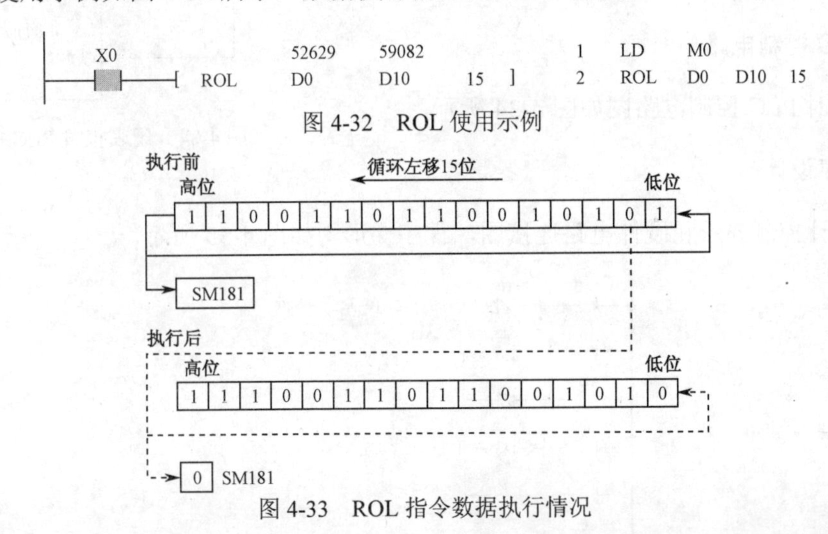

图 4-32　ROL 使用示例

图 4-33　ROL 指令数据执行情况

当 M0=ON 时，D0=2#1100110110010101 (52629) 循环左移 15 位，结果赋给 D10，位移最终位被存入进位标志位，D10=2#1110011011001010 (59082)，SM181=OFF。

自己练习

应用功能指令编写彩灯控制程序，完成如下效果：

(1) 按下启动按键 SB2 时，16 个彩灯以 1s 为间隔，按从 Y0、Y1、…、Y17 每秒点亮一个，再从 Y16、Y14、…、Y0 每秒点亮一个，循环进行，按下停止按键 SB1 时，全部熄灭。

(2) 结合顺序功能指令编写彩灯控制，比较优缺点。

实训项目 17　PLC 可校准及报时时钟系统设计

1. 实训要求

请应用 PLC 实现可以手动校准的时钟，并带有闹表功能，报时时间为 8:00、12:45，每

次报时蜂鸣器响20s。

2．设计分析

目前很多PLC都集成时钟功能，可以直接应用此功能进行报时；若PLC没有时钟功能或者要求不能采用时钟功能完成时，就要考虑自行设计一个时钟，然后再完成报时功能。

1）控制要求

（1）PLC上电，启动时钟；

（2）分别在8：00、12：45进行报时，每次报时蜂鸣器响20s；

（3）时钟有手动校准功能

2）定义输入/输出（I/O）

输入：X0：分钟校准；X1：小时校准。

输出：Y0：蜂鸣器。

3．PLC控制电路

闸表报时PLC控制电路图如图4-34所示。

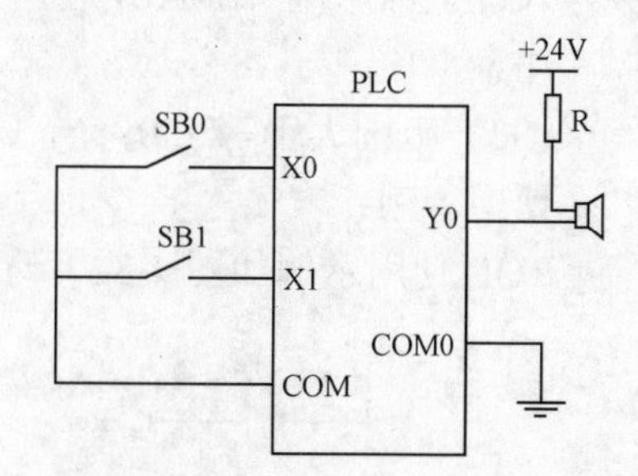

图4-34　闸表报时PLC控制电路图

4．程序设计

根据设计控制要求和硬件电路连接图，程序梯形图如图4-35所示。

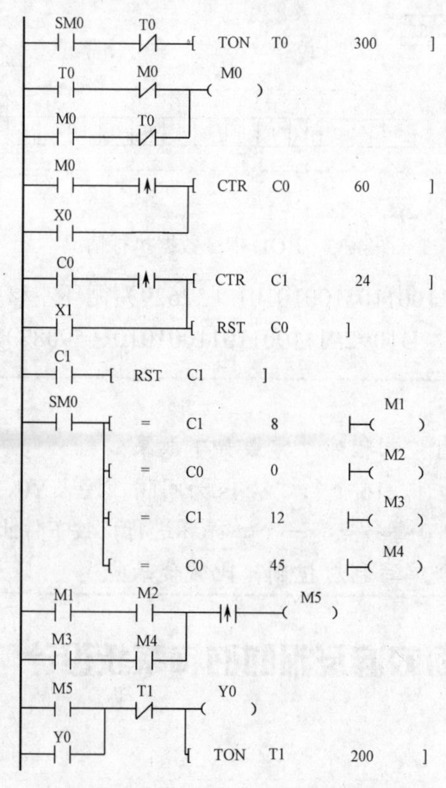

图4-35　闸表报时PLC控制梯形图

程序的编写考虑如下几个方面：

（1）利用 100ms 定时器 T0 和计数器 C0、C1 实现对分钟和小时的计时；

（2）利用比较指令对要求的时间进行准确控制；

（3）利用定时器 T1 完成 20s 的报时。

自己练习

完善上述程序，使 PLC 控制的时钟可以实现：

（1）时、分、秒校准；

（2）手动设定报时时间。

如果 PLC 带有时钟功能，则可以参考如图 4-36 所示的程序。

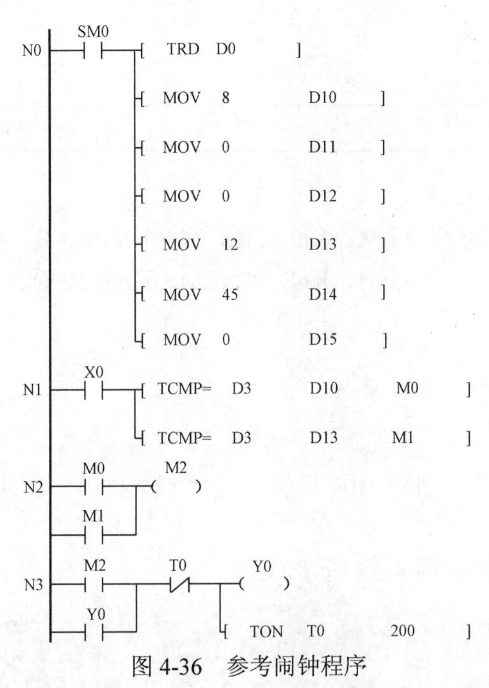

图 4-36　参考闹钟程序

在前面的程序中，需要注意 X0 不再具有手动校准功能，而是作为一个闹钟的启动，对 PLC 自带的时钟的手动校准，只需要在编程器连接 PLC 或者工作在仿真状态时，在 X_Builder 的菜单栏中选择“PLC”→“PLC 时钟”选项，就可以弹出如图 4-37 所示的界面，在此界面中就可以对 PLC 的时钟进行修改。

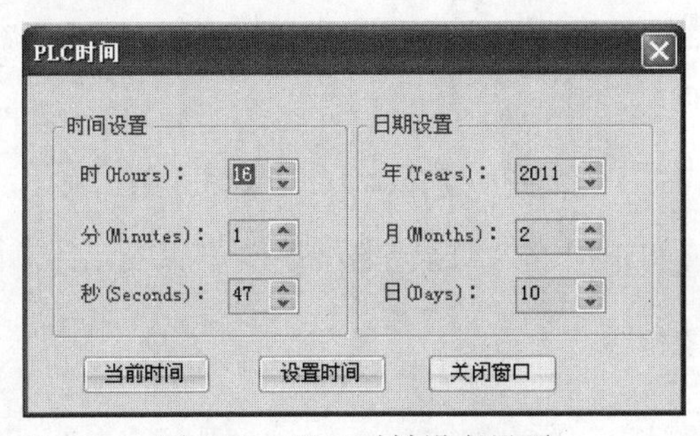

图 4-37　PLC 时钟设定界面

前面的程序用到实时时钟指令，如果程序进一步完善还可以对当前的日期进行报时，时钟还可以精确到秒。

4.7 功能指令（LD、TRD、TWR、TADD、TSUB、TCMP）

1. LD（=，<，>，<>，>=，<=）：整数比较指令

梯形图	指令列表
= (S1) (S2) ( )	LD= (S1) (S2)
< (S1) (S2) ( )	LD< (S1) (S2)
> (S1) (S2) ( )	LD> (S1) (S2)
<> (S1) (S2) ( )	LD<> (S1) (S2)
>= (S1) (S2) ( )	LD>= (S1) (S2)
<= (S1) (S2) ( )	LD<= (S1) (S2)

适用软元件：

（S1）：常数、KnX、KnY、KnM、KnS、KnLM、KnSM、D、SD、C、T、V、Z。

（S2）：常数、KnX、KnY、KnM、KnS、KnLM、KnSM、D、SD、C、T、V、Z。

操作数说明：

（S1）：比较参数 1

（S2）：比较参数 2

功能说明：

对（S1）、（S2）单元内容进行 BIN 比较，比较的结果用于驱动后段运算。

使用示例：

整数比较指令使用示例如图 4-38 所示。

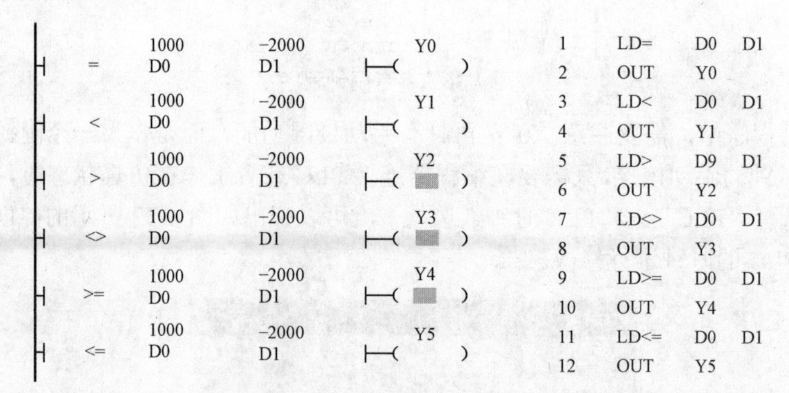

图 4-38 整数比较指令使用示例

对 D0、D1 的数据进行 BIN 比较，比较的结果决定后段元件输出状态。

2. TRD：实时时钟读指令

梯形图：TRD (D)

指令列表：TRD　（D）

适用软元件：

（D）：D、V

操作数说明：

（D）：读出系统时间所存放的起始单元，占有 D 所指定单元起始的 7 个连续单元。

功能说明：

读出系统中的时间，保存在（D）所指定的存储单元中。

注意事项：

在系统出现时钟设置出错时，TRD 读时间不成功。

使用示例：

TRD 使用示例如图 4-39 所示。

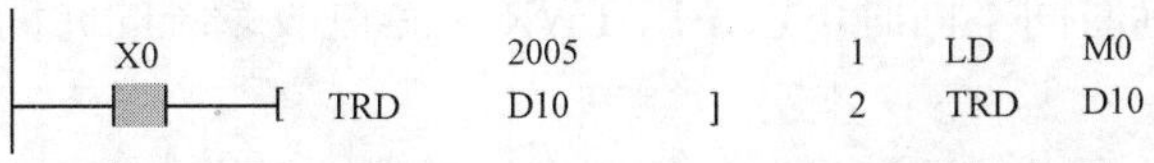

```
     X0                    2005            1    LD     M0
 |---| |------[ TRD        D10        ]    2    TRD    D10
```

图 4-39　TRD 使用示例

M0 为 ON 时把系统的时间分别送到 D10 开始的 7 个单元中。

指令的执行结果如表 4-4。

表 4-4　TRD 指令执行后数据表

	元件	项目	时 钟 数 据		元件	项目
实时时钟用的特殊数据寄存器	SD100	年	2000～2099	----→	D10	年
	SD101	月	1～12	----→	D11	月
	SD102	日	1～31	----→	D12	日
	SD103	时	0～23	----→	D13	时
	SD104	分	0～59	----→	D14	分
	SD105	秒	0～59	----→	D15	秒
	SD106	星期	0～6	----→	D16	星期

3．TWR：实时时钟写指令

梯形图：|——| |——[TWR (S)]

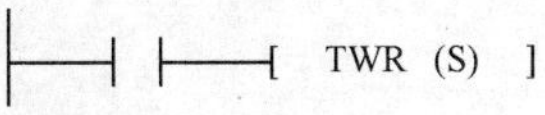

指令列表：TWR　（S）

适用软元件：

（S）：D、V

操作数说明：

（S）：写入系统时间的软元件。

指令的执行结果如表 4-5 所示。

表 4-5　TWR 执行结果

	元件	项目	时钟数据		元件	项目
时钟设定用的数据	D10	年	2000～2099	----→	SD100	年
	D11	月	1～12	----→	SD101	月
	D12	日	1～31	----→	SD102	日
	D13	时	0～23	----→	SD103	时
	D14	分	0～59	----→	SD104	分
	D15	秒	0～59	----→	SD105	秒
	D16	星期	0～6	----→	SD106	星期

功能说明：

当系统时间跟实际时间不同时可以使用 TWR 指令更改系统的时间。

注意事项：

（1）写入的时间数据必须要满足公历的要求，否则指令执行不成功；

（2）建议使用边沿触发作为该指令执行条件。

使用示例：

通过 TWR 改变系统的时间，使用示例如图 4-40 所示。

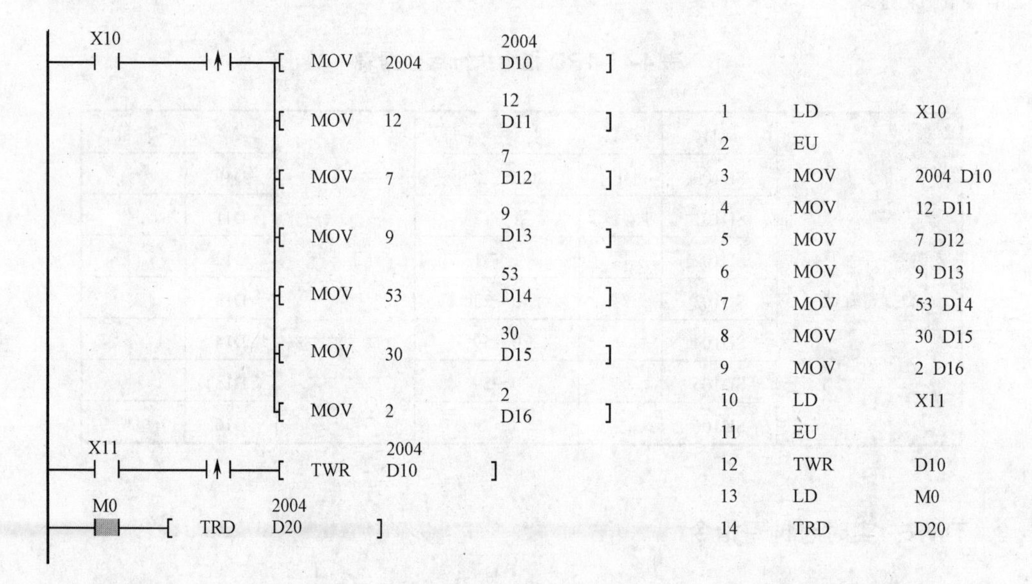

图 4-40　TWR 使用示例

（1）检测到 X10 的上升沿时，给 D10 的连续 7 个单元写入时间设定值。

（2）检测到 X11 的上升沿时，把 D10 的连续 7 个单元的数值写到系统时间中。

（3）在 M0 为 ON 时读取系统时间存到 D20 中。

4．TADD：时钟加指令

梯形图：├─┤ ├──┤ TADD (S1) (S2) (D)]

指令列表：TADD （S1） （S2） （D）

影响标志位：零标志 SM180、进位标志 SM181。

适用软元件：

（S1）：D、SD、V

（S2）：D、SD、V

（D）：D、V

操作数说明：

（S1）：时钟数据 1，在（S1）所指的 3 个储存单元内保存时间数据，对不满足时间格式的数据，系统提供指令操作数数值非法错误。

（S2）：时钟数据 2，在（S2）所指的 3 个储存单元内保存另一时间数据，对不满足时间格式的数据，系统提示指令操作数数值非法错误。

（D）：时间结果存储单元，按时间加处理完成的数据存储在（D）所指的 3 个储存单元内。根据处理完成的结果会影响进位标志 SM181，零标志 SM180。

功能说明：

对时间格式的数据进行加法运算，运算规则按时间格式执行。

注意事项：

参与运算的时间数据应符合时间格式；“时”的设定范围为 0～23，“分”的设定范围为 0～59，“秒”的设定范围为 0～59。

使用示例：

按照表 4-6 所示修改时钟，程序如图 4-41 所示。

表 4-6 时钟参数修改

（S1）			（S2）			（D）	
D10	23 时	+	D20	23 时	=	D30	23 时
D11	59 分		D21	58 分		D31	58 分
D12	59 秒		D22	58 秒		D32	57 秒

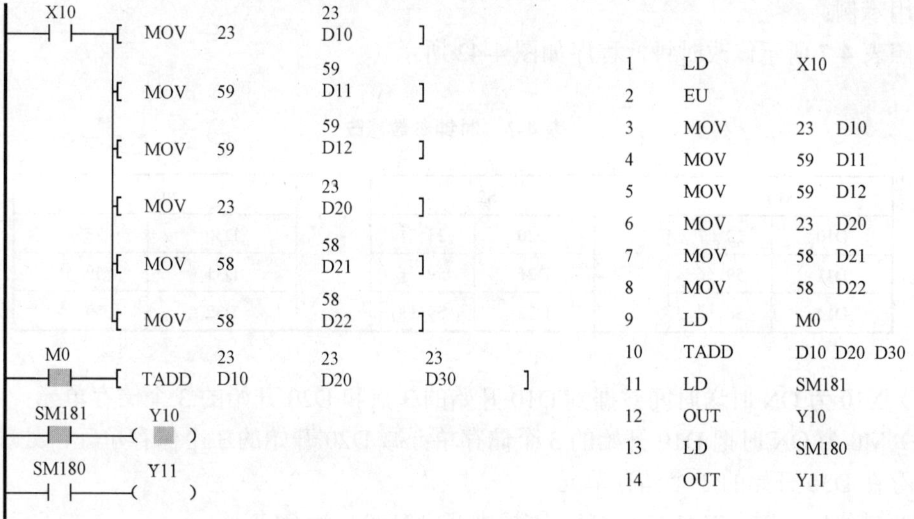

图 4-41 TADD 使用示例

（1）X10 为 ON 时送时间数据到 D10 开始的 3 点和 D20 开始的 3 个储存单元；

（2）M0 为 ON 时把 D10 开始的 3 个储存单元加 D20 开始的 3 个储存单元，处理完成的结果保存在 D30 开始的 3 个储存单元；

（3）进位标志（SM181）置 ON，零标志（SM180）为 OFF。

5．TSUB：时钟减指令

梯形图：├─┤ ├──[TSUB (S1) (S2) (D)]

指令列表：TADD （S1） （S2） （D）

影响标志位：零标志 SM180 借位标志 SM182。

适用软元件：

（S1）：D、SD、V

（S2）：D、SD、V

（D）：D、V

操作数说明：

（S1）：时钟数据 1，在（S1）所指的 3 个储存单元内保存时间数据，对不满足时间格式的数据，系统提示指令操作数数值非法错误；

（S2）：时钟数据 2，在（S2）所指的 3 个储存单元内保存另一时间数据，对不满足时间格式的数据，系统提示指令操作数数值非法错误；

（D）：时间结果存储单元，按时间加处理完成的数据存储在（D）所指的 3 个储存单元内。根据处理完成的结果会影响借位标志 SM182，零标志 SM180。

功能说明：

对时间格式的数据进行减法运算，运算规则按时间格式执行。

注意事项：

参与运算的时间数据应符合时间格式；“时”的设定范围为 0～23，“分”的设定范围为 0～59，“秒”的设定范围为 0～59。

使用示例：

按照表 4-7 所示修改时钟，程序如图 4-42 所示。

表 4-7 时钟参数修改

（S1）			（S2）			（D）	
D10	23 时	－	D20	23 时	＝	D30	23 时
D11	59 分		D21	59 分		D31	59 分
D12	58 秒		D22	59 秒		D32	59 秒

（1）X10 为 ON 时送时间数据到 D10 开始的 3 点和 D20 开始的 3 个储存单元；

（2）M0 为 ON 时把 D10 开始的 3 个储存单元减 D20 开始的 3 个储存单元，处理完成的结果保存在 D30 开始的 3 个储存单元；

（3）借位标志置（SM182）ON，零标志（SM180）为 OFF。

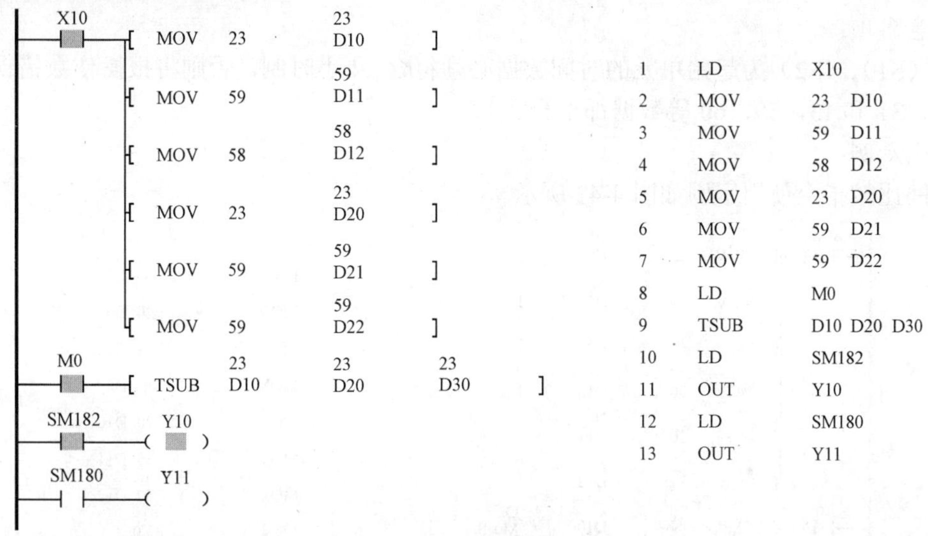

图 4-42　TSUB 使用示例

6. TCMP：（=、<、>、<>、>=、<=）时间比较指令

梯 形 图	指 令 列 表
─┤├─┤├─[TCMP= (S1) (S2) (D)]	TCMP＝ (S1) (S2) (D)
─┤├─┤├─[TCMP< (S1) (S2) (D)]	TCMP＜ (S1) (S2) (D)
─┤├─┤├─[TCMP> (S1) (S2) (D)]	TCMP＞ (S1) (S2) (D)
─┤├─┤├─[TCMP<> (S1) (S2) (D)]	TCMP＜＞ (S1) (S2) (D)
─┤├─┤├─[TCMP>= (S1) (S2) (D)]	TCMP＞＝ (S1) (S2) (D)
─┤├─┤├─[TCMP<= (S1) (S2) (D)]	TCMP＜＝ (S1) (S2) (D)

适用软元件：

（S1）：D、SD、V

（S2）：D、SD、V

（D）：Y、M、S、LM、C、T

操作数说明：

（S1）：时间比较数据 1，占用（S1）指定单元起始 3 个字单元，3 个单元的数据必须符合 24h 制时间格式，否则系统报操作数错误。

（S2）：时间比较数据 2，占用（S2）指定单元起始 3 个字单元，3 个单元的数据必须符合 24h 制时间格式，否则系统报操作数错误。

（D）：比较状态输出，数据符合比较条件，（D）置为 ON，否则为 OFF。

功能说明：

对分别以（S1）、（S2）为起始单元的时间数据进行 BIN 比较，比较的结果赋予（D）。

注意事项：

以（S1）、（S2）为起始单元的时间数据必须符合 24 小时制，否则将报操作数错误（如：24，10，31 和 13，59，60 等数据都不合法）。

使用示例：

时间比较指令使用示例如图 4-43 所示。

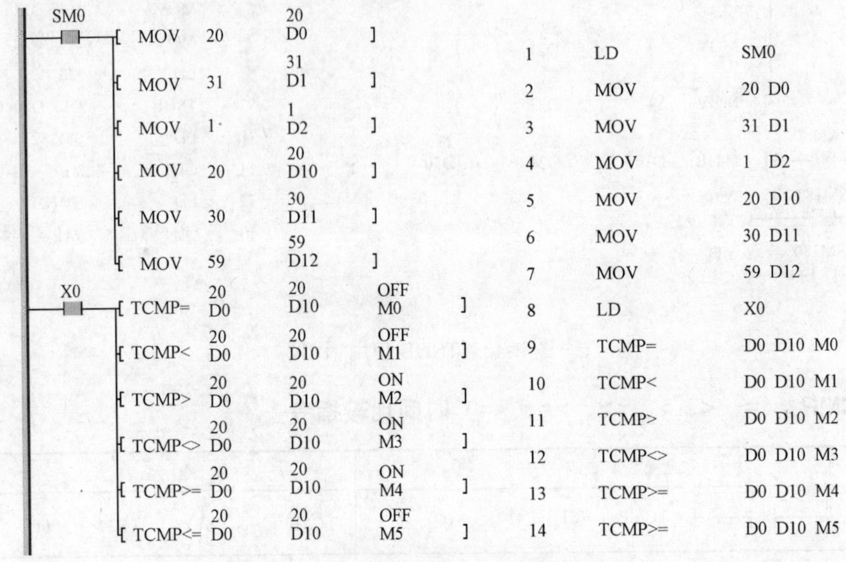

图 4-43　时间比较指令使用示例

对分别以 D0、D10 为起始单元的时间数据进行 BIN 比较，比较的结果赋予目的数据（M0 等）。

自己练习

设计一个电动机定时自动运行控制器，完成如下功能：

（1）每天 9:00 电动机自动启动正转运行；

（2）每天 13:30 电动机自动反转运行；

（3）每天 17:00 电动机自动停止；

（4）电动机正转运行时，指示灯每 1s 点亮一次；电动机反转运行时，指示灯每 5s 点亮一次。

实训项目 18　PLC 串行数据传送系统设计

1．实训要求

利用 PLC 的 RS232 串口进行数据传送，在 6 个数码管上显示当前的时间。

2．设计分析

1）控制要求

（1）按下按键 SB，在 6 个数码管上显示当前时间：小时，分，秒；

（2）松开按键 SB，显示停止。

2）定义输入/输出（I/O）

输入：X0：SB；

串口输出：连接实训设备的串口输入 TXD 和 GND。

Output：无。

3．PLC 控制电路

串行数据传送 PLC 控制电路图如图 4-44 所示。

PLC
SB0 X0
SB1 X1
COM
TXD
GND
TXD 数据接收器
GND
V_{CC}^{+}

图 4-44　串行数据传送 PLC 控制电路图

4．程序设计

根据设计控制要求和硬件电路连接图，程序梯形图如图 4-45 所示。

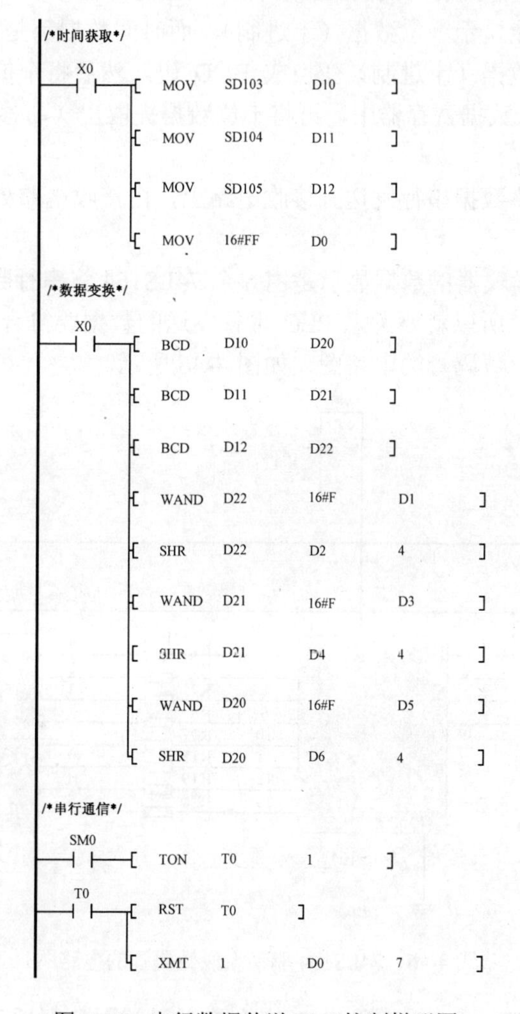
/*时间获取*/
X0
MOV SD103 D10
MOV SD104 D11
MOV SD105 D12
MOV 16#FF D0
/*数据变换*/
X0
BCD D10 D20
BCD D11 D21
BCD D12 D22
WAND D22 16#F D1
SHR D22 D2 4
WAND D21 16#F D3
SHR D21 D4 4
WAND D20 16#F D5
SHR D20 D6 4
/*串行通信*/
SM0
TON T0 1
T0
RST T0
XMT 1 D0 7

图 4-45　串行数据传送 PLC 控制梯形图

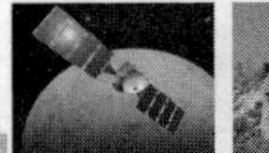

（1）在本实训的程序中使用了特殊数据寄存器 SD103、SD104、SD105，其作用是存储了 PLC 的系统当前时间，分配如表 4-8 所示。

表 4-8　实时时钟特殊存储器分配表

地址	名　称	寄　存　器	R/W	范　围
SD100	年	实时时钟用	R	2000～2099
SD101	月	实时时钟用	R	1～12
SD102	日	实时时钟用	R	1～31
SD103	小时	实时时钟用	R	0～23
SD104	分	实时时钟用	R	0～59
SD105	秒	实时时钟用	R	0～59
SD106	星期	实时时钟用	R	0（周日）～6（周六）
注意事项	用户只能通过 TWR 指令或上位机设置			

（2）利用 MOV 指令将当前时间的数据存储到数据寄存器中。

（3）由于数码管只能显示一位数据（十进制），而时间数据都是两位数据（十进制），所以要将其拆分开：先把数据（十进制）变换成 BCD 码，然后将个位数据提取出（和十六进制数 0F 作与运算）存入数据寄存器中，再将十位数据提取出（右移 4 位）存入另一个数据寄存器中。

（4）应用串口指令将数据串行发送到接收电路上，由接收电路处理最后显示在 6 个数码管上。

（5）配套的实训教学仪器的数据显示是由 6 个 74LS164 将串行数据转换并行数据，从而驱动七段数码管而实现，所以就要考虑 PLC 串行发送的数据要符合 74LS164 驱动数码管的要求。74LS164 驱动七段数码管的电路图，如图 4-46 所示。

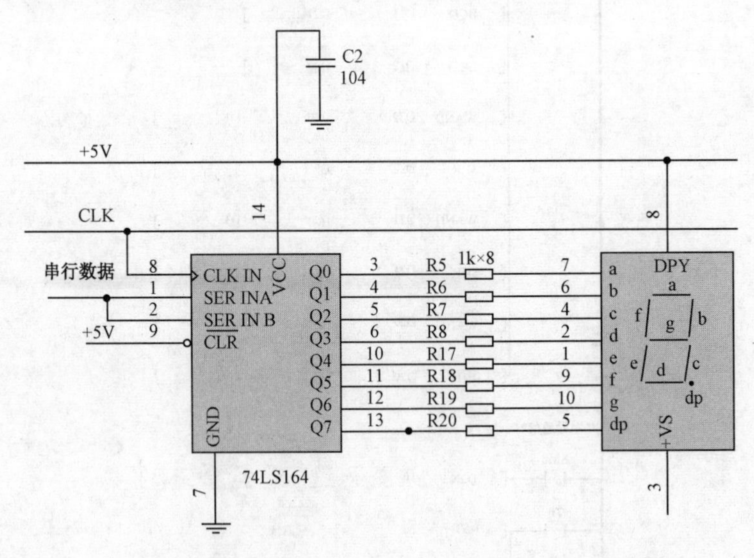

图 4-46　74LS164 驱动七段数码管的电路图

（6）程序中利用 BCD、WAND 和 SHR 指令将 3 组数据分别拆开成为 6 个独立的数字，

再利用这 6 个数字转化为相应的串行发送数据，这样在 6 个独立的数码管上就会得到要显示的数据。

（7）在发送数据时多定义一个数据寄存器 D0（其值为 FF），其作用是和教学仪器的串行数据接收时的数据起始校验，只有当教学仪器接收到此数据时，才能确保将后面的 6 组 8 位二进制数据输送到 6 个 74LS164 中。

4.8　功能指令（BCD、WAND、SHR、XMT、RCV）

1．BCD：字转换 16 位 BCD 码指令

梯形图：├──┤ ├──[BCD (S) (D)]

指令列表：BCD　（S）　（D）

影响标志位：零标志、进位标志、借位标志。

适用软元件：

（S）：常数、KnX、KnY、KnM、KnS、KnLM、KnSM、D、SD、C、T、V、Z。

（D）：KnY、KnM、KnS、KnLM、D、C、T、V、Z。

操作数说明：

（S）：源操作数，（S）≤9999。

（D）：目的操作数。

功能说明：

当能流有效时，（S）由整数转换成 16 位 BCD 码，结果赋予（D）。

注意事项：

当（S）＞9999 时，系统报操作数错误，不执行转换，（D）内容不变。

使用示例：

BCD 使用示例如图 4-47 所示。

X0 ──[BCD 3333 D0 13107 D10]

1　LD　X0
2　BCD　D0　D10

图 4-47　BCD 使用示例

当 X0=ON 时，D0=0x0D05（3333）由整数转换成 16 位 BCD 码，赋给 D10，D10=0x3333（13107）。

2．WAND：字与指令

梯形图：├──┤ ├──[WAND (S1) (S2) (D)]

指令列表：WAND　（S1）　（S2）　（D）

适用软元件：

（S1）：常数、KnX、KnY、KnM、KnS、KnLM、KnSM、D、SD、C、T、V、Z。

（S2）：常数、KnX、KnY、KnM、KnS、KnLM、KnSM、D、SD、C、T、V、Z。

（D）：KnY、KnM、KnS、KnLM、D、C、T、V、Z。

操作数说明：

（S1）：源操作数 1；

（S2）：源操作数 2；

（D）：目的操作。

功能说明：

当能流有效时，（S1）与（S2）按位逻辑与，结果赋予（D）。

使用示例：

WAND 使用示例如图 4-48 所示。

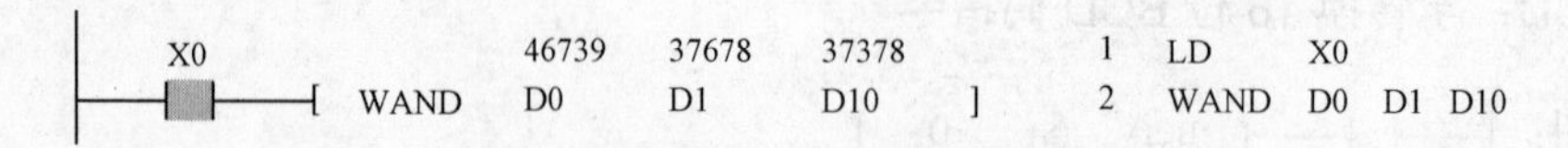

图 4-48　WAND 使用示例

当 X0=ON 时，D0=2#1011011010010011（46739）与 D1=2#1001001100101110（37678）位逻辑与，结果赋给 D10，D10=2#1001001000000010（37378）。

3．SHR：16 位右移指令

梯形图：├─┤ ├─[SHR (S1) (D) (S2)]

指令列表：SHR （S1） （D） （S2）

适用软元件：

（S1）：常数、KnX、KnY、KnM、KnS、KnLM、KnSM、D、SD、C、T、V、Z。

（D）：KnY、KnM、KnS、KnLM、D、C、T、V、Z。

（S2）：常数、KnX、KnY、KnM、KnS、KnLM、KnSM、D、SD、C、T、V、Z。

操作数说明：

（S1）：源操作数 1；

（D）：目的操作

（S2）：源操作数 2；

功能说明：

当能流有效时，（S1）的数据右移（S2）位后的结果赋予（D）。

注意事项：

（S2）范围大于等于 0；当（S1）为 Kn 寻址时，Kn 必须等于 4。

使用示例：

SHR 使用示例及数据移动情况分别如图 4-49 和图 4-50 所示。

M0 ├─┤ ├─[SHR 31452 D0 982 D10 5]　　1 LD X0　2 SHR D0 D10 5

图 4-49　SHR 使用示例

当 M0=ON 时，D0=2#0111101011011100（31452）右移 5 位，结果赋给 D10，D10=2#0000001111010110（982）。

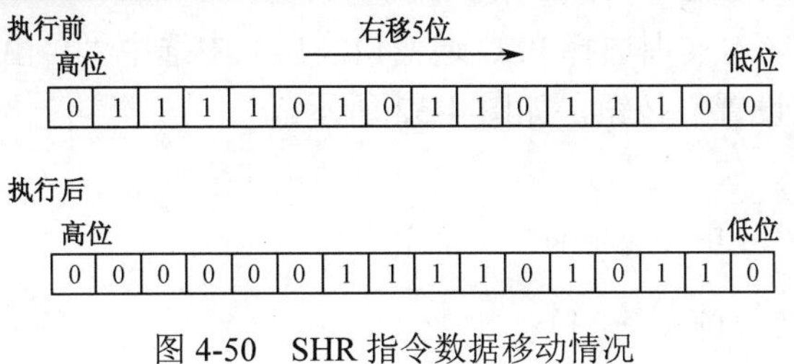

图 4-50　SHR 指令数据移动情况

4．通信指令

1）XMT：自由口发送指令

梯形图：├──┤ ├──[XMT (S1) (S2) (S3)]

指令列表：XMT （S1） （S2） （S3）

适用软元件：

（S1）：常数

（S2）：D、V

（S3）：常数、KnX、KnY、KnM、KnS、KnLM、D、SD、C、T、V、Z。

操作数说明：

（S1）：指定的通信通道，取值范围为 0、1。

（S2）：发送数据起始地址。

（S3）：发送的字节数。

功能说明：

当能流导通，且通信条件满足时，按照用户指定的通道和地址发送数据。

注意事项：

（1）通信帧的大小：通信帧根据所选用的元件类型（D 或者 V）的不同，发送帧的结束字符不超过 D7999 或者 V63。

（2）停机的情况下，发送中止。

（3）使用本指令时应注意目的操作数不要被其他指令或强制模式重复修改；

（4）特殊寄存器 SM110/SM120：发送使能标志，当使用 XMT 指令时该位被置位，当发送结束后清除该位，当该位清零时当前发送终止。

（5）特殊寄存器 SM112/SM122：发送完成标志，当判断发送完成时，发送完成标志置位。

（6）特殊寄存器 SM114/SM124：空闲标志，当串口没有通信任务时置位，可以作为通信的检测位。

使用示例：

XMT 使用示例如图 4-51 所示。

图 4-51 是每隔 10s 发送一帧数据，利用串口 1 发送如下数据：

01	00	01	01	02

（1）首先，在系统块中将通信口 1 设置自由口，然后设定波特率、奇偶校验、数据位、停止位等，自由口参数设置如下。

① 在系统块界面中选择“通信口”选项卡，在“PLC 通信口（0）参数设置”或“PLC

通信口（1）参数设置”（本实训选择 PLC 通信口（1））中选中“自由口协议”单选按钮，从而激活相应的“自由口设置”按钮，如图 4-52 所示。

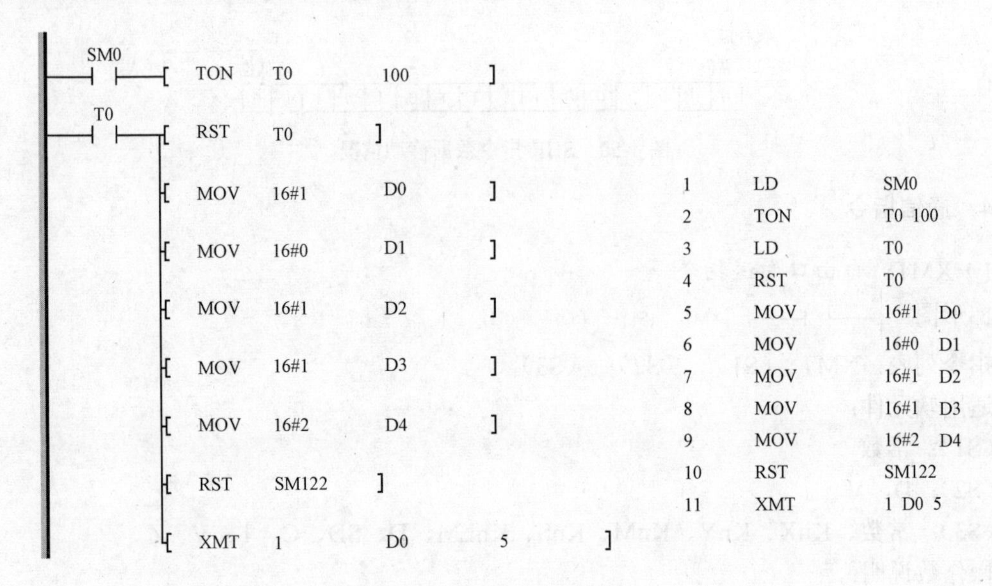

图 4-51 XMT 使用示例

② 单击任意一个“自由口设置”按钮，进入自由口参数设置界面，如图 4-53 所示。

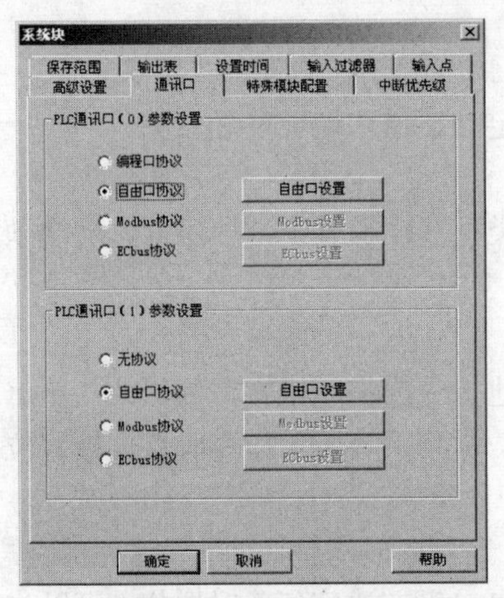

图 4-52 通信口参数设置界面

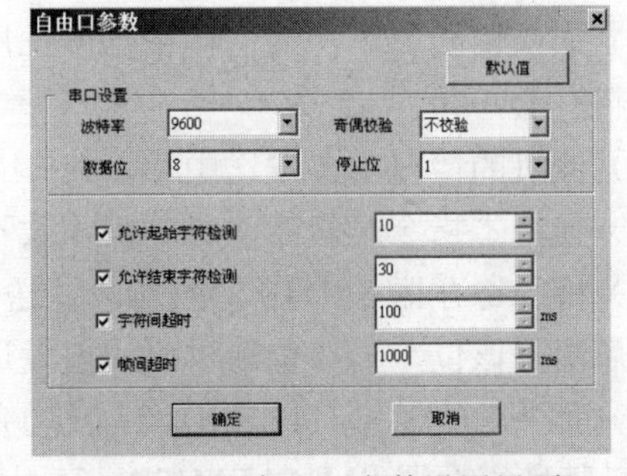

图 4-53 自由口参数设置界面

③ 可配置内容如表 4-9 所示。

表 4-9 自由口参数设置

选　项	设 置 内 容	注　释
波特率	38400、19200、9600、4800、2400、1200，默认为 9600	本实训选择波特率为 2400
数据位	设定 7 或 8，默认为 8	—
奇偶校验位	设定为无校验、奇校验、偶校验，默认为无校验	—

续表

选 项	设 置 内 容	注 释
停止位	设定 1 或 2，默认为 1	—
允许起始字符检测	允许或禁止，默认为禁止	—
起始字符检测	0～255（对应 00～FF）	检测到用户指定的起始字符，开始接收，并将接收到的字符（包括起始字符）保存到用户指定的缓存区中
允许结束字符检测	允许或禁止，默认为禁止	—
结束字符检测	0～255（对应 00～FF）	当接收到用户设定的结束字符，结束接收，并将结束字符保存到缓存区内
允许字符间超时时间	允许或禁止，默认为禁止	—
字符间超时时间	0～65535ms	当接收到的两个字符间的时间超过用户设定的字符间超时时间，接收中止
帧超时时间使能	有效或无效，默认为无效	—
帧超时时间	0～65535ms	当 RCV 的能流导通，并且通信条件满足，即通信串口没有被占用的时间开始计时，当计时时间到，还没有接收完一帧，中止接收

（2）将要发送的数据写到发送缓存区内，MC2000 的发送只发送字元件的低字节。

（3）发送数据之前先清除发送完成标志（SM122）。

（4）当发送完成，发送完成标志（SM122）置位。

（5）本教材配套的实训仪器时，波特率需设置为 2400。

2）RCV：自由口接收指令

梯形图：├──┤ ├──[RCV (S1) (D) (S2)]

指令列表：RCV （S1） （D） （S2）

适用软元件：

（S1）：常数

（D）：D、V

（S2）：常数、KnX、KnY、KnM、KnS、KnLM、D、SD、C、T、V、Z

操作数说明：

（S1）：指定的通信通道，参数只支持 0、1；

（D）：存放接收数据的起始地址；

（S2）：接收的最大字节数。

功能说明：

当能流导通，且通信条件满足时，按照用户指定的通道和地址接收数据。

注意事项：

（1）通信帧的大小：通信帧根据所选用的元件类型（D 或者 V）的不同，接收帧的结束字符不超过 D7999 或者 V63。

（2）停机时，接收中止。

（3）（S1）取值范围为 0 和 1。

（4）特殊寄存器 SM111（SM121）：接收使能标志，当使用 RCV 指令时该位被置位，当

接收结束后清除该位。当该位清零时，当前接收终止。

SM113（SM123）：接收完成标志，当接收完成时，接收完成标志置位。

SM114（SM124）：空闲标志，当串口没有通信任务时置位，可以作为通信的检测位；

（5）SD111（SD121）：开始字符，可以在系统块中设置。

SD112（SD122）：结束字符，可以在系统块中设置。

SD113（SD123）：字符间超时时间，也就是接收两个字符间的最大间隔时间，可以在系统块中设置。

SD114（SD124）：帧超时时间，从能流开始接通到接收结束的时间，可以在系统块中设置。

SD115（SD125）：接收完成信息代码，数据位定义如表 4-10 所示。

表 4-10　SD115（SD125）数据位定义

用户终止接收标志	收到指定结束字标志	收到最大字符数标志	字符间超时标志	（帧）接收超时标志	奇偶校验标志	保留，用户可忽略
第 0 位	第 1 位	第 2 位	第 3 位	第 4 位	第 5 位	第 6～15 位

SD116（SD126）：当前收到的字符。

SD117（SD127）：当前收到的字符总数。

使用示例：

RCV 使用示例如图 4-54 所示。

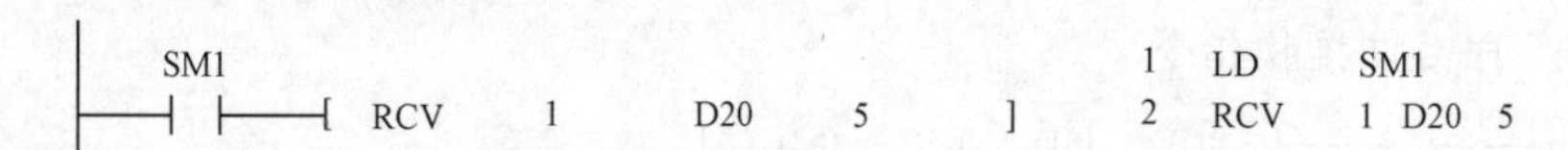

图 4-54　RCV 使用示例

当能流导通时，RCV 指令将连续进行接收，如果只想接收一次，可以采用上升沿，或 SM1 等一次有效的特殊寄存器作能流输入。

3）通信应用

例程 1，通过通信口 1 发送数据，然后接收数据，发送的数据为 5 字节，接收的数据为 6 字节。

发送的数据为：	01	FF	00	01	02	接收的数据为：	01	FF	02	03	05	FE

将接收到的数据保存到 D10 开始的地址，每一个字节保存到一个 D 元件中，保存的方式如下所示：

01	FF	02	03	05	FE
D10	D11	D12	D13	D14	D15

其程序如图 4-55 所示。

程序说明：

（1）首先应该在系统块中将通信口的设置修改成自由口通信，并设置波特率、奇偶校验位等参数；

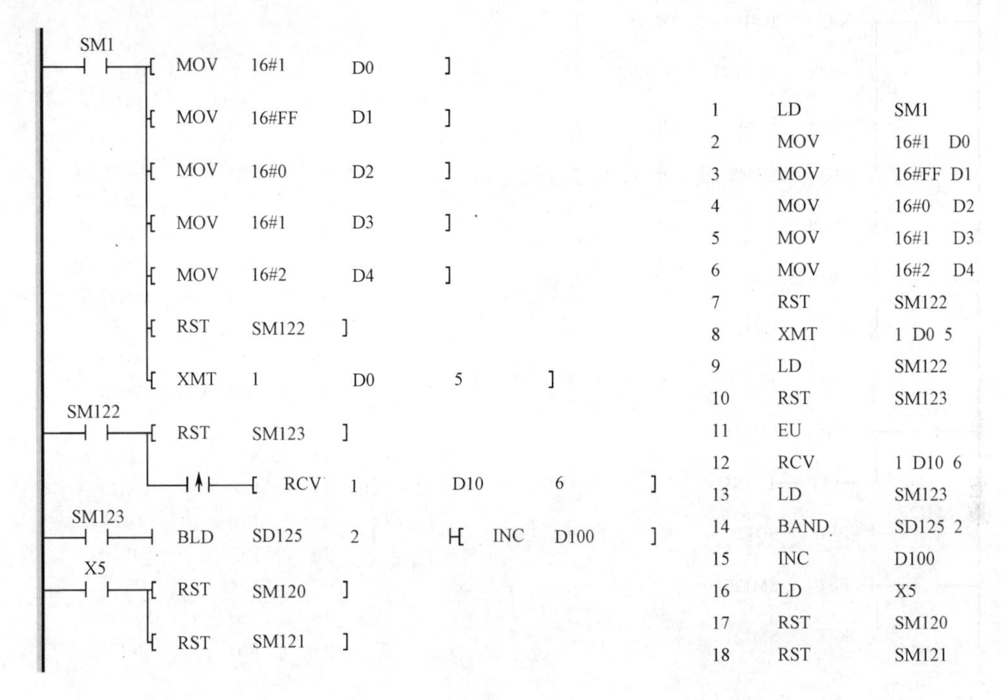

图 4-55　例程 1

（2）SM1 一次能流有效时，将待发送的数据保存到 D0 开始的通信缓存区中，利用 XMT 指令发送数据，发送前复位 SM122（发送结束标志）；

（3）发送完成 SM122 置位，利用上升沿，开始接收数据，接收的最大长度为 6；

（4）接收完成 SM123 置位，根据接收完成信息寄存器（SD125）的内容，进行相应的操作；

（5）利用 X5 作为中断发送和接收的使能位；

（6）BLD 指令是字位触点 LD 指令，作用为取 SD125 的第 2 位的状态来驱动负载，当 SD125 的第 2 位为逻辑 1 时，D100 加 1。

例程 2，通过通信口 1 发送数据，然后接收数据。

其程序如图 4-56 所示。

和例程 1 不同的是，当要将一个字元件的高、低字节都发送出去时，首先要将这个字元件拆成高、低字节两部分。例如，要发送 D2 这个字元件的内容，可先将它的高、低字节分别存在 D3 和 D4 的低中，然后发送 D3、D4。也可以采用先将数据保存到一个 K4MX（如本程序的 K4M0）的元件中，然后分别取 K2M0 为高字节、K2M8 为低字节的方法。

自己练习

应用串行通信指令完成如下功能：

（1）按下 SB0，秒表计时开始；

（2）按下 SB1，秒表暂停，再次按下 SB1 秒表继续计时；

（3）按下 SB2，秒表停止，再次按下 SB2 秒表清零。

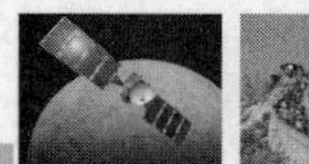

```
SM1
──┤ ├──┬─[ MOV   16#1     D0      ]
       ├─[ MOV   16#FF01  K4M0    ]
       ├─[ MOV   K2M0     D1      ]
       ├─[ MOV   K2M8     D2      ]
       ├─[ MOV   16#1     D3      ]
       ├─[ MOV   16#2     D4      ]
       ├─[ RST   SM122    ]
       └─[ XMT   1        D0      5       ]
SM122
──┤ ├──┬─[ RST   SM123    ]
       └──┤↑├──[ RCV   1    D10    6    ]
SM123
──┤ ├──  BLD   SD125    2    ├[ INC   D100   ]
X5
──┤ ├──┬─[ RST   SM120    ]
       └─[ RST   SM121    ]
```

```
1    LD      SM1
2    MOV     16#1  D0
3    MOV     16#FF01 K4M0
4    MOV     K2M0  D1
5    MOV     K2M8  D2
6    MOV     16#1  D3
7    MOV     16#2  D4
8    RST     SM122
9    XMT     1  D0  5
10   LD      SM122
11   RST     SM123
12   EU
13   RCV     1 D10  6
14   LD      SM123
15   BAND    SD125  2
16   INC     D100
17   LD      X5
18   RST     SM120
19   RST     SM121
```

图 4-56　例程 2

实训项目 19　直流电动机运行调速控制系统设计

1. 实训要求

利用 PLC 对小型永磁式直流电动机进行正/反转、速度调节控制。

2. 设计分析

要实现直流电动机的正/反转控制，只需要改变直流电动机两个接线端子的电源极性，而速度调节可以采用 PWM 脉宽调制的方法实现。采用集成驱动控制芯片 L293 就可以实现上述两种功能，PLC 只需要给出 PWM 波和正/反转控制信号。

1）控制要求

（1）按下 SB0，小型永磁式直流电动机启动全速正转；

（2）按下 SB1，小型永磁直流电动机以速度 1 正转；

（3）按下 SB2，小型永磁直流电动机以速度 2 正转；

（4）按下 SB3，小型永磁直流电动机以速度 3 反转；

（5）按下 SB4，小型永磁直流电动机停止。

2）定义输入/输出（I/O）

输入：X0：SB0；　X1：SB1；X2：SB2；X3：SB3；X4：SB4；

输出：Y0：PWM 波输出；Y2：方向控制。

3．PLC 控制电路

直流电动机运行调速 PLC 控制电路图如图 4-57 所示。

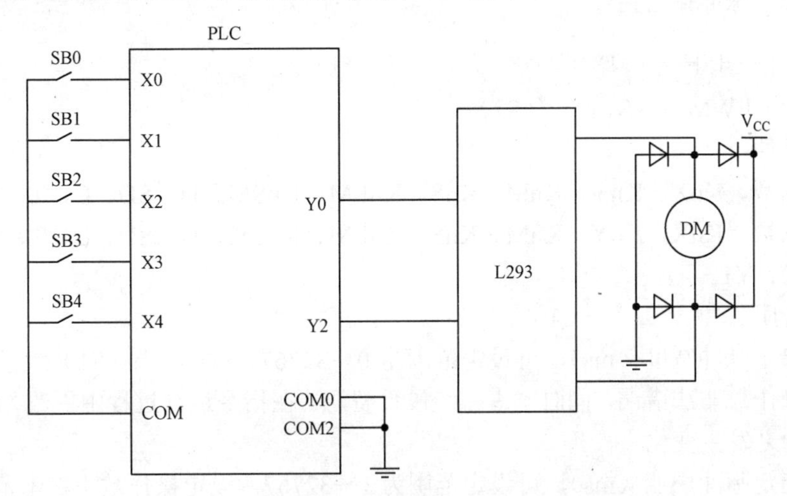

图 4-57　直流电动机运行调速 PLC 控制电路图

4．程序设计

根据设计控制要求和硬件电路连接图，程序梯形图如图 4-58 所示。

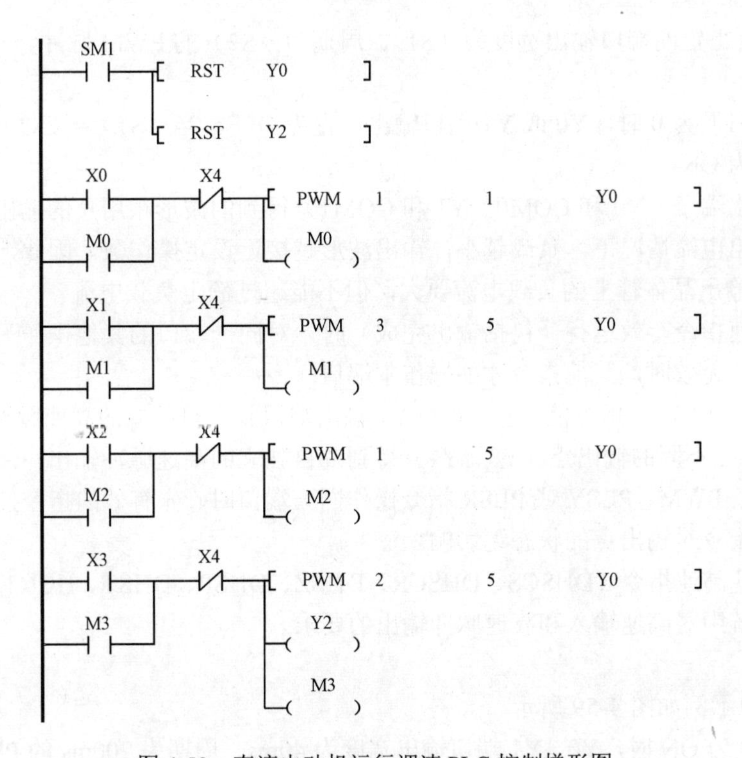

图 4-58　直流电动机运行调速 PLC 控制梯形图

4.9 功能指令（PWM、PLSY）

1. PWM：脉冲输出指令

梯形图：├──┤ ├──┤ PWM (S1) (S2) (D)]

指令列表：PWM （S1） （S2） （D）

适用软元件：

（S1）：常数、KnX、KnY、KnM、KnS、KnLM、KnSM、D、SD、C、T、V、Z。

（S2）：常数、KnX、KnY、KnM、KnS、KnLM、KnSM、D、SD、C、T、V、Z。

（D）：Y0、Y1。

操作数说明

（S1）：指定脉冲宽度（ms），可设定范围为 0～32767（ms），当（S1）大于 32767 时，系统报指令操作数非法错误，同时不占系统硬件资源。在指令运行过程中更改（S1）的内容，输出脉冲也随之发生变化。

（S2）：指定脉冲周期（ms），可设定范围为 1～32767，设定操作数不在本范围之内系统报指令操作数非法错误，同时脉冲不输出，也不占用系统资源。在指令运行过程中更改（S2）的内容，输出脉冲也随之发生变化。（S2）要大于等于（S1），否则系统报操作数错误，不输出脉冲，也不占用系统资源。

（D）：高速脉冲输出点，只能指定 Y0 或 Y1。

功能说明：

在（D）所指定的端口输出宽度为（S1）、周期为（S2）的 PWM 脉冲。

注意事项：

（1）当（S1）为 0 时，Y0 或 Y1 端口输出一直为 OFF。当（S1）=（S2）时，Y0 或 Y1 端口输出一直为 ON。

（2）从输出端子（Y0 和 COM0、Y1 和 COM1）得到的波形跟用户的输出负载有关系，在满足最大输出电流情况下，负载越小，输出波形越接近设定操作数。因此，为了输出高速脉冲，PLC 的输出晶体管上的负载电流要大，但不能超过额定负载电流。

（3）在高速指令有效运行（包括输出完成）时，对同一端口的其他操作无效。只有在高速脉冲输出指令无效时，其他指令才能操作本端口。

（4）使用 2 个 PWM 指令能够在 Y0 和 Y1 输出端得到各自独立的高速脉冲输出，也可和 PLSY 或 PLSR 在不同的输出点（Y0、Y1）得到各自独立的高速脉冲输出。

（5）有多条 PWM、PLSY 或 PLSR 指令操作同一端口时，先有效的指令控制端口输出状态，后有效的指令对输出点的状态无影响。

（6）与其他高速指令（DHSCS、DHSCR、DHSZ、DHSP、DHST、HCNT）相同，PWM 指令要满足系统中对高速输入和高速脉冲输出的要求。

使用示例：

PWM 使用示例如图 4-59 所示。

（1）当 M0 为 ON 时，Y0、Y1 端口输出宽度为 40ms、周期为 200ms 的 PWM 脉冲。M0 为 OFF 时，输出 OFF。输出状态不受扫描周期的影响。

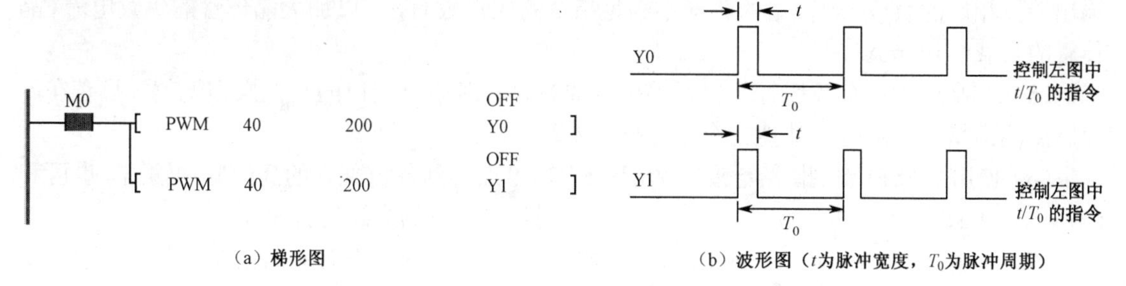

图 4-59　PWM 使用示例

（2）SM80 对应 Y0 的输出禁止，SM81 对应 Y1 的输出禁止。SM80、SM81 为 ON 时，输出中止。

（3）SM82、SM83 对应 Y0 和 Y1 的输出标志，当 M0 为 OFF 时，SM82、SM83 为 OFF。

2．PLSY：计数脉冲输出指令

梯形图：├──┤ ├──[PLSY　(S1)　(S2)　(D)　]

指令列表：PLSY　（S1）　（S2）　（D）

适用软元件：

（S1）：常数、KnX、KnY、KnM、KnS、KnLM、KnSM、D、SD、C、T、V、Z。

（S2）：常数、KnX、KnY、KnM、KnS、KnLM、KnSM、D、SD、C、T、V、Z。

（D）：Y0、Y1。

操作数说明：

（S1）：指定频率（Hz），可设定范围为 1～100000（Hz）。当（S1）小于等于 0 或大于 100000 时，系统报指令操作数非法错误，同时不占系统硬件资源。在指令运行过程中更改（S1）的内容，输出的频率也随之发生变化。

（S2）：产生的脉冲量（PLS），可设定范围为 0～2 147 483 647。设定操作数不在本范围之内时，系统报指令操作数非法错误，脉冲不输出，也不占用系统资源。（S2）为 0 时，在指令有效下脉冲始终输出。在指令运行过程中更改（S2）的内容，在下一次驱动有效的情况下操作数才有作用。

（D：高速脉冲输出点，只能指定 Y0 或 Y1。

功能说明：

根据指令指定的频率产生指定数量的高速脉冲输出。为了输出高速脉冲，PLC 的输出晶体管上的负载电流要大，但不能超过额定负载电流。

注意事项：

（1）PLC 必须使用晶体管输出方式。

（2）PLC 执行高速脉冲输出时，必须使用下列所述的 PLC 输出晶体管规定的负载电流。

（3）针对 PLSY、PWM、PLSR 的输出回路（晶体管），如图 4-60 所示。

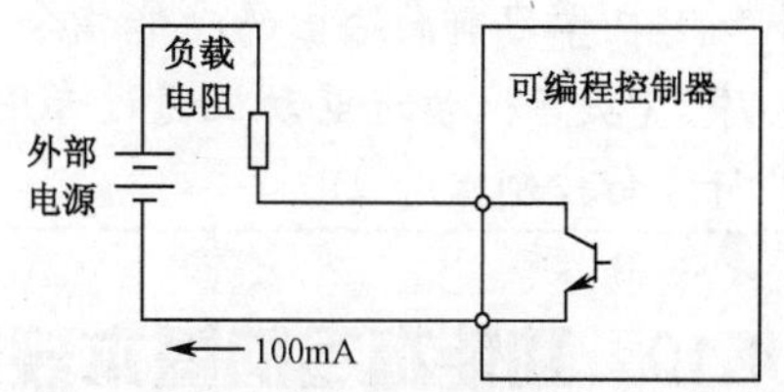

图 4-60　输出回路（晶体管）

（4）在高负载时晶体管的 OFF 时间较长，在 PWM、PLSY、PLSR 指令时，要求晶体管输出端接相应的负载，当输出的波形不满足指令的操作数时，可以加大晶体管的负载电流（晶体管的负载≤100mA）。

（5）在高速指令有效运行（包括输出完成）时，对同一端口的其他操作无效。只有在高速脉冲输出指令无效时，其他指令才能操作本端口。

（6）使用 2 个 PLSR 指令能够在 Y0 和 Y1 输出点得到各自独立的高速脉冲输出，也可和 PWM 或 PLSR 在不同的输出点（Y0、Y1）得到各自独立的高速脉冲输出。

（7）有多条 PWM、PLSY 或 PLSR 指令操作同一端口时，先有效的指令控制端口输出状态，后有效的指令对输出点的状态无影响；

（8）与其他高速指令（DHSCS、DHSCR、DHSZ、DHSP、DHST、HCNT）相同，PLSY 指令要满足系统中对高速输入和高速脉冲输出的要求。

使用示例：

PLSY 使用示例如图 4-61 所示。

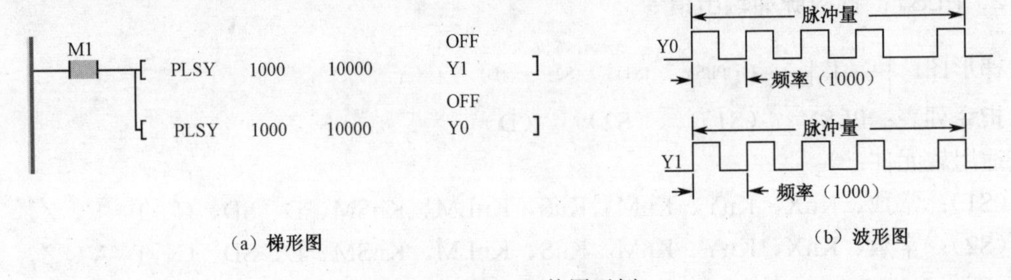

图 4-61　PLSY 使用示例

（1）M1 为 ON 时，从 Y0、Y1 端口输出 10000 个频率为 1000Hz 的脉冲，完成 10000 个脉冲后，不再输出。当 M0 出现由 OFF 向 ON 跳变时，重新下一次输出。M0 为 OFF 时，端口输出 OFF。

（2）脉冲的占空比为 50%ON，50%OFF。输出控制不受扫描周期的影响，采用中断处理。在高频输出时，从 Y 端口的输出占空比跟负载有关系。从输出端子（Y0 和 COM0、Y1 和 COM1）得到的波形跟用户的输出负载有关系，在满足不能超过额定负载电流情况下，负载越小，输出波形越接近设定操作数。

（3）SM80 对应 Y0 的输出使能，SM81 对应 Y1 的输出使能，为 1 的情况下输出脉冲。

（4）SM82、SM83 对应 Y0 和 Y1 的输出标志，当输出完成或 M0 为 OFF 时，标志清除。

自己练习

在学习前面给出的功能指令的基础上，设计 PLC 控制步进电动机的电路图及编写程序。（提示：步进电动机通过专用驱动器来控制，PLC 只需要给出频率可变的脉冲波和运行方向控制信号。）

4.10　功能指令的基本规则

1. 表示形式

功能指令都遵循一定的规则，其通常的表示形式也是一致的。每条功能指令都有一个指

令助记符。有的功能指令只需指定助记符，但更多的功能指令在指定助记符的同时还需要指定操作元件，操作元件由 1～4 个操作数组成，其表现的形式如下：

```
|——| |——[ SUM (S1) (S2) (D) ]
```

前面是一条加法求和指令，当能流有效时，把源操作数(S1)和(S2)内的数据相加，结果存到目的操作数（D）中。

操作数的意义如下：

（S）叫做源操作数，其内容不随指令执行而进行变化，可以指定源操作数的数据，也可以指定源操作数的长度，其位置根据不同指令而有所变化；

（D）叫做目标操作数，其内容随指令执行而改变，主要用于存储指令处理后的结果，其位置根据不同指令而有所变化。

功能指令的功能号和指令助记符占 1 个程序步，操作数占 2 个或 4 个程序步（16 位操作时占 2 个程序步，32 位操作时占 4 个程序步）。

这里要注意的是某些功能指令在整个程序中只能出现一次，即使使用跳转指令使其分于两段不可能同时执行的程序中也不允许，但可利用变址寄存器多次改变其操作数。

2．数据

1）数据类型

指令的操作数都带有数据类型属性，共支持 6 种数据类型，如表 4-11 所示。

表 4-11　操作数的数据类型

数据类型	类型说明	数据宽度	范　围
BOOL	位	1	ON、OFF（1、0）
INT	符号整数	16	−32768～32767
DINT	符号长整数	32	−2 147 483 648～2 147 483 647
WORD	字	16	0～65535（16#0～16#FFFF）
DWORD	双字	32	0～4 294 967 295（16#0～16#FFFFFFFF）
REAL	浮点数	32	±1.175494E-38～±3.402823E+38

2）数据长度

功能图块指令可以处理 16 位数据和 32 位数据，例如：

```
        X0
N0|——| |——[ MOV   D0    D2   ]  将D0中的16位数据送到D2中
        X1
N1|——| |——[ DMOV  D10   D12  ]  将D11、D10中的32位数据
                                 送到D13、D12中
```

功能指令中用符号（D）表示处理 32 位数据，如 DMOV 指令。处理 32 位数据时，用元件号相邻的两个元件组成元件对，元件对的首地址用奇数、偶数均可，但建议元件对的首地址统一用偶数编号，以免在编程时弄错。

第5章 PLC扩展模块

教学导航

教	知识重点	1. PLC 扩展模块作用； 2. 扩展模块分类； 3. 扩展模块使用方法
	知识难点	PLC 扩展模块使用方法
	推荐教学方法	结合实训项目了解扩展模块的作用、分类及使用方法，并通过实训复习数模转化和常见传感器的使用
	建议学时	12 学时
学	推荐学习方法	复习数模转化和常见传感器，结合实训项目了解扩展模块的作用、分类及使用方法
	必须掌握的理论知识	PLC 扩展模块作用、分类
	必须掌握的技能	PLC 扩展模块使用方法

相关知识

PLC 的应用领域越来越广泛，控制对象也越来越复杂多样。原来定义的标准 PLC 已经不能完全满足生产的需求，如对模拟量的运算、对一些工业参数的测量、精准的定位、组网通信等，因此 PLC 厂商设计开发了相应的扩展模块来实现上述功能。主要的扩展模块可以分为模拟量模块、数据通信模块、温度测量模块、定位模块、人机界面等。

本章着重介绍 MC100 系列中的 I/O 扩展模块、模拟量模块和温度测量模块。

实训项目 20　PLC I/O 扩展系统设计

1. 实训要求

试将 PLC 的主机 I/O 单元进行扩展，用扩展的 I/O 控制 LED 每秒亮一次。

2. 设计分析

根据实训要求，采用 I/O 扩展模块 MC100-0808ERN。

1）控制要求：
（1）按下启动按键 SB1，LED 每秒亮一次；
（2）按下停止按键 SB2，LED 熄灭。

2）I/O 分配：
输入：MC100-0808ERN：X0：SB1；X0：SB2；
输出：MC100-0808ERN：Y0：LED。

3. PLC 控制电路

根据实训要求、设计分析及模块的特性，PLC 电路图如图 5-1 所示。

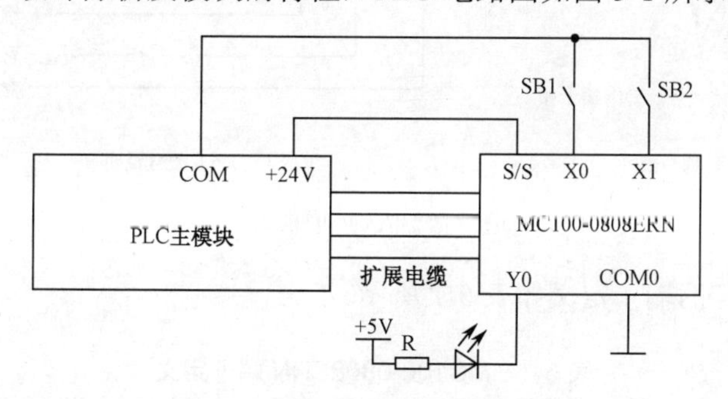

图 5-1　PLC 输入/输出扩展电路图

4. 程序设计

PLC 输入/输出扩展程序，如图 5-2 所示。

在本实训硬件电路中，I/O 扩展模块使用的输出是 Y0，由于内部编址，扩展模块的输入/输出从 20 开始，所以在编写梯形图时，扩展模块的输出为 Y20，对应硬件上的扩展模块的 Y0。

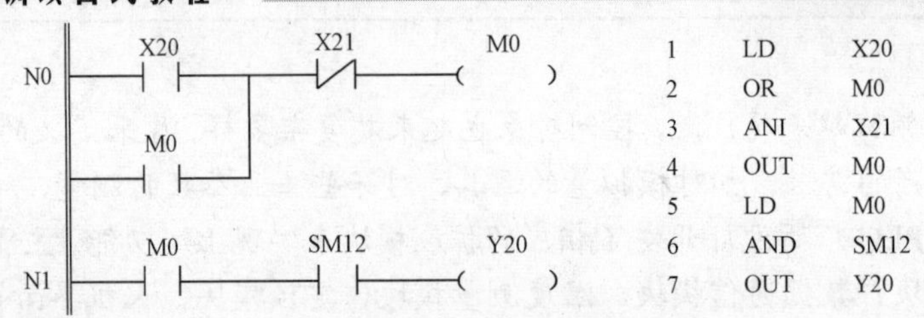

图 5-2 PLC 输入/输出扩展程序

5.1 I/O 扩展模块

本实训采用 MC100 系列 PLC 中的无源 I/O 扩展模块：MC100-0808ERN

1．外部特性

MC100 系列 I/O 扩展模块的外形结构和产品型号说明，如图 5-3 所示。

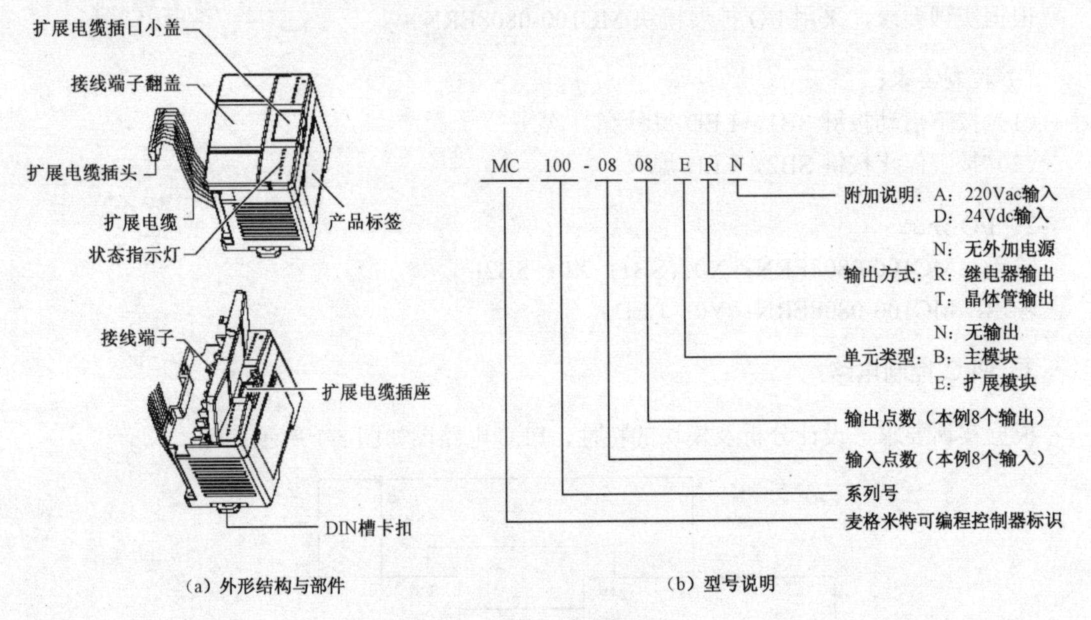

图 5-3 I/O 扩展模块

MC100-0808ERN 的端子定义如表 5-1 所示。

表 5-1 MC100-0808ERN 端子定义

引脚标识	功能说明
S/S	提供给用户进行输入方式的选择，与＋24V 连接表示支持漏型输入方式，与 COM 连接表示支持源型输入方式
●	空端子，作隔离用，请不要接线
X0～X7	开关量信号输入端子，与 COM 端配合使用产生输入信号
Y0～Y7、COM0	控制输出端子

2．输入特性

1）内部等效输入电路

扩展模块需外部接入用户开关状态检测电源（24V DC），输入电路的内部等效电阻约 4.3kΩ，信号的检测采用双向光耦，用户可采用源型或漏型，只需接入无源开关信号（干触点）即可，若要连接有源晶体管传感器的输出信号，需按集电极开路输出方式连接。I/O 扩展模块的内部等效电源及输入信号接线与主模块输入电路相似，如图 5-4 所示。

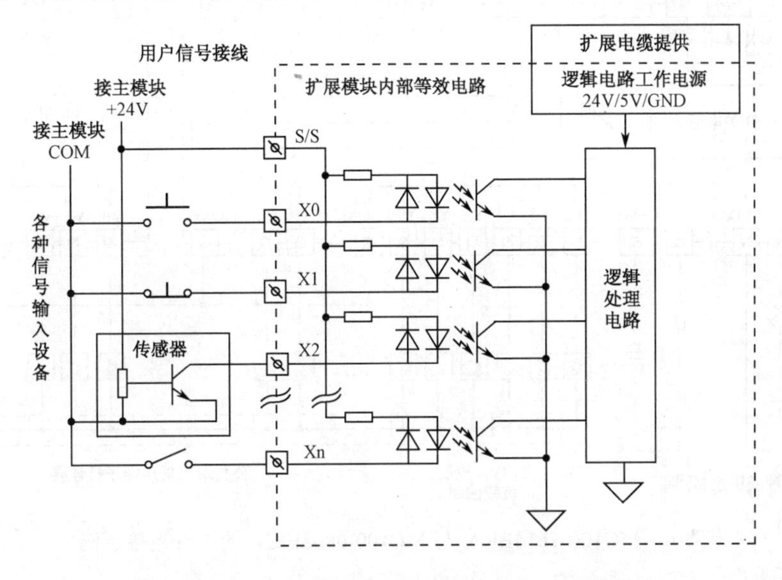

图 5-4　MC100 系列 I/O 扩展模块内部等效输入电路

2）输入/输出信号状态指示

用户输入端子状态可通过输入端子状态 LED 灯指示，当输入端口闭合（ON 状态）时，指示灯点亮，否则指示灯熄灭。输出端口的状态由输出状态 LED 指示，当输出端口为闭合（ON）状态（Yn 与 COMn 之间呈闭合状态），指示灯点亮，否则熄灭，如图 5-5 所示。

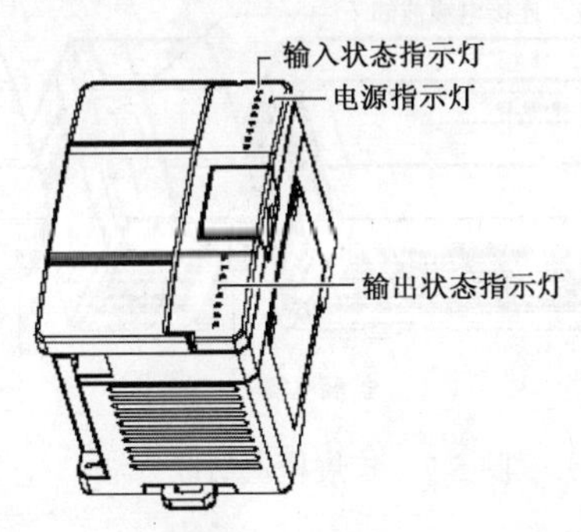

图 5-5　MC100 系列 I/O 扩展模块状态指示灯

3．输出连接示例

图 5-6 所示为 MC100-1614BRA 加一个 MC100-0808ERN 的连接方式。不同的输出组可接入不同的信号电压回路，有的输出组（如 Y0、COM0）可连接在 24V DC 回路，且由本控

制器的 24V/COM 供电；有的输出组（如 Y1、COM1）可连接在 5V DC 低电压信号回路；而其他输出组（如 Y2～Y7）可连接在 220Vac 交流电压信号回路，即不同的输出组可工作于不同的电压等级回路。

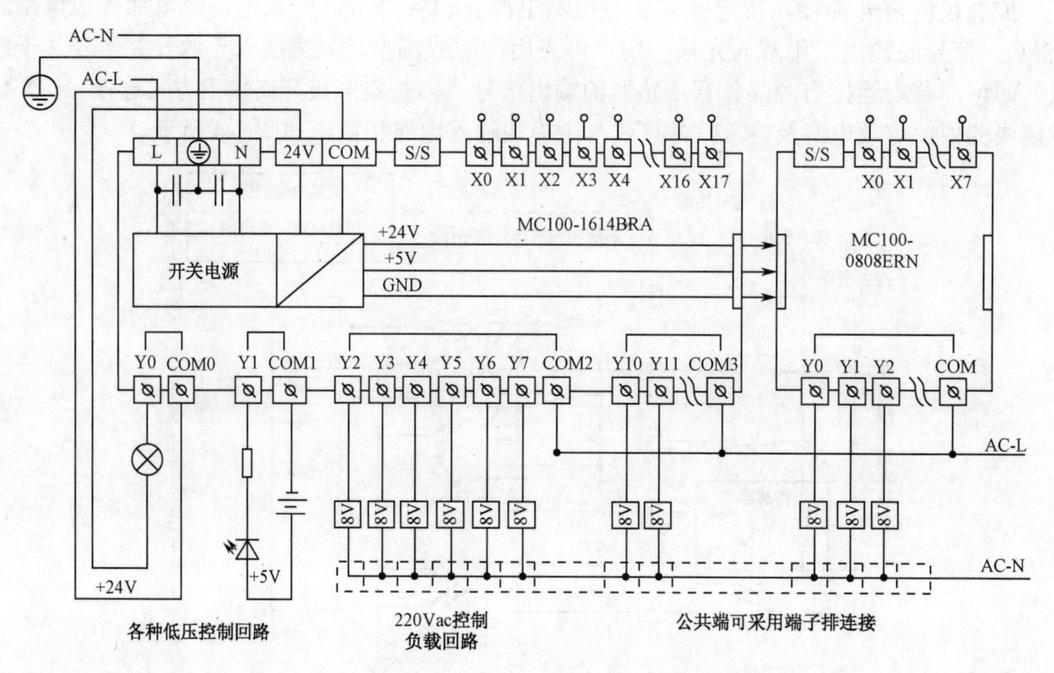

图 5-6　MC100-1614BRA 与 MC100-0808ERN 的电气连接示例

4. 扩展连接

1）扩展母线连接

在主模块未通电的情况下，先卸下主模块右端的扩展电缆插口小盖板，再将扩展模块的母线电缆头插入插口内的电缆座。若接入多个扩展模块，可依次逐个连接，如图 5-7 所示。

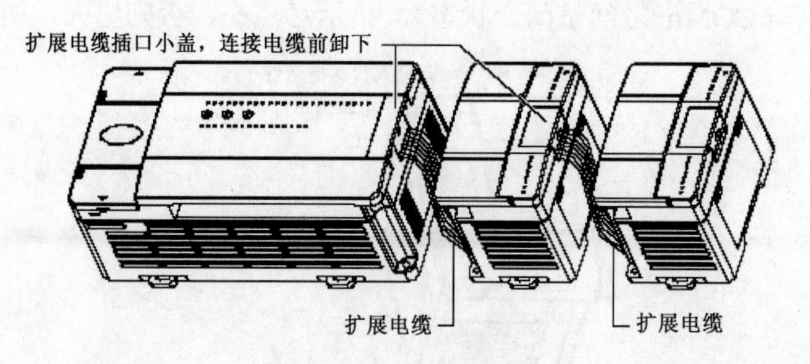

图 5-7　扩展模块级联方法

2）扩展模块编址

MC100 系列可编程控制器对接入的扩展模块可以自动辨识，自动顺序编址，无须用户干预。自动编址操作在上电正常后即进行一次，此后运行中各扩展模块的地址保持不变。在可编程控制器运行期间，不可将 I/O 扩展模块、特殊功能模块接入或拔掉，以免损坏可编程控制器或导致运行异常。I/O 点编号采用八进制编码方案，编号如 0, 1, 2, 3, 4, 5, 6, 7, 10, 11, 12,

13, 14, 15, 16, 17, 20, 21,…；没有数字 8, 9。主模块及 I/O 扩展模块的输入端口编号为 X0，X1，X2，…，X7，X10，X11，…；输出端口编号为 Y0，Y1，Y2，…，Y7，Y10，Y11，…，编号依此顺序排列。点数编号以 8 为一组，不足 8 点的部分将被空缺。

例如，MC100-1410BRA 模块，输入点数为 14 点，编号为 X0～X15，编号为 X16～X17 端子将不存在，后续扩展模块的 X 端子从 X20 开始编号；同理，输出点数为 10 点，编号为 Y0～Y11，编号为 Y12～Y17 端子将不存在，后续扩展模块的 Y 端子将从 Y20 开始编号。I/O 扩展模块依据与主模块的扩展连接电缆的连接顺序，对应 X 端子和 Y 端子依次递增编号。主模块与扩展模块的端口逻辑编号示例，如图 5-8 所示。

MC100-1410BRA	MC100-0808ETN	MC100-0008ERN	MC100-0800ENN	MC100-0008ETN
X0～X15	X20～X27		X30～X37	
Y0～Y11	Y20～Y27	Y30～Y37		Y40～Y47

图 5-8 主模块与扩展模块的端口逻辑编号示例

 自己练习

应用 I/O 扩展模块完成第 4 章实训项目 16 彩灯控制（可以适当调整彩灯个数）。

实训项目 21 PLC 模拟量输入/输出系统设计

1．实训要求

向 PLC 输入 0～5V 的线性变化的模拟电压信号，并可以实现此信号的实时显示。

2．设计分析

根据实训要求，采用模拟电位器向 PLC 的 A/D 扩展模块输入 0～5V 的线性变化的模拟电压信号；再经过程序处理，转化为数字量；数字量通过 D/A 扩展模块转化为模拟信号输出到模拟电压显示表上，即可完成。

1）控制要求

（1）按下启动按键 SB，旋转模拟电位器使之产生 0～5V 的线性变化的模拟电压信号；

（2）随模拟电位器的旋转，在模拟电压显示表上可以显示当前电压信号值。

2）I/O 分配

输入：主模块：X0：SB；

MC100-4AD：V1+：模拟电位器可调端（模拟信号输入）；

VI1−：模拟电位器固定端（模拟信号输入地）；

输出：MC100-4DA：V1+：模拟电压显示表输入端（模拟信号输出）；

VI1−：模拟电压显示表输入地（模拟信号输出地）。

3．PLC 控制电路

根据实训要求、设计分析及两个模块的特性，PLC 模拟量输入/输出电路图，如图 5-9 所示。

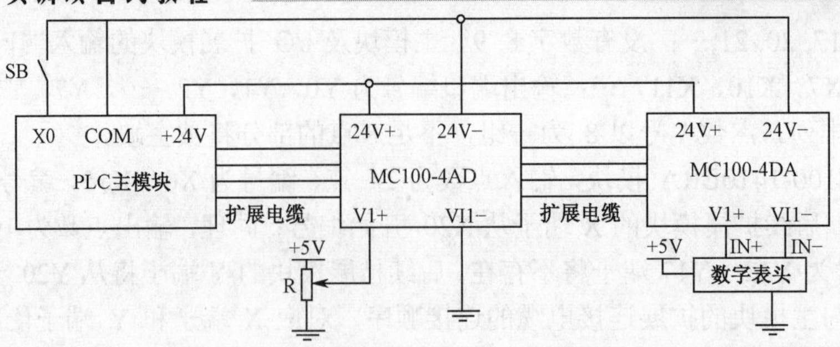

图 5-9　PLC 模拟量输入/输出电路图

4．程序设计

1）系统块配置

将 MC100-4AD 设置为第 1 号模块（即地址 0），MC100-4DA 设置为第 2 号模块（即地址 2），如图 5-10 所示。

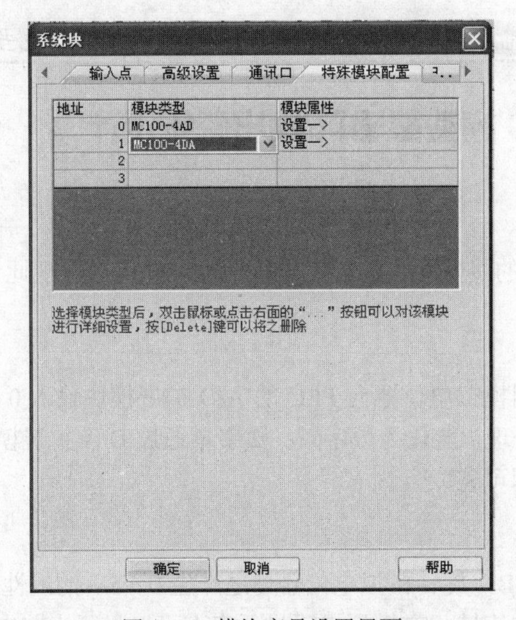

图 5-10　模块序号设置界面

双击“模块属性”，对两个模块进行设置。由于输入/输出都是 0～5V 的电压信号，所以两个模块都工作在模式（−10～+10V）下，而且都选择用第 1 通道，两者的系统块配置如图 5-11 所示。

2）程序编写

根据系统块的配置，PLC 模拟量输入/输出程序，如图 5-12 所示。

由于系统块内已经将两个模块的数据存储单元设置完毕，所以在程序中就只需要进行数据的传送，模拟量输入后由 MC100-4AD 转化为数字量存入 D1 中，用 MOV 指令将此数字量送到 MC100-4DA 的数据存储器 D2 中，MC100-4DA 就可以将此数字量转化为模拟量输出到模拟电压显示表上。

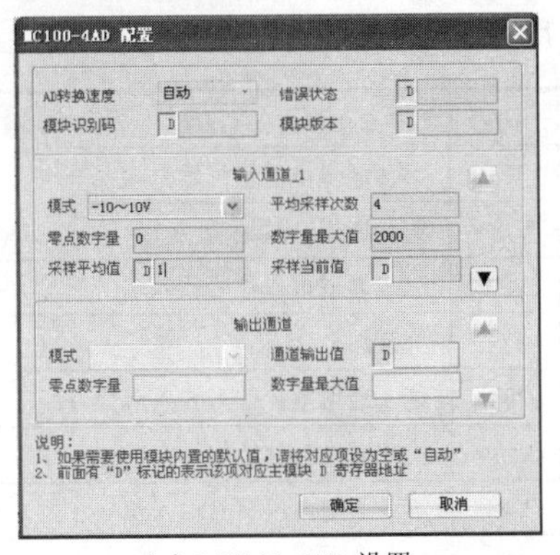

（a）MC100-4AD 设置

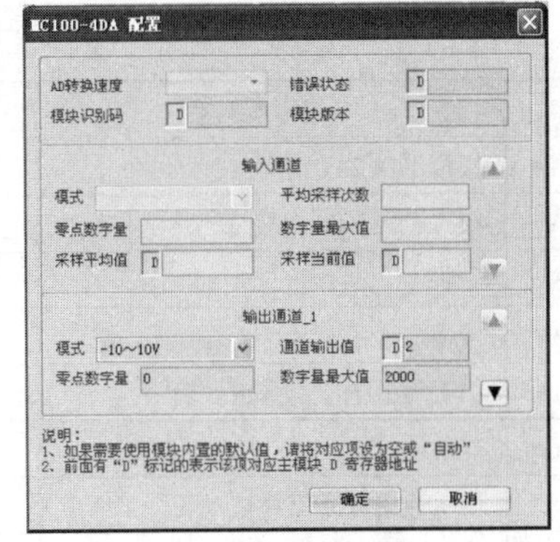

（b）MC100-4DA 设置

图 5-11　模块属性设置界面

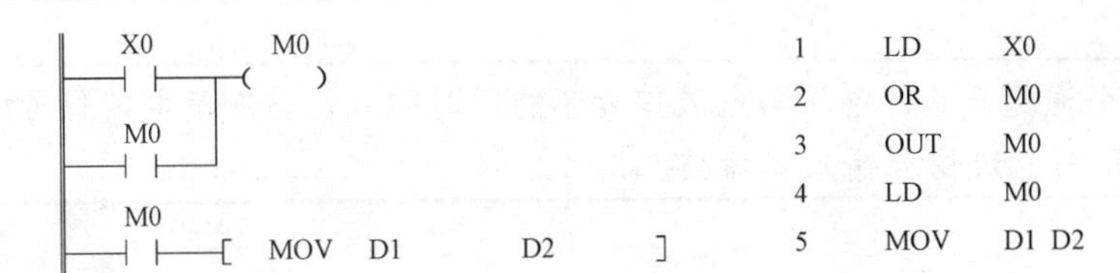

图 5-12　PLC 模拟量输入/输出程序

5.2　模拟量扩展模块

1．模拟量输入模块 MC100-4AD

1）外部特性

MC100-4AD 为 4 通道的模拟量输入转化为数字量处理的特殊模块，其扩展电缆接口和用户端子均有盖板，打开各盖板后便露出扩展电缆接口和用户端子，外观和端子如图 5-13 所示。

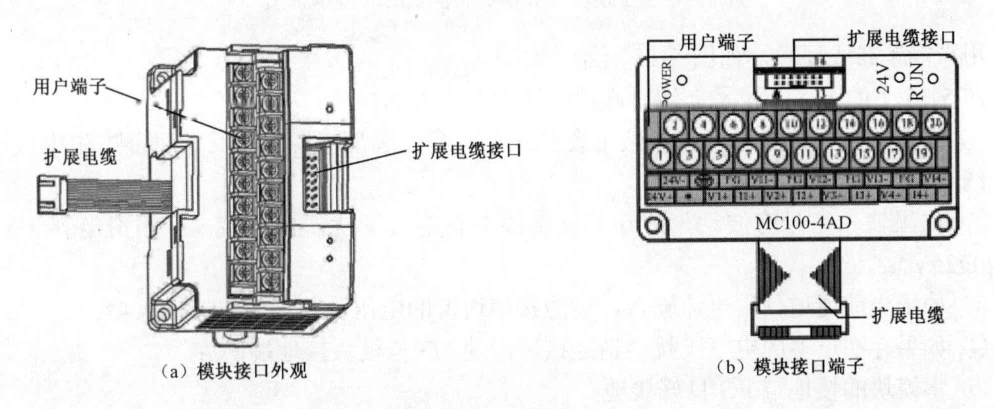

（a）模块接口外观　　（b）模块接口端子

图 5-13　模拟量输入模块 MC100-4AD

MC100-4AD 用户端子的定义如表 5-2 所示。

表 5-2　MC100-4AD 用户端子定义表

序号	标注	说　　明	序号	标注	说　　明
1	24V+	模拟电源 24V 正极	11	I2+	第 2 通道电流信号输入端
2	24V−	模拟电源 24V 负极	12	VI2−	第 2 通道公共地端
3	·	空脚	13	V3+	第 3 通道电压信号输入端
4	PG	接地端	14	FG	屏蔽地
5	V1+	第 1 通道电压信号输入端	15	I3+	第 3 通道电流信号输入端
6	FG	屏蔽地	16	VI3−	第 3 通道公共地端
7	I1+	第 1 通道电流信号输入端	17	V4+	第 4 通道电压信号输入端
8	VI1−	第 1 通道公共地端	18	FG	屏蔽地
9	V2+	第 2 通道电压信号输入端	19	I4+	第 4 通道电流信号输入端
10	FG	屏蔽地	20	VI4−	第 4 通道公共地端

注意：对每个通道而言，电压与电流信号不能同时输入，当测量电流信号时，请将通道电压信号输入端与电流信号输入端短接。

2）接入系统

通过扩展电缆，可将 MC100-4AD 与 MC100 系列 PLC 主模块或其他扩展模块连接在一起，如图 5-14 所示。

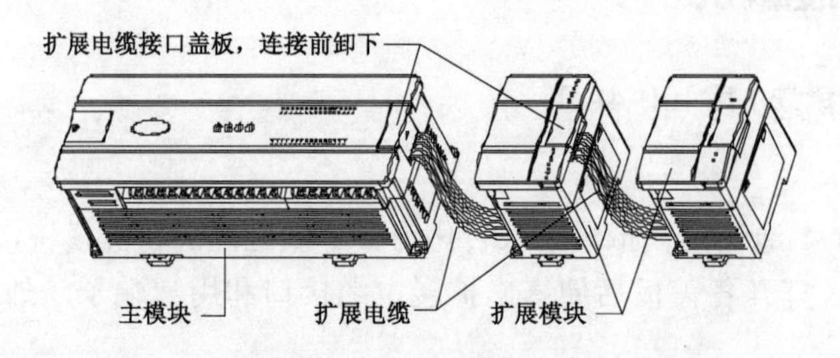

图 5-14　主模块和其他扩展模块的连接示意图

用户端子布线要求，如图 5-15 所示。

图 5-15 中的①～⑦表示布线时必须注意的 7 个方面：

① 模拟输入建议通过双绞屏蔽电缆接入。电缆应远离电源线或其他可能产生电气干扰的电线；

② 如果输入信号有波动，或在外部接线中有电气干扰，建议接一个平滑电容（0.1～0.47μF/25V）；

③ 如果当前通道使用电流输入，请短接该通道的电压输入端与电流输入端；

④ 如果存在过多的电气干扰，请连接屏蔽地 FG 与模块接地端 PG；

⑤ 将模块的接地端 PG 良好接地；

⑥ 模拟供电电源可以使用主模块输出的 24V DC 电源，也可以使用其他满足要求的电源；

⑦ 不要使用用户端子上的空脚。

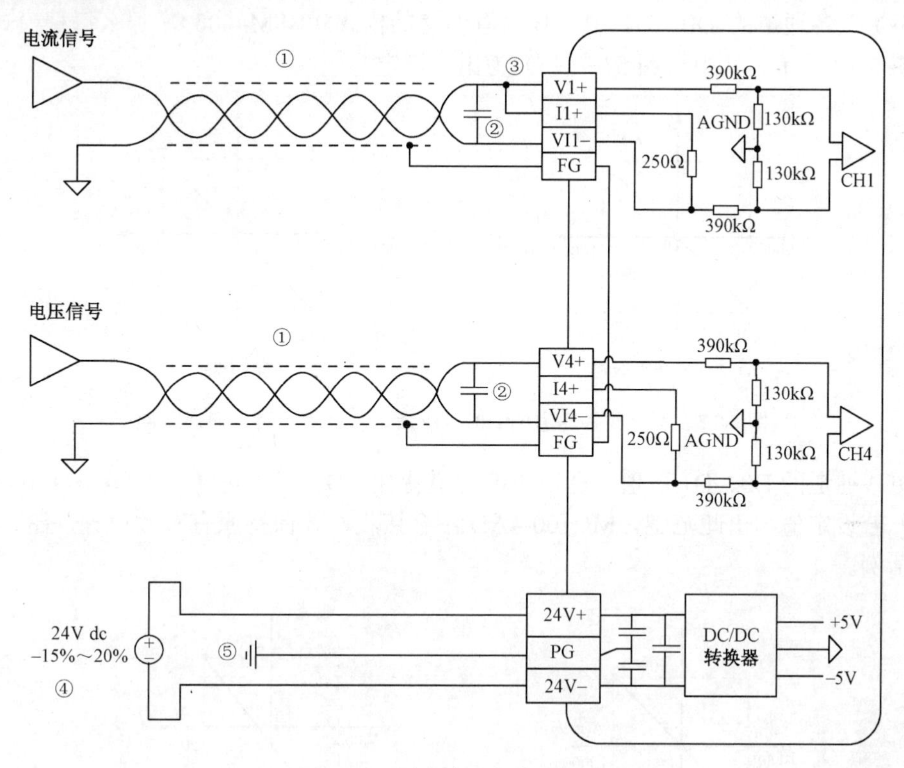

图 5-15 用户端子布线示意图

3）特性设置

MC100-4AD 的输入通道特性为通道模拟输入量 A 与通道数字输出量 D 之间的线性关系，可由用户设置，每个通道可以理解为图 5-16 中所示的模型，由于其为线性特性，因此只要确定两点 P0（A0, D0）、P1（A1, D1），即可确定通道的特性，其中，D0 表示模拟量输入为 A0 时通道输出数字量，D1 表示模拟量输入为 A1 时通道输出数字量。

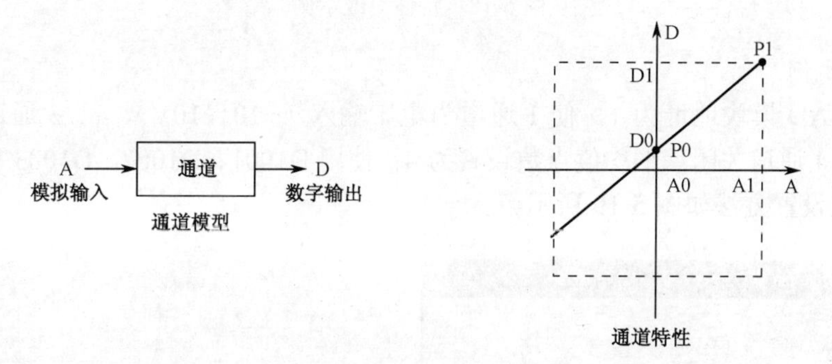

图 5-16 MC100-4AD 的通道特性示意图

考虑到用户使用的简便性，且不影响功能的实现，将 A0、A1 的值固定为当前模式下，模拟量的 0 值和最大值，也就是说，图 5-14 中 A0 为 0，A1 为当前模式下的模拟输入的最大值，对通道模式字（BFM#600）进行更改时，A0、A1 会根据模式自动更改，用户对此两项设置的写入无效。

若不更改各通道的 D0、D1 值，仅设置通道的模式（BFM#600），那么每种模式对应的特性如图 5-17 所示。其中，图 5-17（a）为出厂设定。

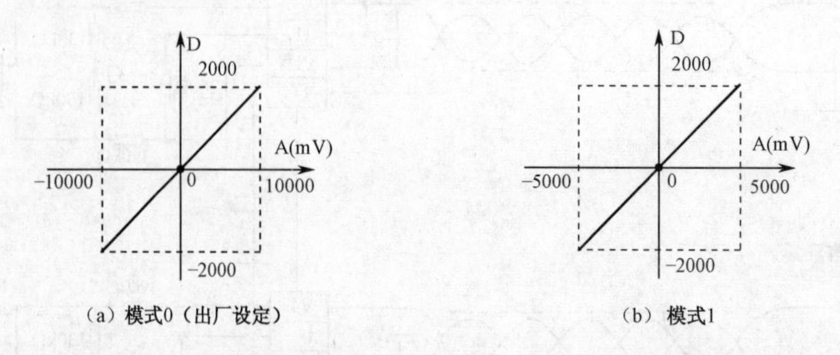

（a）模式0（出厂设定）　（b）模式1

图 5-17　不更改各通道的 D0、D1 值，各种模式对应通道特性

若更改通道的 D0、D1 数值，即可更改通道特性，D0、D1 可在−10000～+10000 之间任意设定，若设定值超出此范围，MC100-4AD 不会接收，并保持原有有效设置，图 5-18 为特性更改示例。

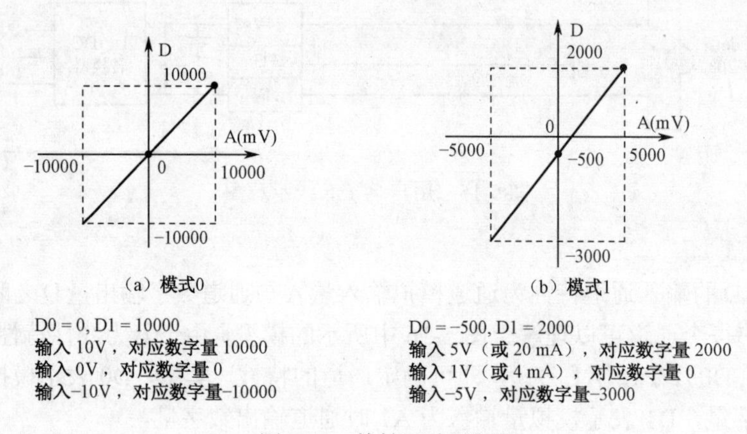

图 5-18　特性更改示例

4）应用示例

MC100-4AD 模块地址为 1，使 1 通道为电压输入（−10～10V），2、3 通道为电流输入（4～20mA），4 通道关闭；平均值点数设置为 4；使用 D1001、D1002、D1003 接收平均值转换结果。通道设置方法如图 5-19 所示。

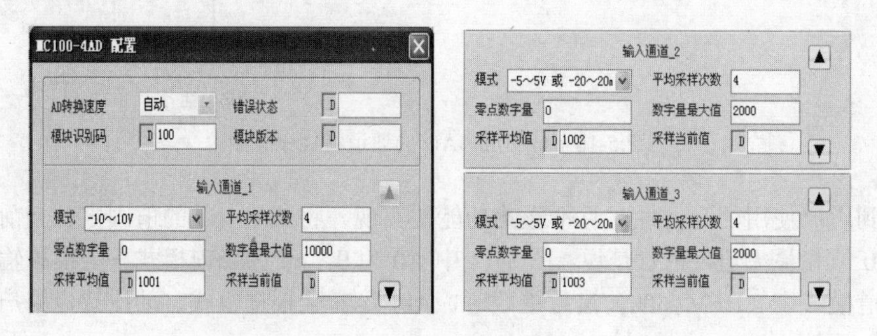

图 5-19　通道设置方法

2. 模拟量输出模块 MC100-4DA

1）外部特性

MC100-4DA 为 4 通道的数字量转化为模拟量输出处理的特殊模块，其扩展电缆接口和用户端子均有盖板，打开各盖板后便露出扩展电缆接口和用户端子，外观和端子如图 5-20 所示。

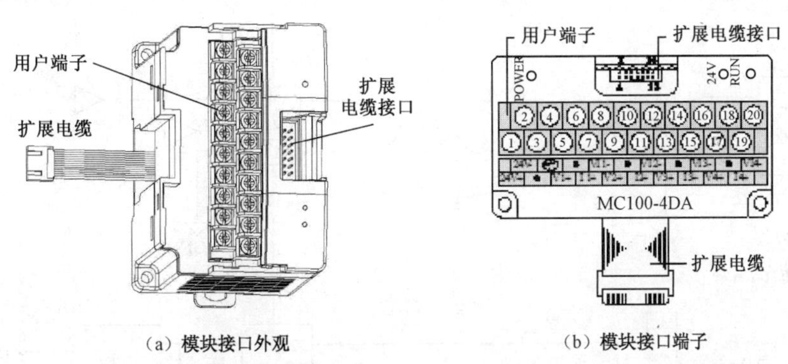

（a）模块接口外观　　（b）模块接口端子

图 5-20　模拟量输出模块 MC100-4DA

MC100-4DA 用户端子的定义如表 5-3 所示。

表 5-3　MC100-4DA 用户端子定义表

序号	标注	说　明	序号	标注	说　明
1	24V+	模拟电源 24V 正极	11	I2+	第 2 通道电流信号输出端
2	24V−	模拟电源 24V 负极	12	VI2−	第 2 通道公共地端
3	•	空脚	13	V3+	第 3 通道电压信号输出端
4	PG	接地端	14	•	空脚
5	V1+	第 1 通道电压信号输出端	15	I3+	第 3 通道电流信号输出端
6	•	空脚	16	VI3−	第 3 通道公共地端
7	I1+	第 1 通道电流信号输出端	17	V4+	第 4 通道电压信号输出端
8	VI1−	第 1 通道公共地端	18	•	空脚
9	V2+	第 2 通道电压信号输出端	19	I4+	第 4 通道电流信号输出端
10	•	空脚	20	VI4−	第 4 通道公共地端

2）接入系统

通过扩展电缆，可将 MC100-4DA 与 MC100 系列 PLC 主模块或其他扩展模块连接在一起。用户端子布线要求，如图 5-21 所示。

图 5-21 中的①～⑦表示布线时必须注意的 7 个方面：

① 模拟输出建议使用双绞屏蔽电缆，电缆应远离电源线或其他可能产生电气干扰的电线；

② 在输出电缆的负载端使用单点接地；

③ 如果输出存在电气噪声或电压波动，可以接一个平滑电容器（0.1～0.47μF/25V）；

④ 若将电压输出短路或将电流负载连接到电压输出端，可能会损坏 MC100-4DA；

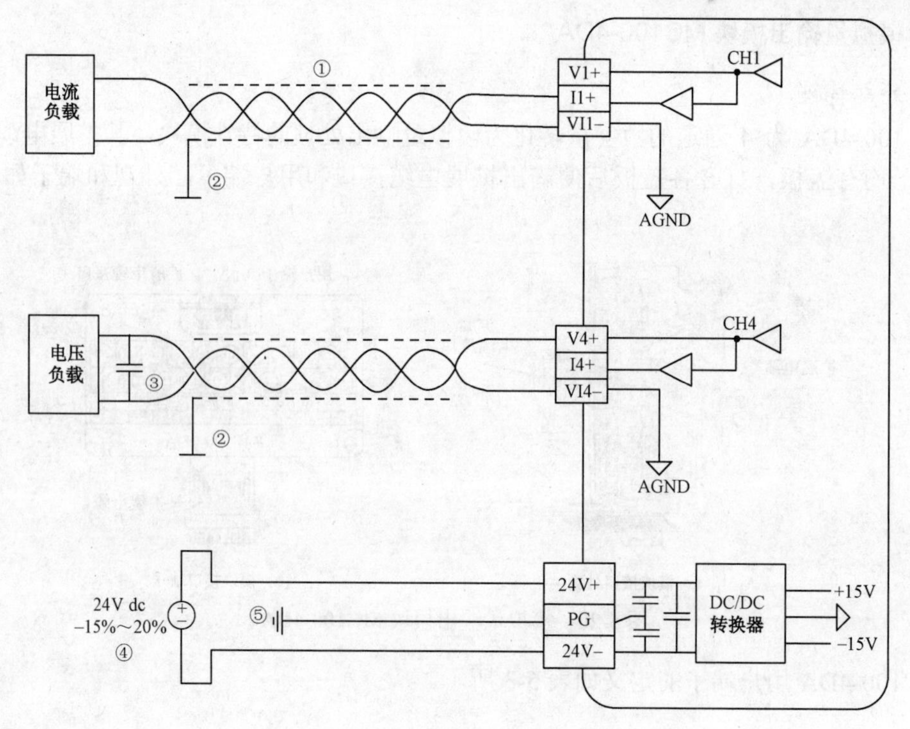

图 5-21　用户端子布线示意图

⑤ 将模块的接地端 PG 良好接地；

⑥ 模拟供电电源可以使用主模块输出的 24V DC 电源，也可以使用其他满足要求的电源；

⑦ 不要使用用户端子上的空脚。

3）特性设置

MC100-4DA 的输出通道特性为通道模拟输出量 A 与通道数字输入量 D 之间的线性关系，可由用户设置。每个通道可以理解为图 5-22 中所示的模型，由于其为线性特性，因此只要确定两点 P0（A0, D0）、P1（A1, D1），即可确定通道的特性。其中，D0 表示模拟量输出为 A0 时通道输入数字量，D1 表示模拟量输出为 A1 时通道输入数字量。

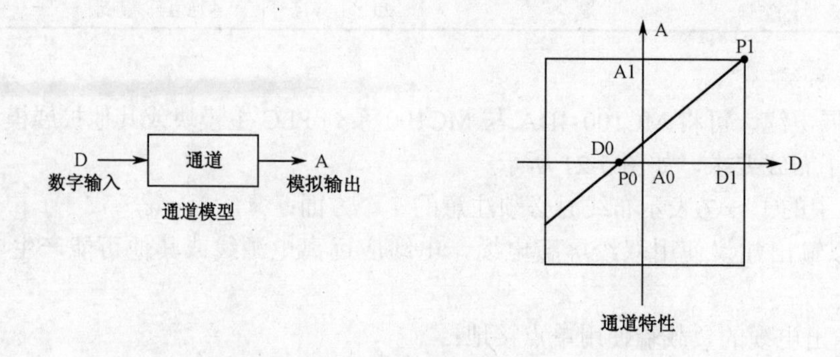

图 5-22　MC100-4DA 的通道特性示意图

考虑到用户使用的简便性，且不影响功能的实现，将 A0、A1 的值固定为当前模式下，模拟量的 0 值和最大值，也就是说图 5-22 中 A0 为 0，A1 为当前模式下的模拟输出的最大值，对通道模式字进行更改时，A0、A1 会根据模式自动更改，用户对此两项设置的写入无效。

若不更改各通道的 D0、D1 值，仅设置通道的模式，那么每种模式对应的特性如图 5-23 所示。其中，图 5-23（a）为出厂设定。

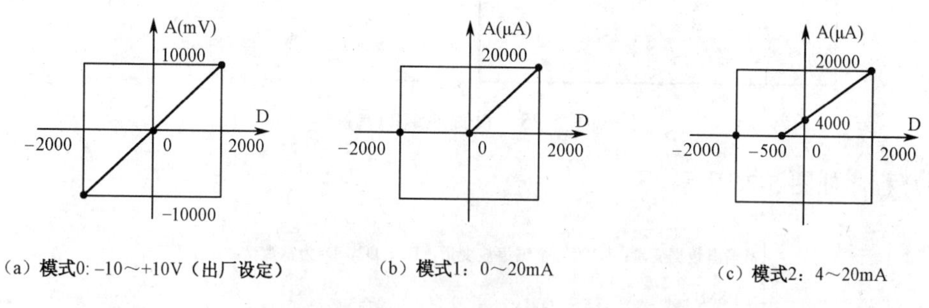

（a）模式0: −10～+10V（出厂设定）　（b）模式1：0～20mA　（c）模式2：4～20mA

图 5-23　不更改各通道的 D0、D1 值，各种模式对应通道特性

若更改通道的 D0、D1 数值，即可更改通道特性，D0、D1 可在−10000～10000 之间任意设定，若设定值超出此范围，MC100-4DA 不会接收，并保持原有有效设置，图 5-24 为特性更改示例。

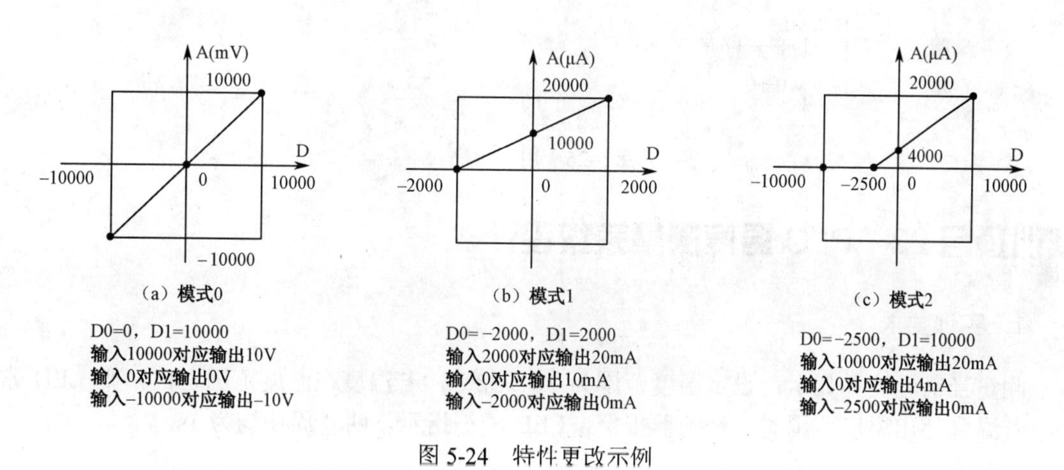

（a）模式0
D0=0，D1=10000
输入10000对应输出10V
输入0对应输出0V
输入−10000对应输出−10V

（b）模式1
D0=−2000，D1=2000
输入2000对应输出20mA
输入0对应输出10mA
输入−2000对应输出0mA

（c）模式2
D0=−2500，D1=10000
输入10000对应输出20mA
输入0对应输出4mA
输入−2500对应输出0mA

图 5-24　特性更改示例

4）应用示例

MC100-4DA 模块设置第 1、2 通道为模式 0（−10～10V），第 3 通道为模式 1（0～20mA），第 4 通道为模式 2（4～20mA）。第 1 通道输出−10～+10V 的锯齿波信号，使用变量 D1；第 2 通道输出 5V 电压信号，使用变量 D2；第 3 通道输出 5mA 电流信号，使用变量 D3；第 4 通道输出 7.2mA 电流信号，使用变量 D4。设置通道的属性如图 5-25 所示。

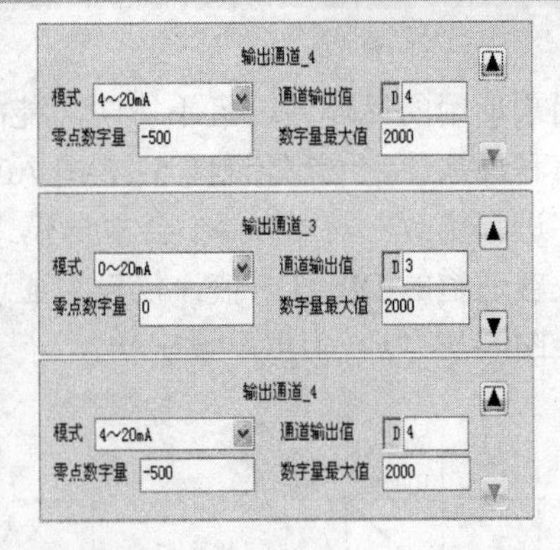

图 5-25　设置通道的属性

用户程序如图 5-26 所示。

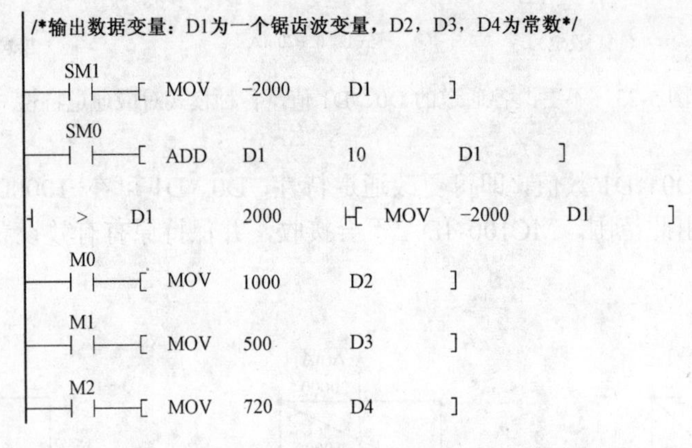

图 5-26　用户程序

实训项目 22　PLC 温度测量系统设计

1．实训要求

测量当前温度并显示；设定温度范围为 30～32℃，若温度在温度范围之内，则 LED 常亮；若温度超出温度范围时，蜂鸣器报警，LED 闪烁指示，两者周期均为 1s。

2．设计分析

根据实训要求，采用热电阻测量温度输入到温度输入模块 MC100-4PT 中，测量信号转化为数字量送入 PLC 主模块中处理。上下限的温度由 BCD 拨码开关输入。

1）控制要求

（1）单独按下上限设置按键 SB1，设置上限温度；单独按下下限设置按键 SB2，设置下限温度。

（2）按下启动按键 SB3，测量当前温度。

（3）当温度达到上限温度时，蜂鸣器报警，LED 指示。

2）I/O 分配

输入：主模块：X0：SB3；

X1～X4：BCD 拨码开关；

X5：SB1 上限温度设定；

X6：SB2 下限温度设定；

MC100-4PT：两线制输入；

输出：主模块：Y0～Y1：拨码开关控制；

Y2～Y10：七段数码管；

Y10：LED；

Y11：蜂鸣器。

3. PLC 控制电路

根据实训要求、设计分析及模块的特性，温度测量电路图如图 5-27 所示。

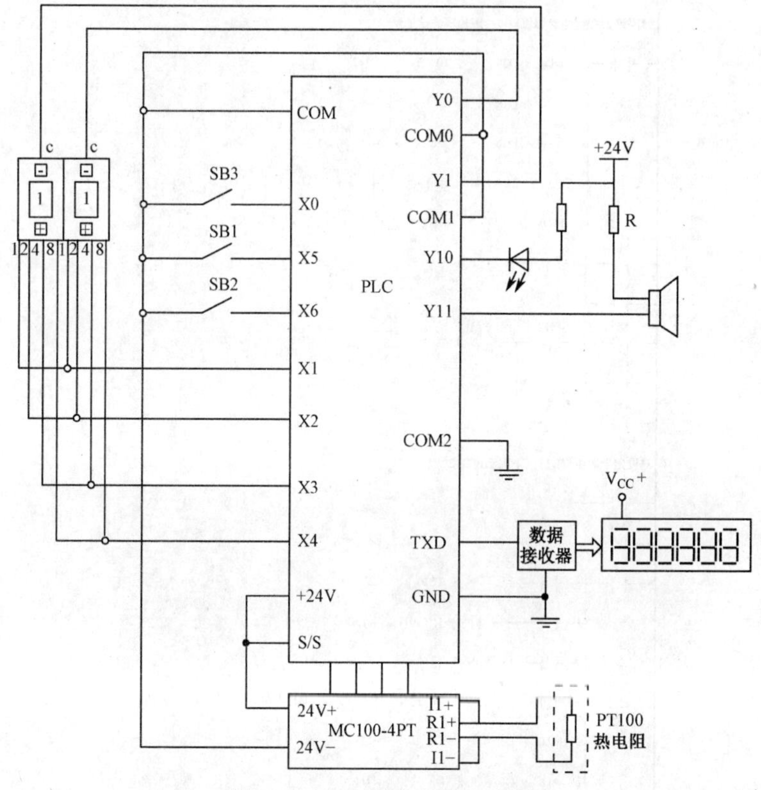

图 5-27　PLC 温度测量电路图

4. 程序设计

1）系统块配置

（1）将 MC100-4PT 设置为第 1 号模块（即地址 0），如图 5-28 所示。

（2）双击“模块属性”，对模块进行设置，选用的热电阻为 PT100 型，通道选择 1 通道，系统块配置如图 5-29 所示。

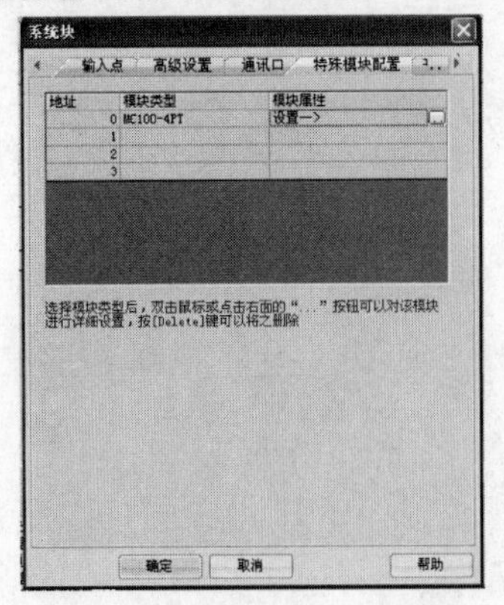

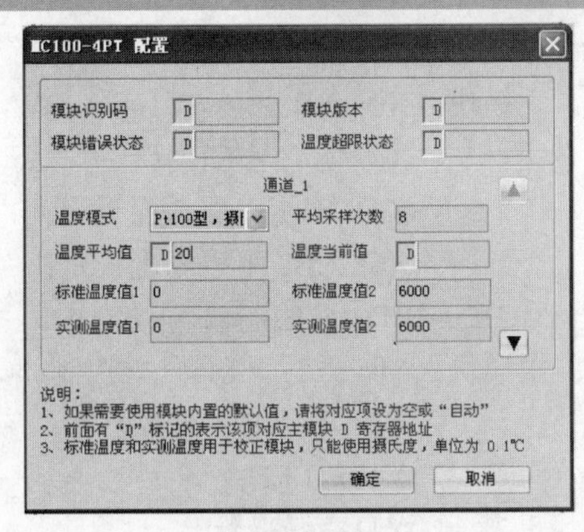

图 5-28　模块序号设置界面　　　　图 5-29　模块属性设置界面

2）程序编写

根据系统块的配置，温度测量程序如图 5-30 所示。

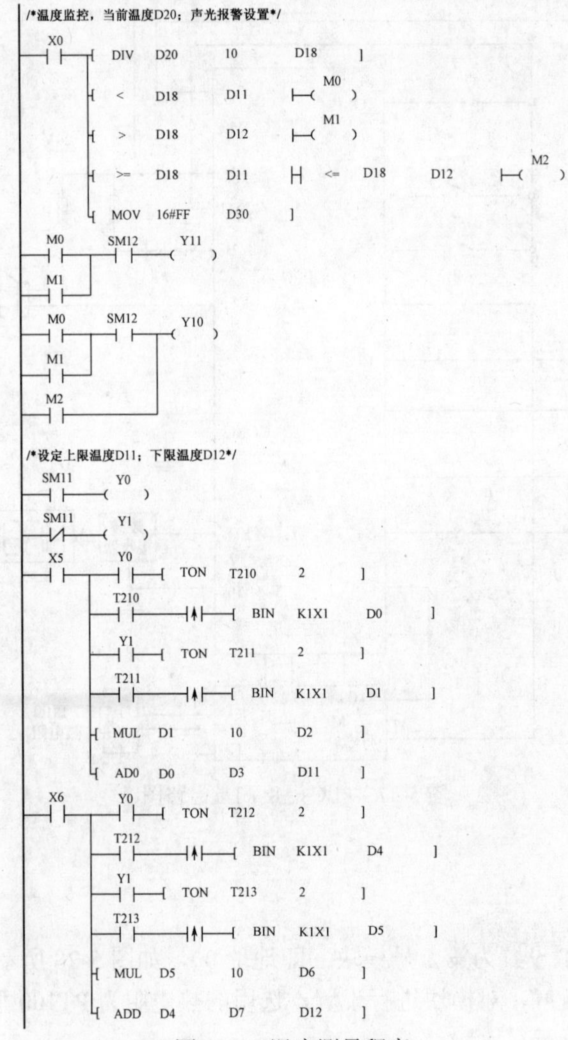

图 5-30　温度测量程序

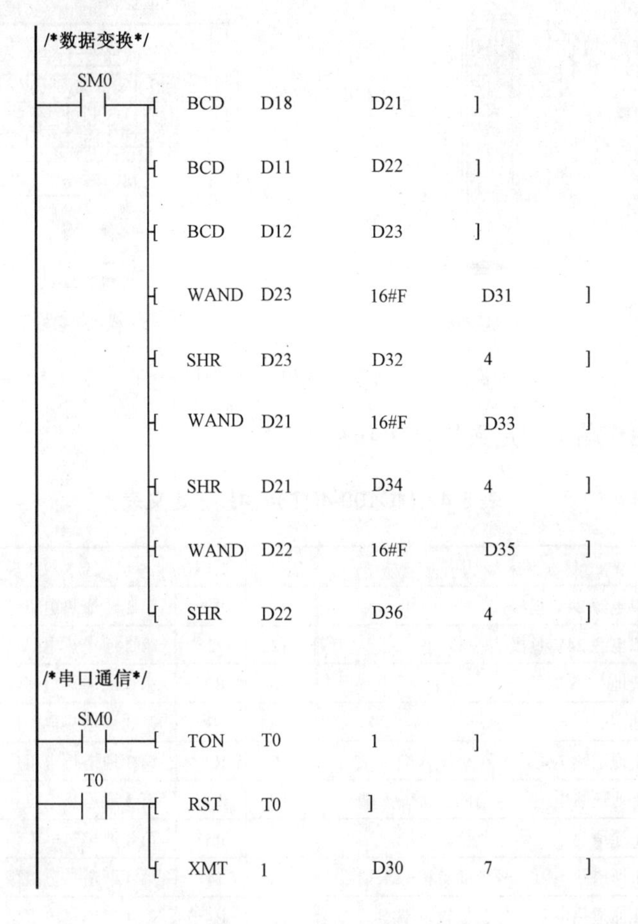

图 5-30 温度测量程序（续）

程序讲解：

（1）设定温度的输入：采用 BCD 拨码开关扫描输入；

（2）当前温度存储于 D20 中；

（3）利用比较指令进行温度的判断；

（4）数据编码的变换、传输和显示采用串行通信形式。

5.3 温度扩展模块

本实训采用电阻式温度输入模块 MC100-4PT 完成温度采集。

1．外部特性

MC100-4PT 为 4 通道温度测量输入模块，其扩展电缆接口和用户端子均有盖板，打开各盖板后便露出扩展电缆接口和用户端子，外观和端子如图 5-31 所示。

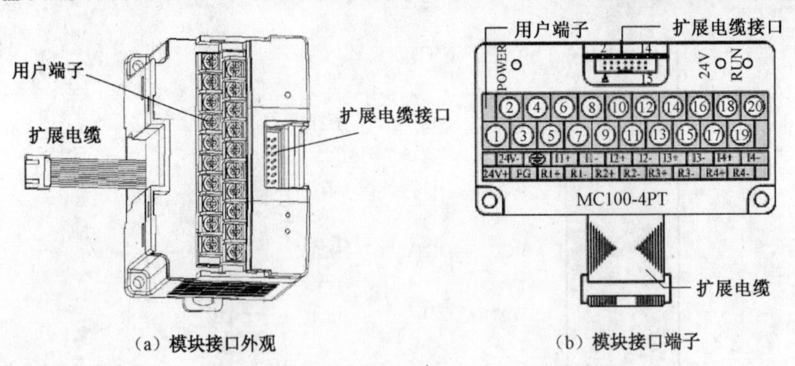

图 5-31 温度输入模块 MC100-4PT

MC100-4PT 用户端子的定义如表 5-4 所示。

表 5-4 MC100-4PT 用户端子定义表

序号	标注	说　明	序号	标注	说　明
1	24V+	模拟电源 24V 正极	11	R2−	第 2 通道热电阻信号负极输入端
2	24V−	模拟电源 24V 负极	12	I2−	第 2 通道热电阻信号辅助负极输入端
3	FG	屏蔽地	13	R3+	第 3 通道热电阻信号正极输入端
4	⏚	接地端	14	I3+	第 3 通道热电阻信号辅助正极输入端
5	R1+	第 1 通道热电阻信号正极输入端	15	R3−	第 3 通道热电阻信号负极输入端
6	I1+	第 1 通道热电阻信号辅助正极输入端	16	I3−	第 3 通道热电阻信号辅助负极输入端
7	R1−	第 1 通道热电阻信号负极输入端	17	R4+	第 4 通道热电阻信号正极输入端
8	I1−	第 1 通道热电阻信号辅助负极输入端	18	I4+	第 4 通道热电阻信号辅助正极输入端
9	R2+	第 2 通道热电阻信号正极输入端	19	R4−	第 4 通道热电阻信号负极输入端
10	I2+	第 2 通道热电阻信号辅助正极输入端	20	I4−	第 4 通道热电阻信号辅助负极输入端

2. 接入系统

通过扩展电缆，可将 MC100-4PT 与 MC100 系列 PLC 主模块或其他扩展模块连接在一起。用户端子布线要求，如图 5-32 所示。

图 5-32 中的①～⑤表示布线时必须注意的 5 个方面。

① 热电阻信号通过屏蔽电缆接入。电缆应远离电源线或其他可能产生电气干扰的电线。与热电阻连接的电缆说明如下：一是热电阻传感器（类型为 Pt100、Cu100、Cu50）可以采用 2、3、4 线制接法，以 4 线制接法精度最高、3 线制次之、2 线制最差。当导线长度大于 10m 时，建议采用 4 线连接，以消除导线电阻误差；二是为了减少测量误差，及避免受到噪声干扰，建议使用长度小于 100m 的连接电缆。测量误差是由于连接电缆的阻抗引起来的，而且在同一模块中的不同通道产生的测量误差可能不一致，因此需要对每个通道进行特性调整。

② 如果存在过多的电气干扰，连接屏蔽地 FG 到模块接地端 PG。

③ 将模块的接地端 PG 良好接地；

④ 模拟供电电源可以使用主模块输出的 24V DC 电源，也可以使用其他满足要求的电源；

⑤ 将不使用通道的正负端子短接，以防止在这个通道上检测出错误数据。

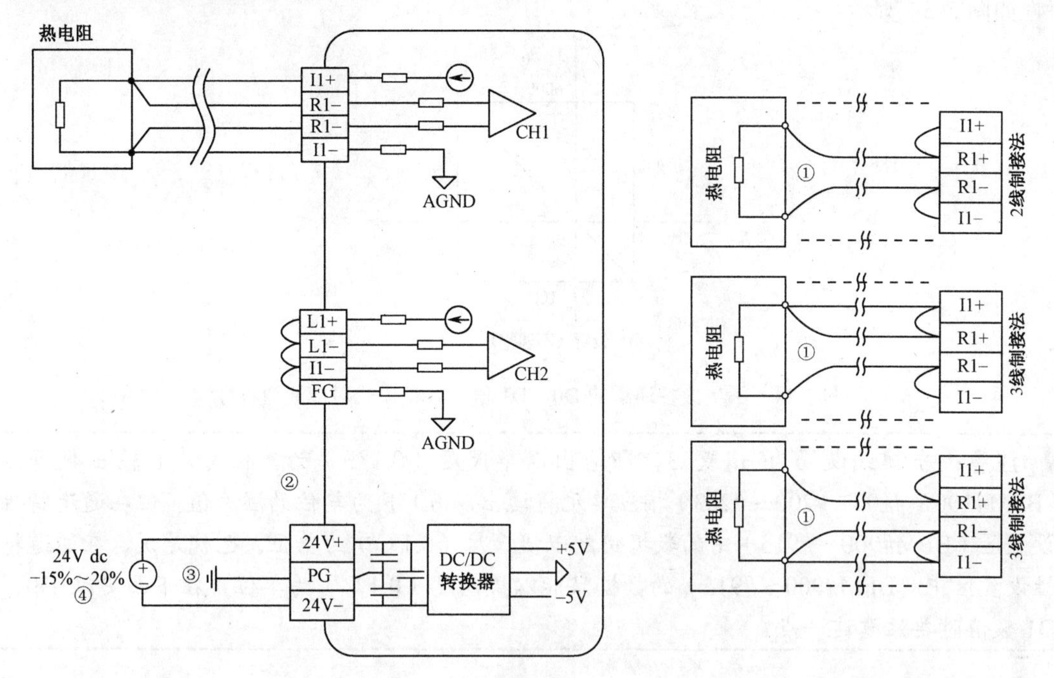

图 5-32　用户端子布线示意图

3．特性设置

MC100-4PT 的输入通道特性为通道模拟输入温度 A 与通道数字输出 D 之间的线性关系，可由用户设置。每个通道可以理解为图 5-33 中所示的模型。由于其为线性特性，因此只要确定两点 P0（A0, D0）、P1（A1, D1），即可确定通道的特性。其中，D0 表示模拟量输入为 A0 时通道输出数字量，D1 表示模拟量输入为 A1 时通道输出数字量。

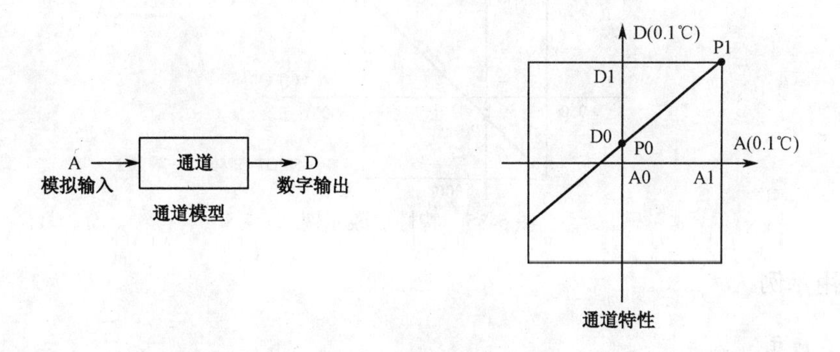

图 5-33　MC100-4PT 通道特性示意图

测量误差是由于连接电缆的阻抗引起来的，用户可以通过设定通道特性来消除此类误差。考虑到用户使用的简便性，且不影响功能的实现，将 A0、A1 的值固定为当前模式下，模拟量的 0 点和 6000（单位是 0.1℃），也就是说图 5-33 中 A0 为 0.0℃，A1 为 600.0℃，用户对此两项设置的写入无效。

若不更改各通道的 D0、D1 值，仅设置通道的模式（BFM#600），那么每种模式对应的

特性如图 5-34 所示。

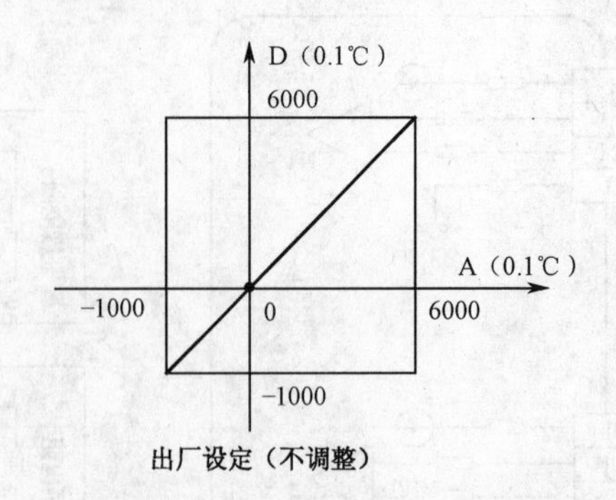

图 5-34　不更改各通道的 D0、D1 值，各种模式对应通道特性

> **注意**：当模式设置为 1 或 3，即输出以华氏度（0.1°F）为单位时，在输出数据区（BFM#100～#103，#200～#203）相应单元将读出以 0.1°F 为单位的温度值。但在通道特性设置区（BFM#900～#915）中的数据仍然以摄氏度（0.1℃）为单位。也就是说，在通道特性设置区中（BFM#900～#915）的数据只能以摄氏度（0.1℃）为单位。在下面更改 D0、D1 数值时要注意这一点。

若更改通道的 D0、D1 数值，即可更改通道特性，D0 可在−1000～1000（0.1℃）之间任意设定，D1 可在 5000～7000（0.1℃）之间任意设定，若设定值超出此范围，MC100-4PT 不会接收，并保持原有有效设置。

若实际使用时 MC100-4PT 测量值偏高 5℃（41°F）时，通过设定特性调整的两点 P0(0, −50)，P1(6000, 5950)可消除误差，图 5-35 为特性更改示例。

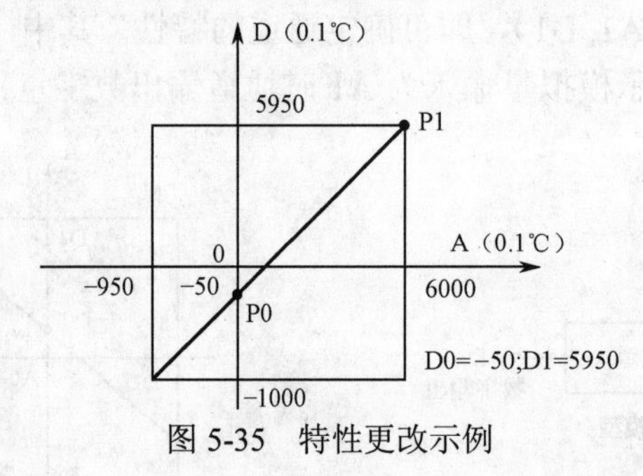

图 5-35　特性更改示例

4．应用示例

1）基本应用

MC100-4PT 模块的 1 通道接入 Pt100 热电阻输出摄氏度温度；使 2 通道接入 Cu100 热电阻输出摄氏度温度；平均值点数设置为 4；假设实际使用时 MC100-4PT 测量值偏低 10℃（82°F）；使用 D1001、D1002 接收平均值转换结果。设置的方法如图 5-36 所示。

2）特性更改

MC100-4PT 连接在扩展模块的 0 号位置，使用其第 1 通道接入 Pt100 型热电阻输出摄氏度温度，第 2 通道接入 Cu100 型热电阻输出摄氏度温度，第 3 通道接入 Cu50 型热电阻输出

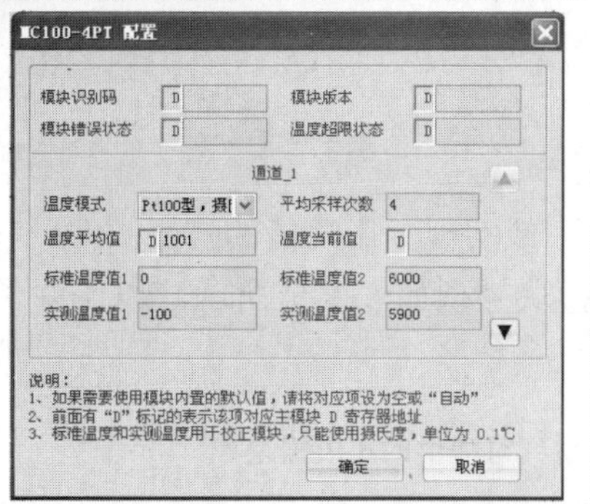

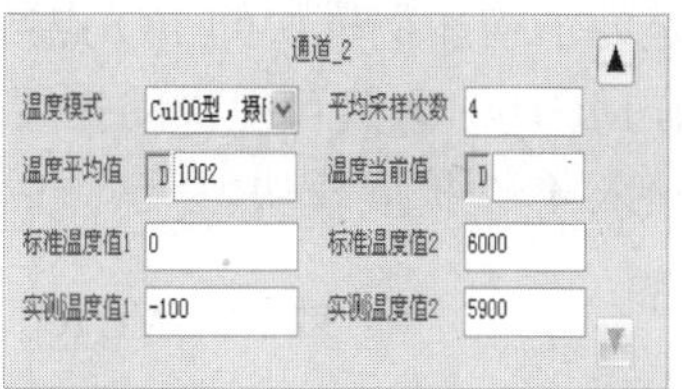

图 5-36　基本应用配置

华氏度温度，关闭第 4 通道，均实现图 5-35 中的特性（若实际使用时 MC100-4PT 测量值偏高 5℃（41°F））。此时第 1 通道在实际测量温度为 600℃时，输出为 6000℃；第 2 通道在实际测量温度为 120℃时，输出温度为 1200℃；第 3 通道在实际测量温度为 248℉时，输出温度为 2480°F。用数据寄存器 D1、D2、D3 接收平均值转换结果。更改的方法如图 5-37 所示。需要注意的是，特性更改都是以摄氏度为单位，且设置更改值的范围在−1000～+1000（±100）℃。

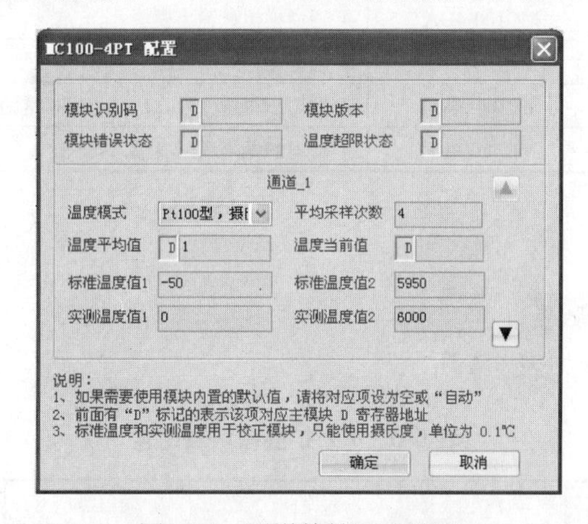

图 5-37　通道特性更改设置

 **自己练习**

设计一个温度控制系统，完成如下功能：

（1）系统内温度保持在 25℃以下；

（2）系统超过 25℃，声光报警，并采用电动机风冷降温；

（3）温度达到 23℃，电动机停止风冷；

（4）温度时刻显示。

5.4　扩展模块的使用

可编程控制器的应用领域越来越广泛，控制对象也越来越多样化。为了处理一些特殊的控制，可编程控制器需要扩展一些功能模块。本章仅介绍部分 MC 系列的扩展模块，其他扩

展模块请参阅相关技术手册。

1. 扩展模块的分类

扩展模块是为了增加主模块的 I/O 点数，或实现专用功能的扩展部件，它必须与主模块配合使用。目前 MC100 系列可提供的扩展模块类型如表 5-5 所示。MC100 系列中，每个主模块最多允许接入 4 个扩展模块。

表 5-5 MC100 系列可提供的扩展模块

扩展模块类型	型　　号	功　　能
I/O 扩展模块	MC100-0808ERN	8 路开关量输入、8 路继电器型输出扩展模块
	MC100-0808ETN	8 路开关量输入、8 路晶体管型输出扩展模块
	MC100-0800ENN	8 路开关量输入、无输出扩展模块
	MC100-0008ERN	无开关量输入、8 路继电器型输出扩展模块
	MC100-0008ETN	无开关量输入、8 路晶体管型输出扩展模块
特殊模块	MC100-4AD	4 通道模拟量输入模块
	MC100-4DA	4 通道模拟量输出模块
	MC100-4TC	4 通道电偶式温度输入模块
	MC100-5AM	4 通道模拟量输入、1 通道模拟量输出模块
	MC100-4PT	4 通道热电阻式温度输入模块

2. 扩展模块的配置

1）I/O 扩展模块的配置

I/O 扩展模块的配置如表 5-6 所示。

表 5-6 I/O 扩展模块及配置

型　　号	电源电压	输入/输出点数	输出类型	内置工作电源
MC100-0808ERN	主模块提供	08/08	继电器	无
MC100-0808ETN	主模块提供	08/08	晶体管	无
MC100-0800ENN	主模块提供	08/00	—	无
MC100-0008ERN	主模块提供	00/08	继电器	无
MC100-0008ETN	主模块提供	00/08	晶体管	无

2）特殊模块的配置

MC100 特殊模块需要在**系统块**内进行模块属性的配置。在 X_Builder 的工程管理器上选择“系统块”选项，如图 5-38 所示的系统块配置图。

选择“特殊模块配置”选项，则弹出如图 5-39 所示的设置界面。

（1）模块类型。可以对 0～3 号模块进行选择。

（2）模块属性。选择了模块类型后，相应的“模块属性”栏将被激活（以 MC100-2AD 为例），可以打开如图 5-40 所示的界面。

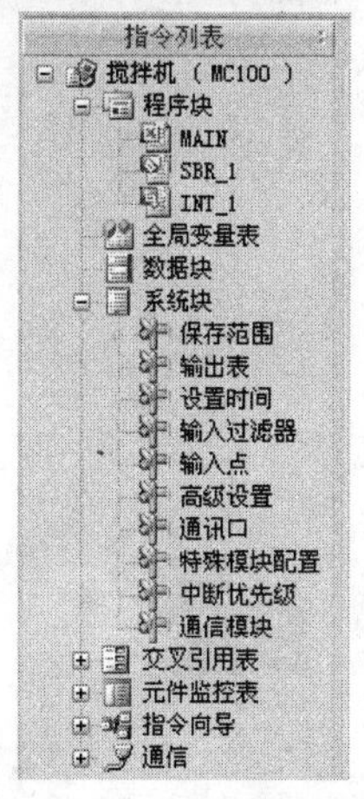

图 5-38　系统块配置

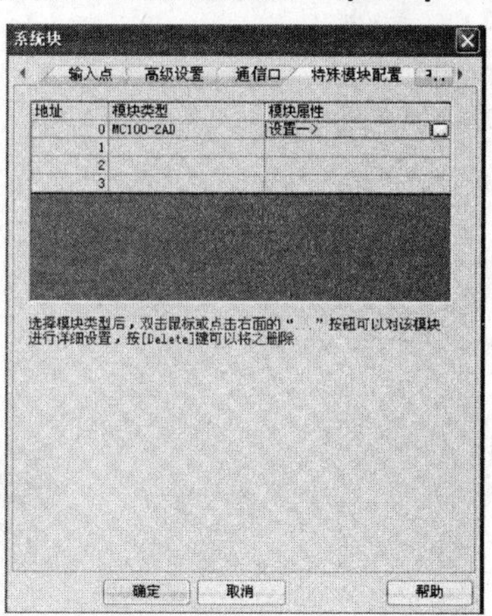

图 5-39　特殊模块配置界面

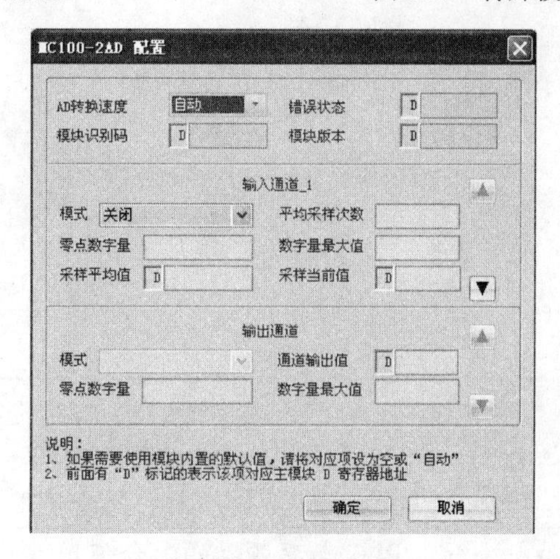

图 5-40　模块属性配置

在此界面中，可以对相关模块进行通道配置，包括模式（信号特性）、零点数字量、数字量最大值、采样平均值和采样当前值等。

第6章 PLC与变频器

教学导航

教	知识重点	1. 变频调速原理； 2. 变频器结构、使用方法； 3. PLC 与变频器的配合使用
	知识难点	PLC 与变频器的配合使用
	推荐教学方法	从基本调速方法入手，找出各种方法的优缺点，逐步引入到变频调速，并指导学生完成变频器及变频器和 PLC 的调速使用
	建议学时	6 学时
学	推荐学习方法	结合实训项目了解基本的调速原理和常见方法，学会使用变频器调速及 PLC 和变频器的配合调速
	必须掌握的理论知识	变频调速原理、结构
	必须掌握的技能	变频器使用方法、PLC 与变频器的配合使用

相关知识

在前面章节学习到的交流电动机的调速实质上都是有级调速，这种调速优点是电路简单、原理清晰，但是也具有速度变化阶跃性强、设备损耗大、能源利用效率低等缺点。应用变频技术进行调速，可以有效地解决上述缺点。常见实现变频的设备即变频器。

变频器的英文译名是 VFD（Variable-frequency Drive），但 VFD 也可解释为 Vacuum fluorescent display，真空荧光管，故这种译法并不常用。变频器是应用变频技术与微电子技术，通过改变电动机工作电源频率方式来控制交流电动机的电力控制设备。变频器在中国、韩国等亚洲地区受日本厂商影响而曾被称为 VVVF（Variable Voltage Variable Frequency Inverter）。

国际有名的变频器厂商有艾默生、三菱、GE、西门子、施耐德、欧姆龙、罗克韦尔等；国内技术较领先的品牌有汇川、正弦、德瑞斯、英威腾、欧瑞、蓝海华腾、欣灵、紫日、阿尔法、上海亚泰等。只要掌握某一品牌变频器的应用技术，其他品牌的变频器就能轻松地进行操作与应用。

实训项目 23　变频器手动按键调速系统设计

1．实训要求

应用 SK-2S0002G 变频器的键盘和显示屏对变频器进行设置，使三相交流电动机完成启动、运行及停止等基本控制要求。

2．设计分析

本实训是对变频器进行基本操作，利用简单的外部按键和其他设备就可以对三相交流电动机进行基本的运行控制。

按键定义如下：

SB1：使能按键；

SB2：正转按键；

SB3：反转按键；

R：速度调节电位器。

3．电气连接图

根据实训要求和设计分析，电气连接图如图 6-1 所示。

4．控制操作

1）上电前准备

（1）变频器使能端子 SB1 断开；

（2）变频器运行控制端子 SB2、SB3 断开；

（3）电动机已与变频器建立连接；

（4）电动机的△或 Y 连接正确；

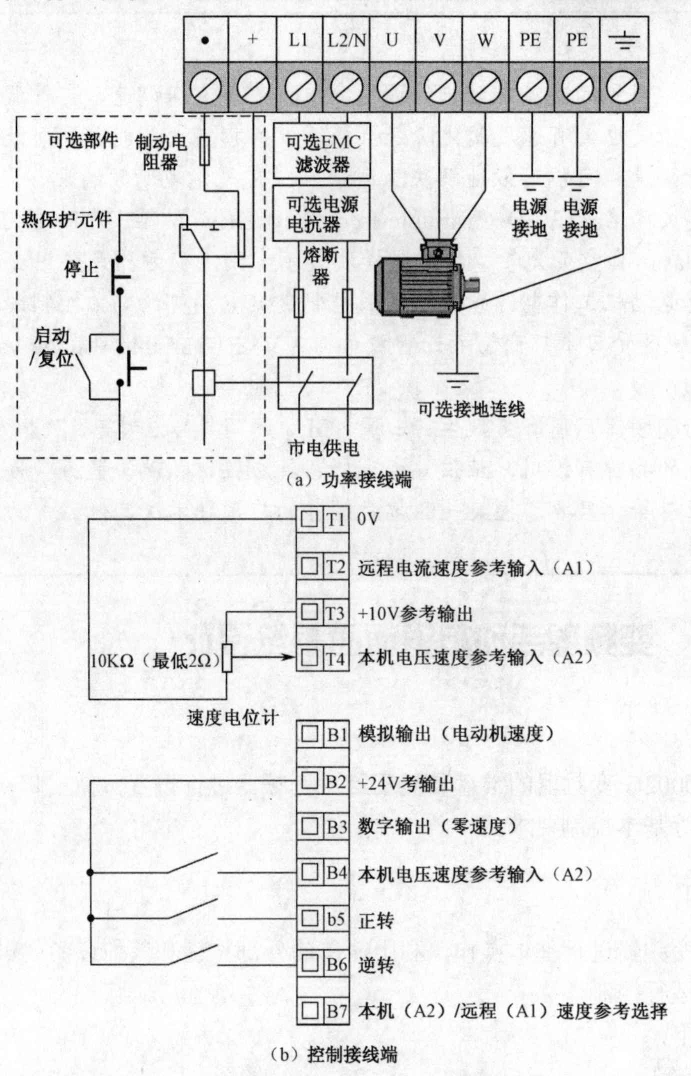

图 6-1 变频器控制电路连接图

（5）变频器所连接电源电压正确；

（6）变频器显示：ih 0.0。

2）参数输入

变频器显示ih 0.0后，按一次Ⓜ（模式键）进入参数设定，显示变为01 0.0其中 01 在闪烁，按Ⓐ（递增键）或Ⓥ（递减键）可以选择参数标号；再按一次Ⓜ，0.0 闪烁，进入参数值设定；设定完毕后，按两次Ⓜ，退出并保存，回到ih 0.0。

（1）输入最小速度 Pr01（Hz）和最大速度 Pr02（Hz）。

（2）输入加速率 Pr03（s/100Hz）和减速率 Pr04（s/100Hz）。

（3）输入电动机铭牌详细资料（可选）。

Pr06 中的电动机额定电流（A）、Pr07 中的电动机额定速度（r/min）、Pr08 中的电动机额定电压（V）、Pr09 中的电动机额定功率因数。

如果所用电动机不是标准的 50/60Hz 电动机，则应对 Pr39 进行相应设置。电动机铭牌资料参考如图 6-2 所示。

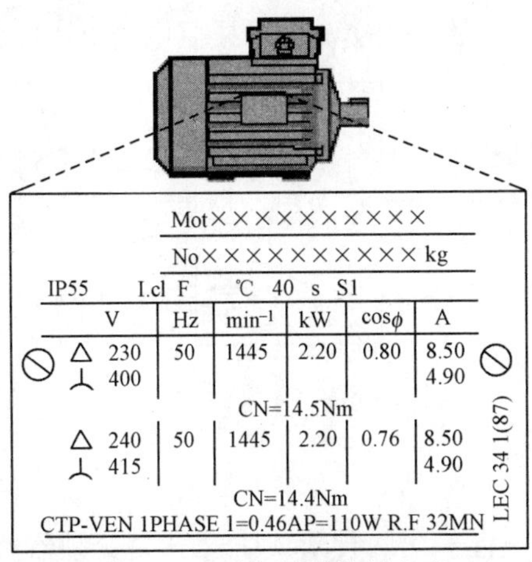

Mot××××××××××
No×××××××××× kg
IP55　I.cl F　℃ 40 s S1
V　Hz　min⁻¹　kW　cosφ　A
△ 230　50　1445　2.20　0.80　8.50
⅄ 400　4.90
CN=14.5Nm
△ 240　50　1445　2.20　0.76　8.50
⅄ 415　4.90
CN=14.4Nm
CTP-VEN 1PHASE 1=0.46AP=110W R.F 32MN
LEC 34 1(87)

图 6-2　电动机铭牌资料参考

3）参数输入辨别（可选）

（1）SK 变频器将在电动机上执行静止参数辨识。显示屏会交替闪烁 Auto 和 tunE，以表明电动机正在执行参数辨识。

（2）为了确保参数辨识能正常执行，电动机必须保持静止。

（3）变频器在每一次上电之后的第一次启动时将会执行静止参数辨识。如果对特定应用而言该操作会导致发生问题，那么就应将 Pr41 设置为需要的值。

（4）参数辨识完成时，显示屏会出现：Fr 0.0。

（5）若在参数辨别时屏幕出现 Er rS 时，需要将参数 Pr5.14 设置为 Fd，即 VF 控制模式，不检测定子电阻。具体操作：将 Pr10 设置为 2，然后将 Pr71 设置为 5.14，此时选中参数 Pr5.14，再设置 Pr61 为 Fd，即将参数 Pr5.14 设置为 Fd。

4）运行操作

（1）闭合使能按键 SB1。

（2）当 Pr05 设定为 AI.AU 时，即变频器设定为端子控制模式，闭合正转按键 SB2 或反转按键 SB3，电动机正转或反转，旋转速度电位计可以增加和减小电动机的转速，断开正转按键 SB2 或逆转按键 SB3，电动机停止，再闭合逆转按键 SB3 或正转按键 SB2，电动机可以进行方向切换，如果在电动机运行过程中断开使能端子，电动机就会自然停机；

（3）当 Pr05 设定为 Pad 时，即变频器设定为键盘控制模式，按下启动键可以让电动机向某个方向运行，按递增键可以增加转速，按递减键可以减小转速，按停机/复位键可以让电动机停机，此时电位器及正转按键 SB2 和反转按键 SB3 将不产生任何控制效果。

6.1　变频器基础知识

1．变频器的作用

变频器的作用是将频率固定（通常为工频 50Hz）的交流电（三相的或单相的）变换成频

率连续可调的三相交流电源。

变频器的输入端（R、S、T）接至频率固定的三相交流电源，输出端 L1、L2、L3 输出的是频率在一定范围内连续可调的三相交流电，接至电动机，如图 6-3 所示。

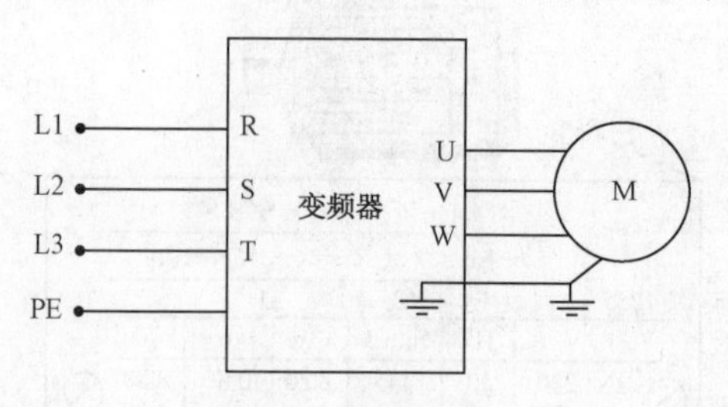

图 6-3　变频器作用

2．变频器的基本构成

变频器分为交—交和交—直—交两种形式。交—交变频器可将工频交流直接转换成频率、电压均可控制的交流；交—直—交变频器则是先把工频交流通过整流器转换成直流，然后再把直流转换成频率、电压均可控制的交流，其基本构成如图 6-4 所示。它主要由主电路（包括整流器、中间直流环节、逆变器）和控制电路组成。

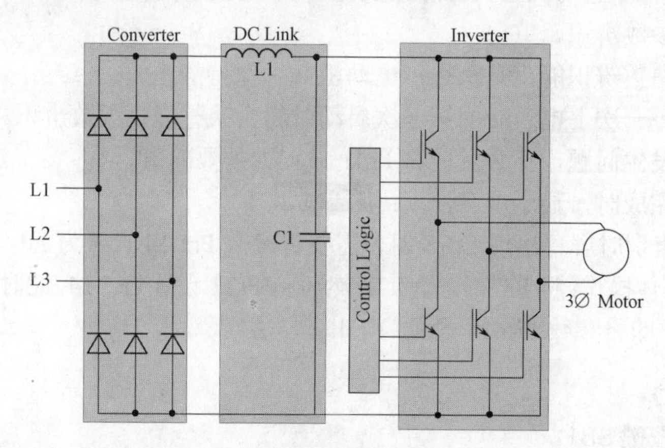

图 6-4　变频器的基本构成

整流器（Converter）主要是将电网的交流整流成直流；逆变器（Inverter）是通过三相桥式逆变电路将直流转换成任意频率的三相交流；中间直流环节（DC Link）又称为中间储能环节，由于变频器的负载一般为电动机，属于感性负载，运行中中间直流环节和电动机之间总会有无功功率交换，这种无功功率将由中间环节的储能元件（电容器或电抗器）来缓冲；控制电路（Control Logic）主要是完成对逆变器的开关控制、对整流器的电压控制以及完成各种保护功能。

3．SK-2S0002G 外观及按键

（1）SK-2S0002G 变频器的外观、键盘和显示屏如图 6-5 所示。

（2）键盘和显示屏作用：

① 显示变频器工作状态；

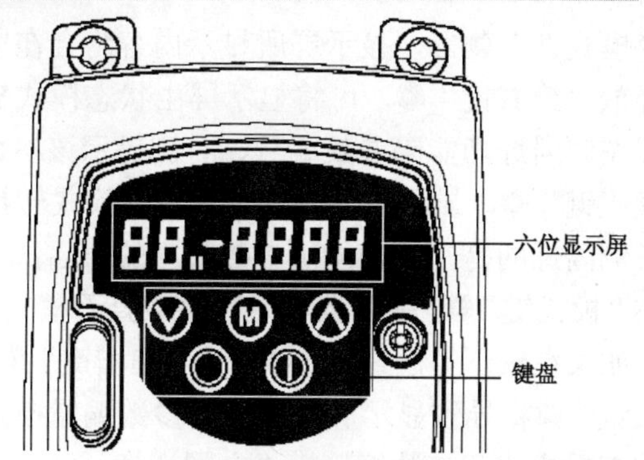

图 6-5　SK-2S0002G 变频器的外观、键盘和显示屏

② 显示故障代码；

③ 读取和修改变频器参数值；

④ 停止、启动和复位变频器。

（3）键盘功能如下。

Ⓜ（模式键）用于更改变频器的键盘操作模式。

Ⓐ（递增键）和Ⓥ（递减键）用于选择和编辑参数值。例如，在变频器设置为键盘模式下，它们可以用来增加和降低电动机转速。

（启动键），位于键盘上右下侧的绿色键，可在变频器设置为键盘模式下启动变频器。

（停机/复位键），位于键盘上左下侧的红色键，可在变频器设置为键盘模式或端子控制模式下停机和复位变频器。

4．SK-2S0002G 基本参数

1）基本操作

SK-2S0002G 变频器的参数操作的基本流程，如图 6-6 所示。

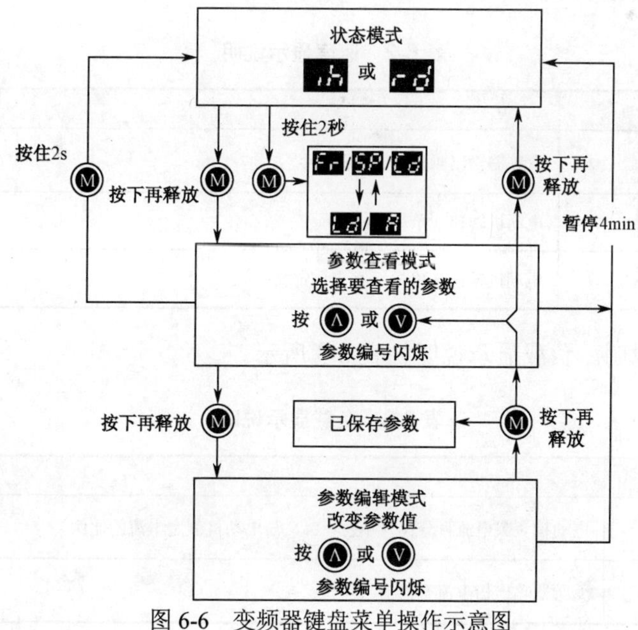

图 6-6　变频器键盘菜单操作示意图

在状态模式中按住“模式键”Ⓜ 2s，显示屏所显示内容将会在电动机速度与电动机负载读数之间切换。按下再释放“模式键”Ⓜ，可将显示屏由状态模式转换为参数查看模式。在参数查看模式中，显示屏左侧闪烁功能码参数编号、右侧显示该参数对应的值。

再次按下并释放“模式键”Ⓜ，显示屏又会从参数查看模式转换为参数编辑模式。在参数编辑模式中，显示屏右侧闪烁的是左侧功能码参数对应的值。

在参数编辑模式中按“模式键”Ⓜ，变频器将返回参数查看模式。再次按下“模式键”Ⓜ，变频器将返回状态模式；如果在按下“模式键”Ⓜ前按“递增键”▲或“递减键”▼来更改所查看参数，那么按“模式键”Ⓜ将导致显示屏再次变为参数编辑模式。这样，用户在使用变频器时就能轻松地在参数查看模式和参数编辑模式之间切换。

2）屏幕显示说明

（1）状态模式说明。状态模式说明如表 6-1 所示。

表 6-1　状态模式说明

左侧显示屏	状　态	说　明
rd	变频器就绪	变频器已使能，允许执行运转命令（使能端子与 24V 端子闭合）
ih	变频器禁用	变频器处于禁止运行状态，此时使能端子为低电平（使能端子与 24V 端子断开）
tr	变频器跳闸	变频器故障。显示屏右侧将出现故障代码
dC	直流制动	电动机工作在直流制动状态
AC	功耗	参见高级用户手册

（2）速度显示说明。速度显示说明如表 6-2 所示。

表 6-2　速度显示说明

左侧显示屏	说　明
Fr	变频器输出频率（单位：Hz）
SP	电动机转速（单位：r/min）
Cd	电动机转速（单位：客户自定义）

（3）负载显示说明。负载显示说明如表 6-3 所示。

表 6-3　负载显示说明

左侧显示屏	说　明
Ld	电动机负载电流百分比（单位：%，与电动机额定电流的比例）
A	变频器输出相电流有效值（单位：A）

（4）保存参数。当按下“模式键”Ⓜ从参数编辑模式进入参数查看模式时，将自动保存参数。

（5）恢复默认值：

① 将 Pr10 设置为 L2；

② 将 Pr29 设置为 EUR 并按“模式键”Ⓜ，这样可以加载 50Hz 默认参数；或者将 Pr29 设置为 USA 并按“模式键”Ⓜ，这样可以加载 60Hz 默认参数。

实训项目 24　PLC、变频器自动调速系统设计

1．实训要求

应用 MC100 系列 PLC 和 SK-2S0002G 变频器控制三相交流电动机，完成如图 6-7 所示的启动、多段速度运行及停止等基本控制要求，全部运行均采用自动控制模式，具体转速和转换时间自行定义。

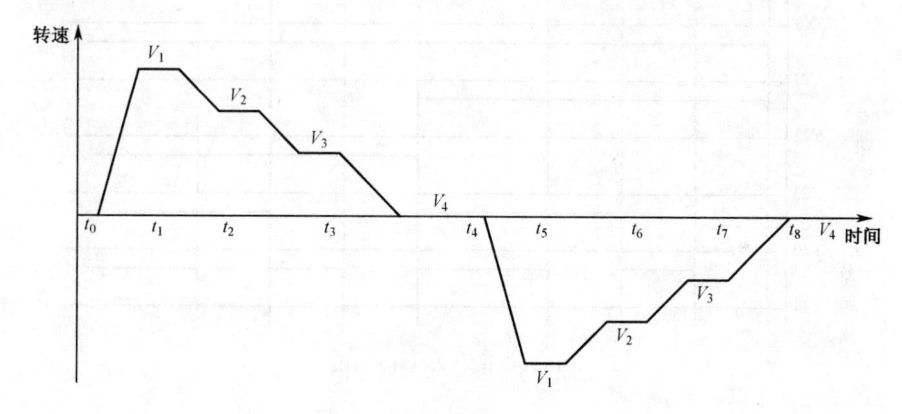

图 6-7　多段转速运行要求

2．设计分析

（1）本实训利用 PLC 替代机械按键控制变频器，使电动机进行如图 6-7 所示的规律自动运行。

（2）根据题目要求，定义 PLC 的 I/O 如下：

输入：X0：SB（启动）；

输出：Y20：T4（参考选择），Y21：B4（使能），Y22：B5（正转），Y23：B6（反转）；Y24：B7（参考选择）。

> **注意**：此处使用 I/O 扩展模块 MC100-0808ERN 的继电器形式输出，输出端子定义参阅第 5 章。

（3）各段速度对应频率及时间如下：

速度 1：f=50Hz；t_1-t_0=10s，t_5-t_4=10s；

速度 2：f=35Hz；t_2-t_1=6s，t_6-t_5=6s；

速度 3：f=20Hz；t_3-t_2=6s，t_7-t_6=6s；

转速 4：f=0Hz；t_4–t_3=10s；

加速率设定为 2s/100Hz；

减速率设定为 2s/100Hz。

（4）PLC 信号时序图，如图 6-8 所示。

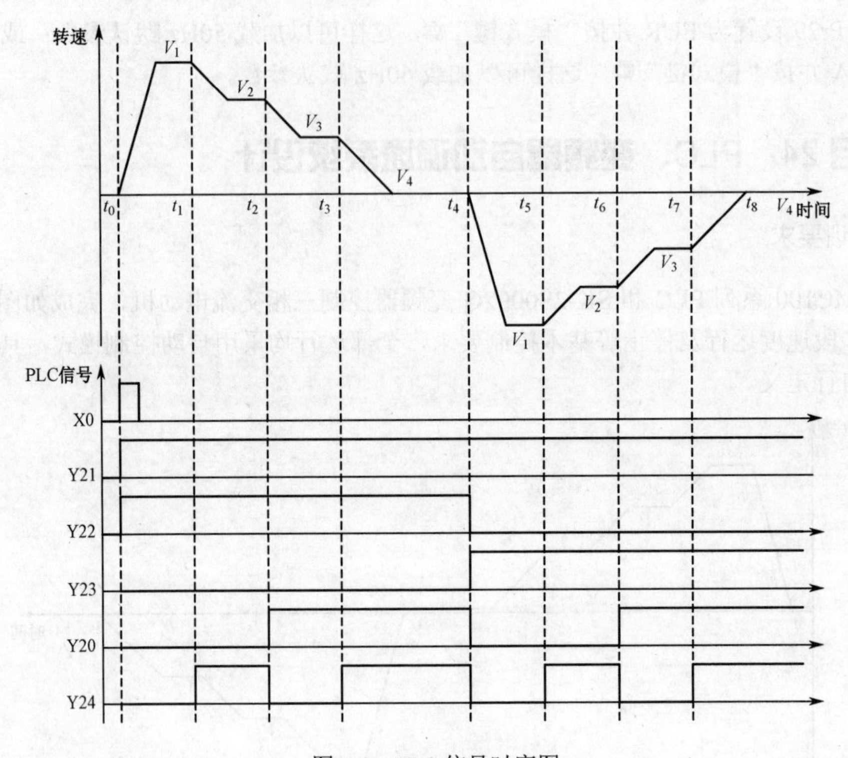

图 6-8　PLC 信号时序图

3．电气连接图

根据实训要求和设计分析，PLC 与变频器连接电路图，如图 6-9 所示。

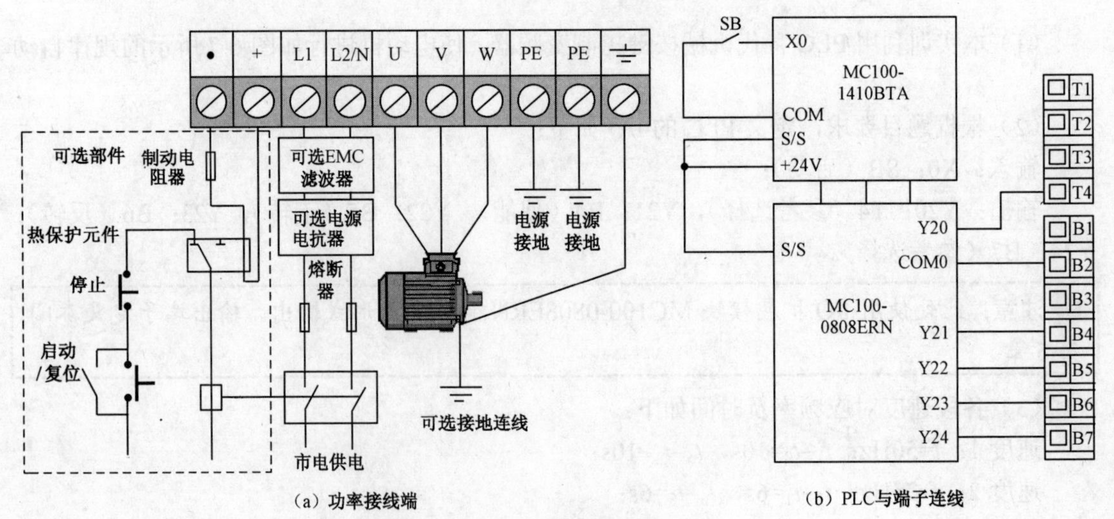

图 6-9　PLC 与变频器连接电路图

4．PLC 程序

（1）根据实训要求、设计分析及 PLC 与变频器连接电路图，应用基本指令编写的 PLC 程序，如图 6-10 所示。

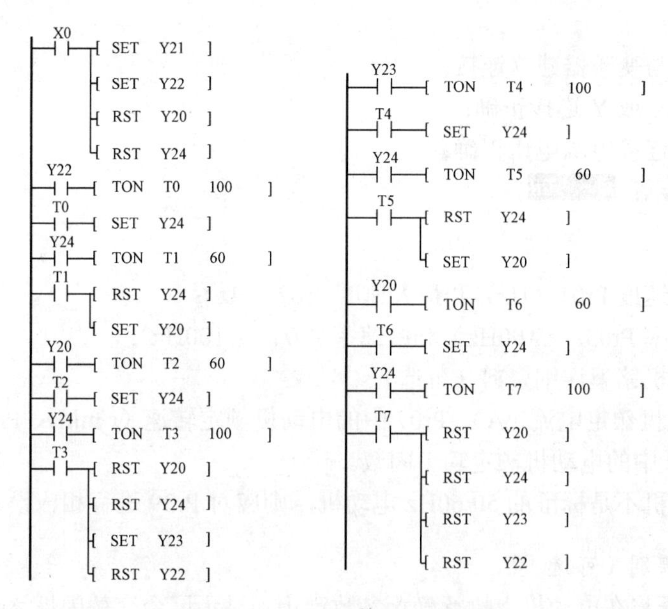

图 6-10　PLC 与变频器连接程序

（2）应用步进指令编写的 PLC 程序，如图 6-11 所示。

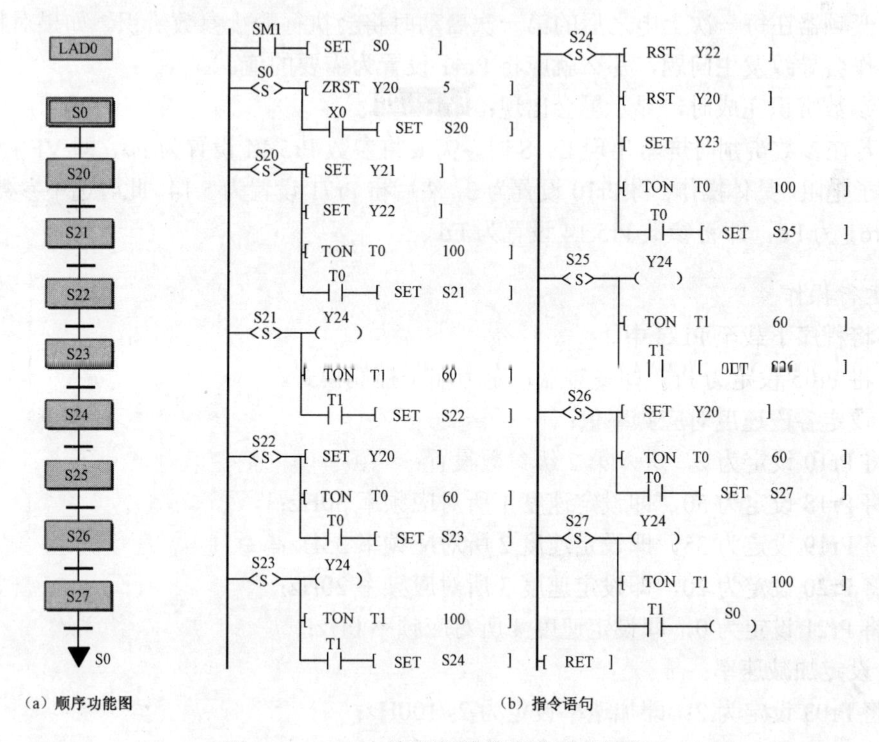

图 6-11　PLC 与变频器连接步进指令程序

5. 控制操作

1）上电前准备

（1）PLC 与变频器连接正确，相关输出口无效，确保变频器使能端子断开；变频器运行控制端子断开；

（2）电动机已与变频器建立连接；

（3）电动机的△或 Y 连接正确；

（4）变频器所连接电源电压正确；

（5）变频器显示：ih 0.0。

2）参数输入

（1）输入最小速度 Pr01（Hz）和最大速度 Pr02（Hz）；

（2）输入加速率 Pr03（s/100Hz）和减速率 Pr04（s/100Hz）；

（3）输入电动机铭牌详细资料（可选）。

Pr06 中的电动机额定电流（A）、Pr07 中的电动机额定转速（r/min）、Pr08 中的电动机额定电压（V）、Pr09 中的电动机额定功率因数。

如果所用电动机不是标准的 50/60Hz 电动机，则应对 Pr39 进行相应设置。

3）参数输入辨别（可选）

（1）SK 变频器将在电动机上执行静止参数辨识。显示屏会交替闪烁 Auto 和 tunE，以表明电动机正在执行参数辨识。

（2）为了确保参数辨识能正常执行，电动机必须保持静止。

（3）变频器在每一次上电之后的第一次启动时将会执行静止参数辨识。如果对特定应用而言该操作会导致发生问题，那么就应将 Pr41 设置为需要的值。

（4）参数辨识完成时，显示屏会出现：Fr 0.0。

（5）若在参数辨别时屏幕出现 Er rS 时，需要将参数 Pr5.14 设置为 Fd，即 VF 控制模式，不检测定子电阻。具体操作：将 Pr10 设置为 2，然后将 Pr71 设置为 5.14，此时选中参数 Pr5.14，再设置 Pr61 为 Fd，即将参数 Pr5.14 设置为 Fd。

4）运行操作

（1）将程序下载至 PLC 中。

（2）将 Pr05 设定为 Pr，即变频器设定为端子控制模式。

（3）设定各段速度对应频率值：

① 将 Pr10 设定为 2，进入第 2 级参数设置；

② 将 Pr18 设定为 50，即设定速度 1 所对应频率 50Hz；

③ 将 Pr19 设定为 35，即设定速度 2 所对应频率 35Hz；

④ 将 Pr20 设定为 20，即设定速度 3 所对应频率 20Hz；

⑤ 将 Pr21 设定为 0，即设定速度 4 所对应频率 0Hz；

（4）设定加减速率：

① 将 Pr03 设定为 2；即加速率设定为 2s/100Hz；

② 将 Pr04 设定为 2；即减速率设定为 2s/100Hz。

（5）保存参数设置。

（6）闭合启动键 SB，观察电动机的运行。

自己练习

设计 PLC 程序，应用变频器完成如图 6-12 所示的转速曲线控制。其中转速 v_1、v_2、v_3、v_4 所对应的频率分别为 f_1=35Hz、f_2=20Hz、f_3=40Hz、f_4=50Hz；每段时间为 t_0=3s、t_1=5s、t_2=5s、t_3=3s、t_4=2s、t_5=2s、t_6=10s、t_7=5s、t_8=6s。

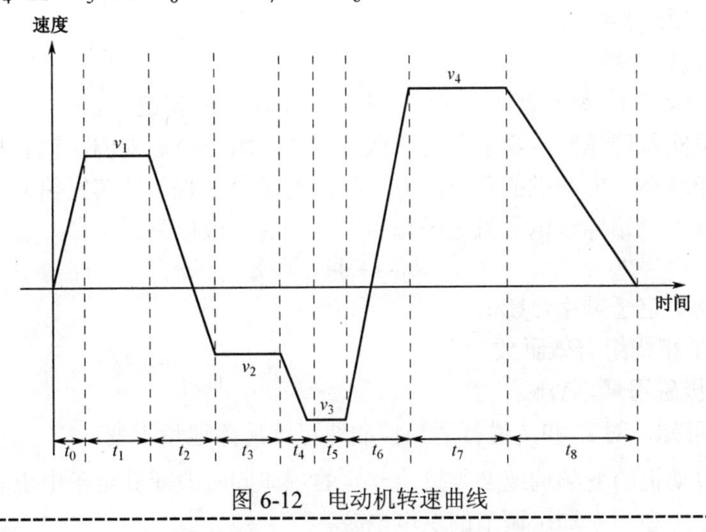

图 6-12　电动机转速曲线

实训项目 25　PLC、变频调速温度控制系统设计

1．实训要求

应用 MC100 系列 PLC、温度测量模块和 SK-2S0002G 变频器控制冷却风机设计温度控制系统，该系统可以完成如下功能：

（1）测量当前温度并显示；

（2）设定温度上限为 30℃并显示；

（3）若温度超过 30℃，冷却风机以中速旋转风冷，直至温度降到 30℃以下；

（4）若温度超过 34℃，冷却风机以高速旋转风冷，直至温度降到 30℃以下。

2．实训过程

请读者参考第 4 章实训项目 18、第 5 章实训项目 22 和本章实训项目 24 自行设计电路并编写控制程序。

6.2　变频器的调速原理

变频器是利用电力半导体器件的通断作用将工频电源变换为另一频率的电能控制装置，能实现对交流异步电动机的软启动、变频调速、提高运转精度、改变功率因数、过流/过压/过载保护等功能。

1．调速原理

三相异步电动机的转速公式为：

$$n = n_0(1-s) = \frac{60f}{p}(1-s) \tag{6-1}$$

式中 n_0——同步转速；

f——电源频率，Hz；

p——电动机极对数；

s——电动机转差率。

从式（6-1）可知，改变电源频率即可实现交流电动机的调速。

对异步电动机实行调速时，希望主磁通保持不变，因为磁通太弱，铁芯利用不充分，同样转子电流下转矩减小，电动机的负载能力下降；若磁通太强，铁芯发热，波形变坏。如何实现磁通不变？根据三相异步电动机定子每相电动势的有效值为：

$$E_1 = 4.44 f_1 N_1 \Phi_m \tag{6-2}$$

式中 f_1——电动机定子频率，Hz；

N_1——定子相绕组有效匝数；

Φ_m——每极磁通量，Wb。

从式（6-2）可知，对 E_1 和 f_1 进行适当控制即可维持磁通量不变。

因此，异步电动机的变频调速必须按照一定的规律同时改变其定子电压和频率，即必须通过变频器获得电压和频率均可调节的供电电源。

2．变频器的额定值和频率指标

1）输入侧的额定值

输入侧的额定值主要是电压和相数。在我国的中小容量变频器中，输入电压的额定值有以下几种：380V/50Hz，200～230V/50Hz 或 60Hz。

2）输出侧的额定值

（1）输出电压 U_N：由于变频器在变频的同时也要变压，所以输出电压的额定值是指输出电压中的最大值。在大多数情况下，它就是输出频率等于电动机额定频率时的输出电压值。通常，输出电压的额定值总是和输入电压相等。

（2）输出电流 I_N：是指允许长时间输出的最大电流，是用户在选择变频器时的主要依据。

（3）输出容量 S_N（kVA）：S_N 与 U_N、I_N 关系为 $S_N = \sqrt{3}U_N I_N$。

（4）配用电动机容量 P_N（kW）：变频器说明书中规定的配用电动机容量，仅适合于长期连续负载。

（5）过载能力：变频器的过载能力是指其输出电流超过额定电流的允许范围和时间。大多数变频器都规定为 150%I_N、60s，180%I_N、0.5s。

3）频率指标

（1）频率范围：即变频器能够输出的最高频率 f_{max} 和最低频率 f_{min}。各种变频器规定的频率范围不尽一致，通常，最低工作频率为 0.1～1Hz，最高工作频率为 120～650Hz。

（2）频率精度：指变频器输出频率的准确程度。在变频器使用说明书中规定的条件下，

由变频器的实际输出频率与设定频率之间的最大误差与最高工作频率之比的百分数来表示。

（3）频率分辨率：指输出频率的最小改变量，即每相邻两挡频率之间的最小差值。一般分模拟设定分辨率和数字设定分辨率两种。

6.3 SK 系列变频器介绍

SK 系列变频器是麦格米特公司推出的一款通用型开环矢量变频器，输入电压等级有 220V 和 380V（另有少量输入电压为 110V 的特殊机型），其输出功率范围涵盖 0.25～132kW。

1. 型号说明

SK 变频器型号代码解释说明如图 6-13 所示。

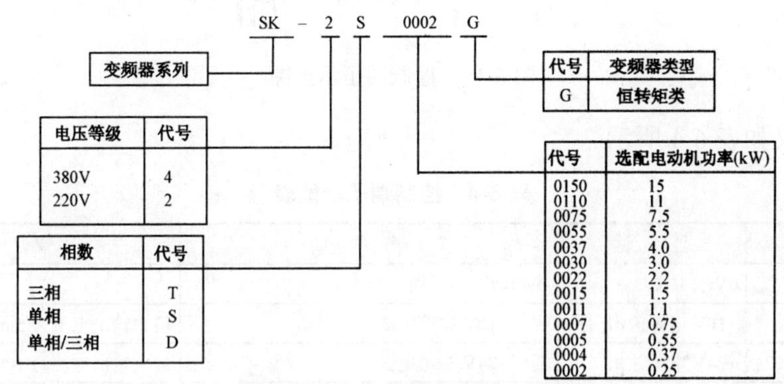

图 6-13 SK 变频器型号说明

本书选用 SK-2S0002G 作为实验样机。根据图 6-13 可知，SK-2S0002G 变频器输入电压是 200～240VAC 单相输入；选配电动机功率为 0.25kW。

2. 端子说明

1）功率端子

功率端子用于连接输入电源、交流电动机、保护地及其他功率器件，SK-2S0002G 变频器的功率端子排布及接线方式如图 6-14 所示。

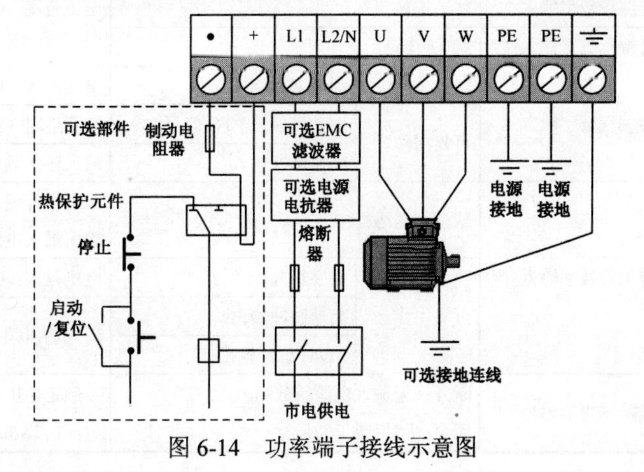

图 6-14 功率端子接线示意图

2）控制端子

控制端子用于控制信号的输入/输出，如图 6-15 所示。通过控制端子可以控制电动机的运行，并反映电动机的运行状态。

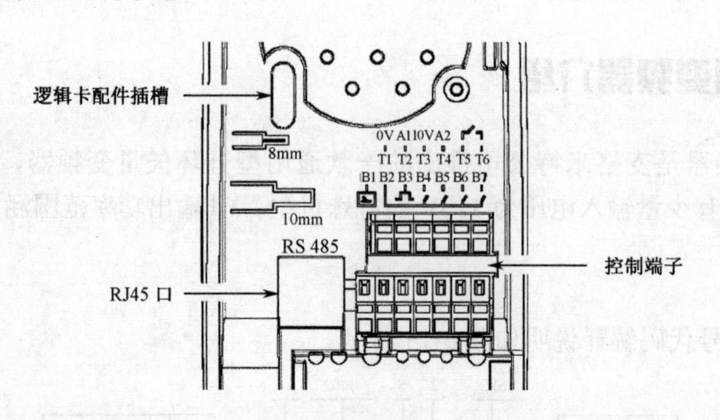

图 6-15　控制端子示意图

其具体定义如表 6-4 所示。

表 6-4　控制端子功能表

类　别	标　号	名　称	端子功能说明		规　格
电源	T1	0V 公共端	模拟数字信号输入公共端		
	T3	+10V 电源输出	提供+10V 参考电源		最大输出电流为 5mA
	B2	+24V 电源输出	提供+24V 参考电源		最大输出电流为 100mA
模拟输入	T2	模拟输入 1	默认远程速度参考，支持 5 种模拟量信号输入（0～20mA、20～0mA、4～20mA、20～4mA、0～10V）		输入阻抗：100kΩ（电压输入）、200kΩ（电流输入），分辨率：0.1%
	T4	模拟输入 2	默认本机速度参考，支持 0～10V 模拟电压信号输入；可复用作数字输入		输入阻抗：100kΩ（电压输入）、6.8kΩ（数字输入）；分辨率：0.1%、电压范围：0～24V；阈值电压：10V
模拟输出	B1	可编程模拟输出	默认当前运行频率，提供 0～10V 模拟电压信号输出		最大输出电流：5mA；分辨率：0.1%
数字输入	B4	可编程数字输入 1	默认使能		电压范围：0～24V；阈值电压：10V
	B5	可编程数字输入 2	默认正转		
	B6	可编程数字输入 3	默认反转		
	B7	可编程数字输入 4	默认本机/远程速度参考切换		电压范围：0～24V；阈值
			可复用作	电动机保护 PTC 信号输入	故障电阻 3 kΩ、复位电阻 1.8 kΩ
				高速脉冲输入	最大输入频率 50kHz
数字输出	B3	可编程数字输入	默认零速运行中		电压范围：0～24V；B3 和 B4 总输出最大电流 100mA
			可复用作	数字输入	电压范围：0～24V；阈值电压：10V
				高速脉冲输出	最大输出频率 50kHz
				PWM 脉冲输出	
继电器输出	T5	故障继电器输出	断开：无输入电源或故障		额定电压：240VAC/30VDC；额定电流：2A/6A（阻性）
	T6		闭合：待机或正常运行		

3. 参数功能

变频器的设置与调试都离不开对变频器参数的操作，SK 系列变频器将所有参数划分成 21 级菜单（Menu 1～Menu 21），如表 6-5 所示。21 级菜单中包含的参数统称为高级参数。

表 6-5　SK 系列变频器菜单列表

菜　单	功　能	菜　单	功　能	菜　单	功　能
Menu 01	速度给定选择、限制及滤波	Menu 08	数字输入与输出	Menu 15	解决方案模块设置
Menu 02	斜坡	Menu 09	可编程逻辑与二进制和	Menu 16	NA
Menu 03	速度门限及频率输入与输出	Menu 10	状态逻辑与诊断信息	Menu 17	NA
Menu 04	电流控制	Menu 11	变频器通用设置	Menu 18	应用菜单 1
Menu 05	电动机控制	Menu 12	可编程门限与变量选择器	Menu 19	NA
Menu 06	变频器序列发生器与时钟	Menu 13	NA	Menu 20	应用菜单 2
Menu 07	模拟输入与输出	Menu 14	PID 控制器	Menu 21	第二电动机参数

除此之外，还有一个特殊的菜单：Menu 0。Menu 0 包含了 95 个参数（Pr01～Pr95），称为基本参数，这些参数都来源于 Menu 1～Menu 21，它们是调试过程中最常用的参数，如图 6-16 所示。通过这种菜单组织模式，90%以上的用户操作都只需要通过访问 Menu 0 就能完成，大大方便了用户操作，有效降低了 SK 系列变频器的使用难度。

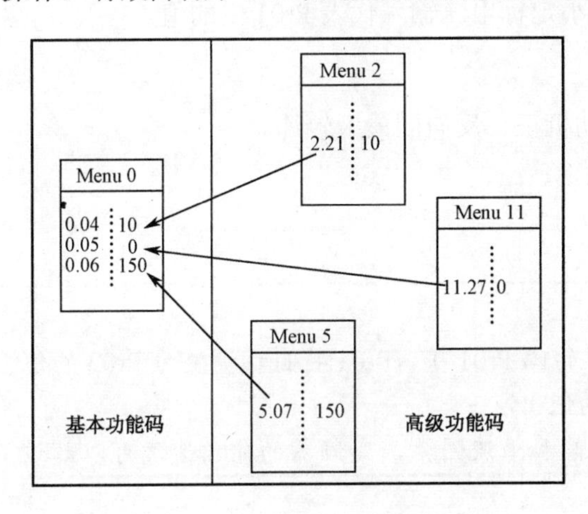

图 6-16　Menu0 的菜单组织形式

另外，Menu 0 还支持三级操作模式：第 1 级～第 3 级，由基本参数 Pr10 选择，如表 6-6 所示。

表 6-6　三级操作模式参数表

第 1 级	Pr01～Pr10：变频器基本设置参数
第 2 级	Pr11～Pr12：变频器运行设置参数
	Pr15～Pr21：频率参考给定参数
	Pr22～Pr29：显示/键盘配置
	Pr30～Pr33：系统配置

续表

第2级	Pr34～Pr36：变频器用户接口配置 Pr37～Pr42：电动机配置（非标准设置） Pr43～Pr44：串行通信配置 Pr45：变频器软件版本 Pr46～Pr51：机械制动配置 Pr52～Pr54：现场总线配置 Pr55～Pr58：变频器故障记录 Pr59～Pr60：PLC 阶梯图编程配置 Pr61～Pr70：用户定义参数编辑区域
第3级	Pr71～Pr80：用户定义参数选择参数 Pr81～Pr95：变频器诊断参数

由于篇幅所限，本书仅对第1级参数加以说明。

1）Pr01

功能：用于设置电动机正、反向的最小转速。

范围：0Hz～Pr02Hz。

默认值：0.0Hz。

注意：0V 参考或最小定标电流输入代表 Pr01 中的值。

2）Pr02

功能：用于设置电动机正、反向的最大转速。

范围：0～1500Hz。

默认值：EUR：50.0；

USA：60.0。

注意：

（1）如果 Pr02 设置的比 Pr01 小，Pr01 将自动调整为 Pr02 的值（+10V 参考或全刻度电流输入代表 Pr02 中的值）；

（2）考虑到滑差补偿和限流因素，变频器的输出速度可以超过 Pr02 中设置的值。

3）Pr03、Pr04

功能：设置电动机在两个方向上的加速率 Pr03 和减速率 Pr04（单位是 s/100Hz）；

范围：0～3200.0s/100Hz。

默认值：Pr03：5.0s；

Pr04：10s。

注意：如果选择了其中一个标准斜坡模式（见 Pr30），那么当负载惯量相对于设定减速率过大时，变频器会自动增大减速率，以防止出现过电压（OU）跳闸。

4）Pr05

功能：用于设置电动机运行频率。

范围：AI.AU、AU.Pr、AI.Pr、Pr、Pad、E.Pot、tor、Pid、HUAC。

默认值：AI.AU。

注意：

（1）设置 Pr05 就可以自动建立变频器频率给定及运行控制方式。

（2）在参数编辑模式下完成参数编辑后按“模式键”◎，Pr05 变更生效。编辑 Pr05 时变频器必须在禁用、停止或故障状态。变频器运行时不能改变 Pr05 值。

（3）对表 6-7 所有设置而言，故障继电器必须为正常状态。

表 6-7　变频器给定设置

配　置	说　明
AI.AU	电压和电流给定
AU.Pr	电压和 3 个预置速度给定
AI.Pr	电流和 3 个预置速度给定
Pr	4 个预置速度给定
Pad	键盘控制给定
E.Pot	电子自动电位计控制
tor	力矩控制给定
Pid	PID 控制
HUAC	风扇和水泵控制方式

使用：

（1）当 Pr05 设置为 AI.AU 时，如图 6-17 所示。端子 B7 断开和闭合控制状态如下：

端子 B7 断开：选择电压速度给定（A2）；

端子 B7 闭合：选择电流速度给定（A1）。

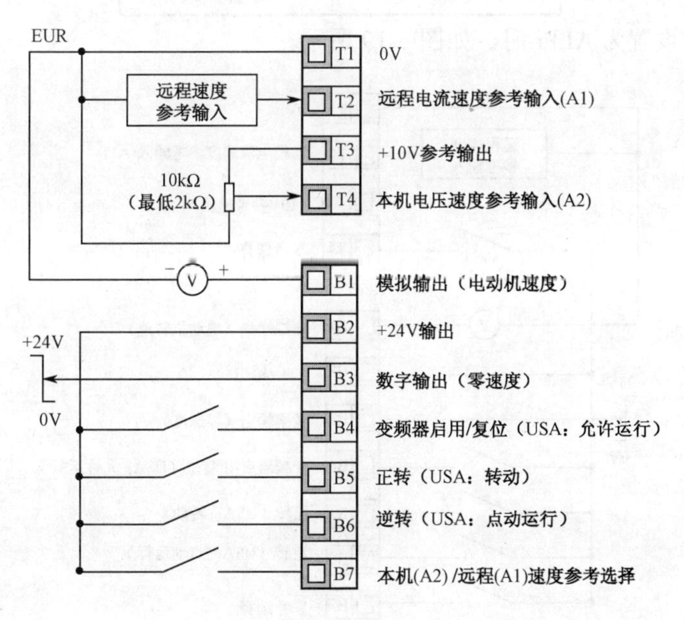

图 6-17　Pr05 = AI.AU

（2）当 Pr05 设置为 AU.Pr 时，如图 6-18 所示。

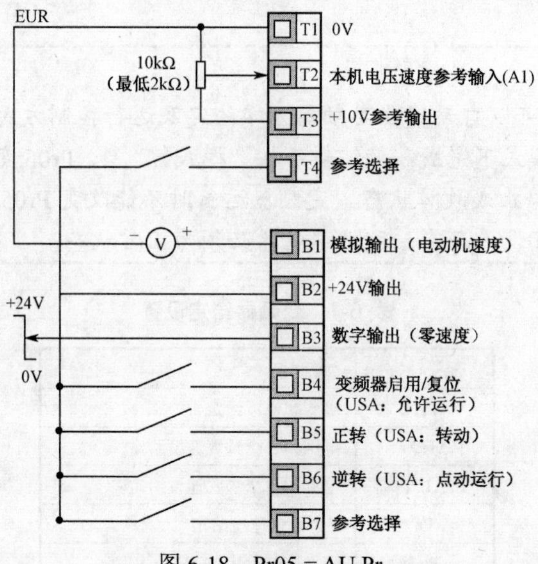

图 6-18 Pr05 = AU.Pr

端子 T4 和 B7 组合与频率给定选择如表 6-8 所示。

表 6-8 Pr05 为 AU.Pr 时 T4、B7 组合与频率给定选择的关系

T4	B7	频率给定选择
0	0	A1
0	1	预置频率 2
1	0	预置频率 3
1	1	预置频率 4

（3）当 Pr05 设置为 AI.Pr 时，如图 6-19 所示。

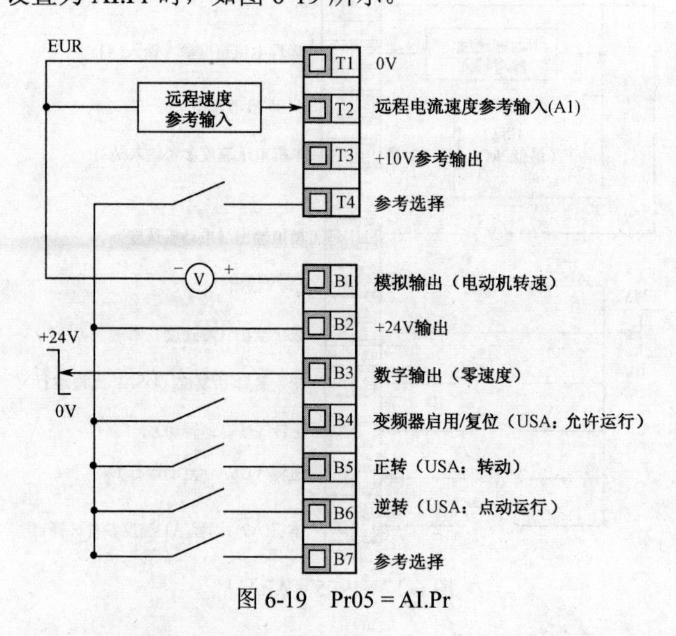

图 6-19 Pr05 = AI.Pr

端子 T4 和 B7 组合与频率给定选择如表 6-9 所示。

表 6-9　Pr05 为 AI.Pr 时 T4、B7 组合与频率给定选择的关系

T4	B7	频率给定选择
0	0	A1
0	1	预置频率 2
1	0	预置频率 3
1	1	预置频率 4

（4）当 Pr05 设置为 Pr 时，如图 6-20 所示。

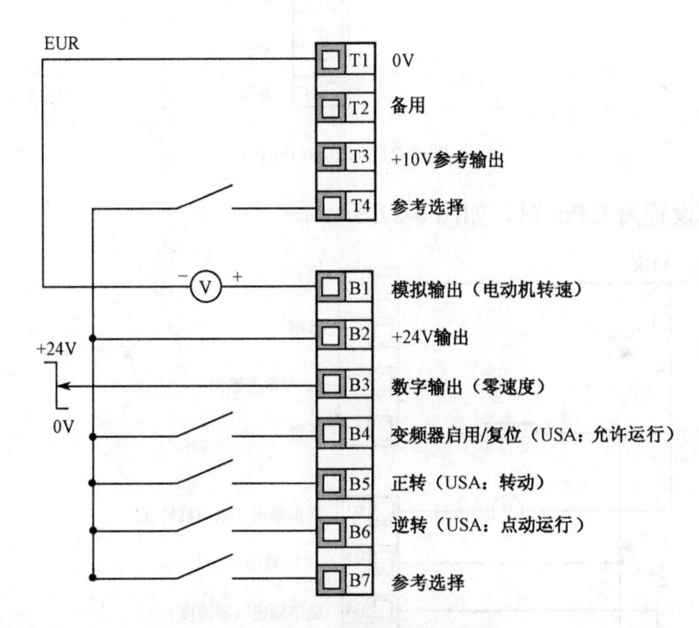

图 6-20　Pr05 = Pr

端子 T4 和 B7 组合与频率给定选择，如表 6-10 所示。

表 6-10　Pr05 为 Pr 时 T4、B7 组合与频率给定选择的关系

T4	B7	频率给定选择
0	0	预置频率 1
0	1	预置频率 2
1	0	预置频率 3
1	1	预置频率 4

（5）当 Pr05 设置为 Pad 时，可执行正转/反转切换，如图 6-21 所示。

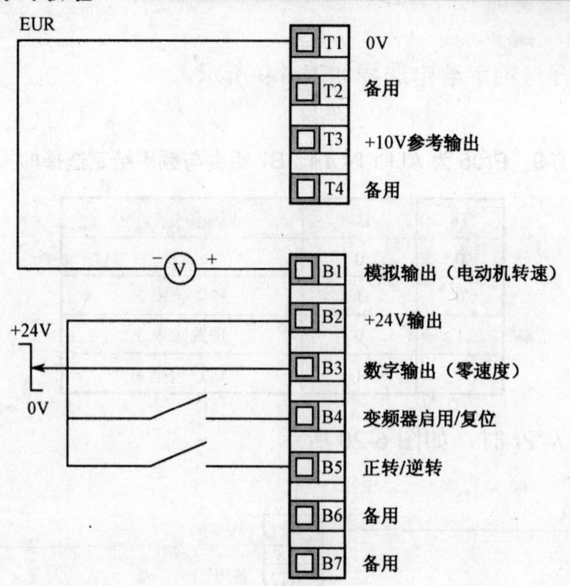

图 6-21　Pr05=Pad

（6）当 Pr05 设置为 E.Pot 时，如图 6-22 所示。

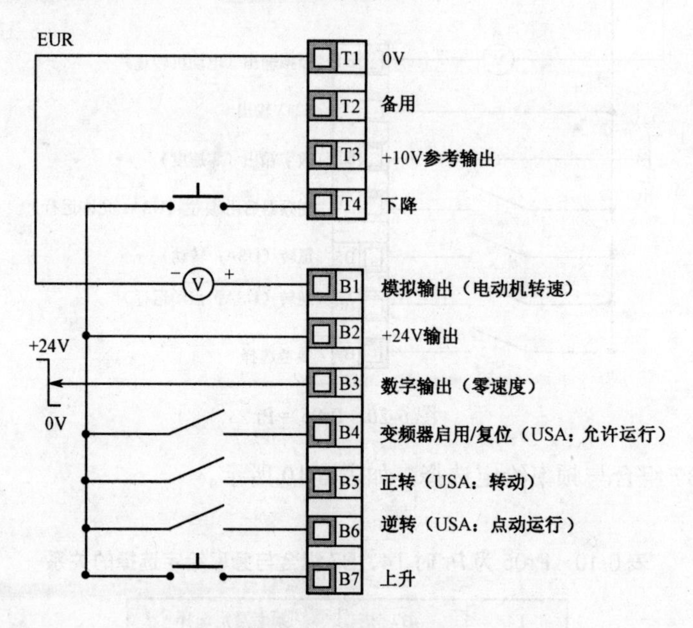

图 6-22　Pr05 = E.Pot

当 Pr05 设置为 E.Pot 时，可以设置以下参数。

Pr61：自动电位计上升/下降速率（s/100Hz）。

Pr62：自动电位计极性选择（0=单极，1=双极）。

Pr63：自动电位计模式：0=加电状态的零值；1=加电状态的最后一个值；2=加电状态的零值，仅可在变频器运行时更改；3=加电状态的最后一个值，仅可在变频器运行时更改。

（7）当 Pr05 设置为 tor 时，如图 6-23 所示。

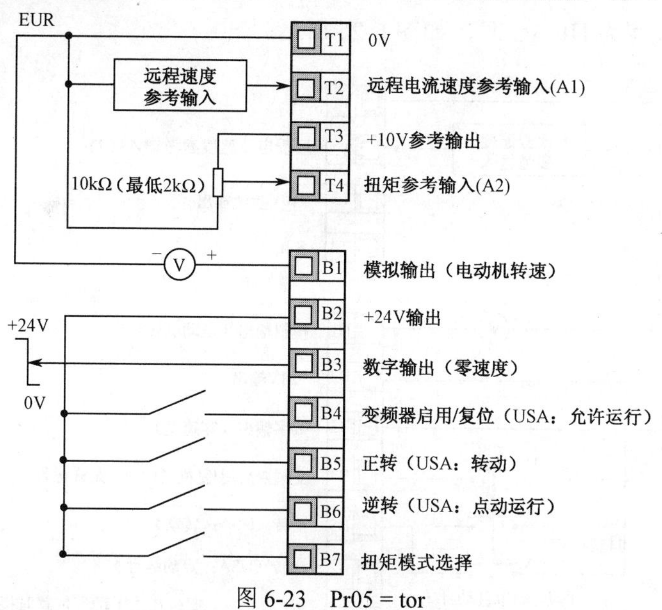

图 6-23　Pr05 = tor

（8）当 Pr05 设置为 Pid 时，如图 6-24 所示。

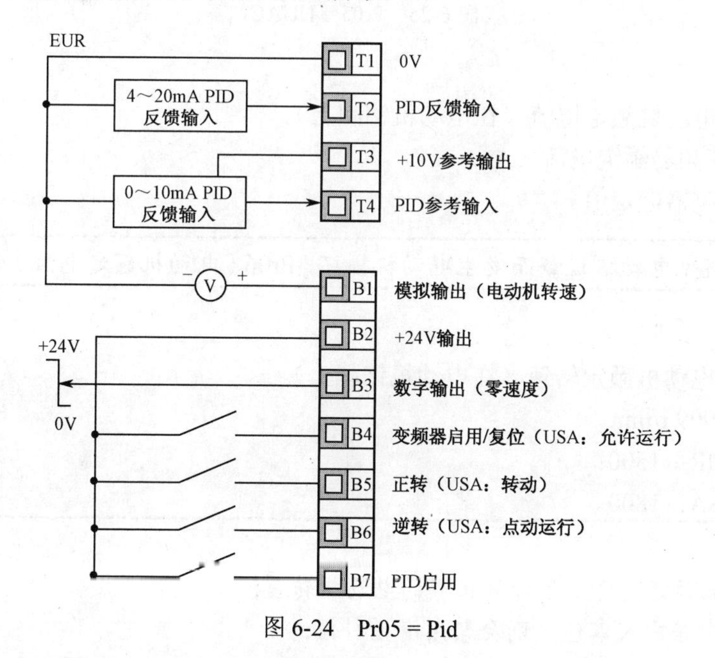

图 6-24　Pr05 = Pid

当 Pr05 设置为 Pid 时，可以设置以下参数。

Pr61：PID 比例增益。

Pr62：PID 积分增益。

Pr63：PID 反馈倒相。

Pr64：PID 上限（%）。

Pr65：PID 下限（%）。

Pr66：PID 输出（%）。

（9）当 Pr05 设置为 HUAC 时，如图 6-25 所示。

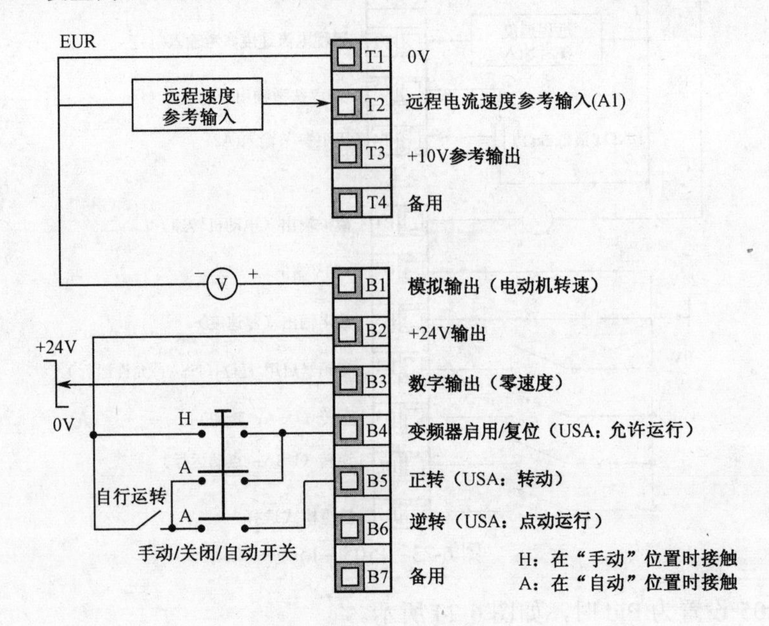

图 6-25　Pr05 = HUAC

5）Pr06

功能：输入电动机额定电流（在电动机铭牌上）。

范围：0～变频器额定电流（A）。

默认值：变频器额定值。

注意：为了避免电动机过载而发生电动机损坏，Pr06（电动机额定电流）必须设置正确。

6）Pr07

功能：输入电动机额定转速（在电动机铭牌上）。

范围：0～9999 r/min。

默认值：EUR：1500；

USA：1800。

注意：

（1）电动机额定速度用于计算正确的电动机转差；

（2）Pr07 中若输入零值，则会禁用滑差补偿；

（3）如果电动机转速超过 9999 r/min，请在 Pr07 中输入 0 值。这样就会禁用滑差补偿，因为这个参数中不能输入超过 9999 的值。

7）Pr08

功能：输入电动机额定电压（在电动机铭牌上）。

范围：0～240V（220V 变频器）/0～480V（380V 变频器）。

默认值：EUR：230/400；

USA：230/460。

注意：

（1）在电动机额定频率条件下，电动机上施加的就是这个电压；

（2）如果电动机不是 50Hz 或 60Hz 的标准型号，请按照 Pr39 的相关描述进行调整。

8）Pr09

功能：输入电动机额定功率因素 $\cos\phi$（在电动机铭牌上）。

范围：0～1.00。

默认值：0.85。

9）Pr10

功能：

L1：第 1 级访问，可以访问参数 Pr01～Pr10；

L2：第 2 级访问，可以访问参数 Pr01～Pr60；

L3：第 3 级访问，可以访问参数 Pr01～Pr95。

范围：L1、L2、L3、Loc。

默认值：L1。

相关知识

1. PWM 和 PAM 的不同点是什么？

PWM 是 Pulse Width Modulation（脉冲宽度调制）缩写，按一定规律改变脉冲列的脉冲宽度，以调节输出量和波形的一种调制方式。PAM 是 Pulse Amplitude Modulation（脉冲幅值调制）缩写，按一定规律改变脉冲列的脉冲幅度，以调节输出量值和波形的一种调制方式。

2. 电压型与电流型有什么不同？

变频器的主电路大体上可分为两类：电压型是将电压源的直流变换为交流的变频器，其直流回路的滤波是电容；电流型是将电流源的直流变换为交流的变频器，其直流回路滤波是电感。

3. V/f 模式是什么意思？

频率下降时电压 V 也成比例下降，这个问题已在下例中说明。V 与 f 的比例关系是考虑了电动机特性而预先决定的，通常在控制器的存储装置（ROM）中存有几种特性，可以用开关或标度盘进行选择。

4. 按比例修改 V 和 f 时，电动机的转矩如何变化？

频率下降时完全成比例地降低电压，那么由于交流阻抗变小而直流电阻不变，将造成在低速下产生的转矩有减小的倾向。因此，在低频时给定 V/f，要使输出电压提高一些，以便获得一定的启动转矩,这种补偿称动增强启动。可以采用各种方法实现，有自动进行、选择 V/f 模式或调整电位器等方法。

5. 请说明变频器的保护功能？

保护功能可分为以下两类：

（1）检测异常状态后自动地进行修正动作，如过电流失速防止、再生过电压失速防止；

（2）检测异常后封锁电力半导体器件 PWM 控制信号，使电动机自动停车。如过电流切断、再生过电压切断、半导体冷却风扇过热和瞬时停电保护等。

附录A　MC100系列PLC指令功能说明

梯形图	指令	指令功能说明
基本指令		
LD	LD	常开触点指令
LDI	LDI	常闭触点指令
AND	AND	常开触点与指令
ANI	ANI	常闭触点与指令
OR	OR	常开触点或指令
ORI	ORI	常闭触点或指令
OUT	OUT	线圈输出指令
SET (D)]	SET	线圈置位指令
[RST (D)]	RST	线圈清除指令
ANB 能流块1 能流块2	ANB	能流块与指令
能流块1 ORB 能流块2	ORB	能流块或指令
INV	INV	能流取反指令
[NOP]	NOP	空操作指令

续表

梯 形 图	指 令	指令功能说明
基本指令		
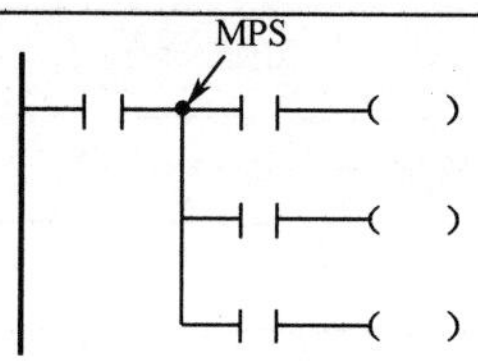 MPS	MPS	输出能流入栈指令
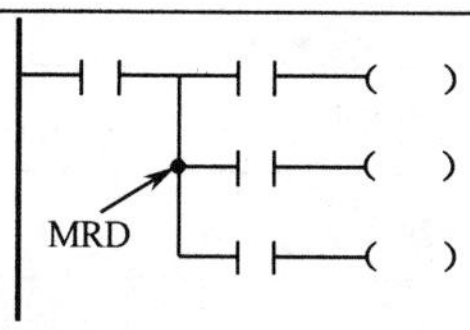 MRD	MRD	读输出能流栈顶值指令
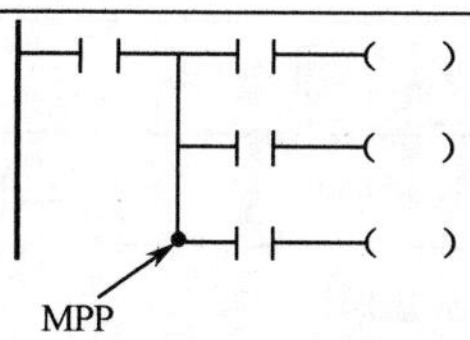 MPP	MPP	输出能流栈出栈指令
[MC (S)]	MC	主控指令
[MCR (S)]	MCR	主控清除指令
EU ( )	EU	上升沿检测指令
ED ( )	ED	下降沿检测指令
[TON (D) (S)]	TON	接通延时计时指令
[TONR (D) (S)]	TOF	断开延时计时指令
[TOF (D) (S)]	TMON	不重触发单稳计时指令
[TMON (D) (S)]	TONR	记忆型接通延时计时指令
[CTU (D) (S)]	CTU	16位增计数器指令
[CTR (D) (S)]	CTR	16位循环计数指令
[DCNT (D) (S)]	DCNT	32位增减计数指令
程序流控制指令		
[LBL (S)]	LBL	跳转标号定义指令
[CJ (S)]	CJ	条件跳转指令
CALL（子程序名）（参数1）（参数2）…]	CALL	用户子程序调用
[CSRET]	CSRET	用户子程序条件返回
[CFEND]	CFEND	用户主程序条件结束
[CIREF]	CIRET	用户中断子程序条件返回

续表

梯形图	指令	指令功能说明
程序流控制指令		
[FOR (S)]	FOR	循环指令
[NEXT]	NEXT	循环返回
[WDT]	WDT	用户程序看门狗清零
[STOP]	STOP	用户程序停止
[EI]	EI	中断使能指令
[DI]	DI	中断禁止指令
顺序功能指令		
<S>	STL	SFC 状态装载指令
<S> [SET (D)]	SET Sxx	SFC 状态转移
<S> ( )	OUT Sxx	SFC 状态跳转
< > [RET (D)]	RST Sxx	SFC 状态清除
[RET]	RET	SFC 程序结束
数据传输指令		
[MOV (S) (D)]	MOV	字数据传输指令
[DMOV (S) (D)]	DMOV	双字数据传输指令
[RMOV (S) (D)]	RMOV	浮点数数据传输指令
[BMOV (S1) (D) (S2)]	BMOV	块数据传输指令
[SWAP (D)]	SWAP	高低字节交换指令
数据流指令		
[XCH (D1) (D2)]	XCH	字交换指令
[DXCH (D1) (D2)]	DXCH	双字交换指令
[FMOV (S1) (D) (S2)]	FMOV	数据块填充指令
[DFMOV (S1) (D) (S2)]	DFMOV	数据块双字填充指令
[WSFR (S1) (D) (S2) (S3)]	WSFR	字串右移动指令
[WSFL (S1) (D) (S2) (S3)]	WSFL	字串左移动指令
[PUSH (S1) (D) (S2)]	PUSH	数据入栈指令
[FIFO (D1) (D2) (S)]	FIFO	先入先出指令
[LIFO (D1) (D2) (S)]	LIFO	后入先出指令
整数/长整数算数运算指令		
[ADD (S1) (S2) (D)]	ADD	整数加法指令
[DADD (S1) (S2) (D)]	DADD	长整数加法指令

续表

梯 形 图	指 令	指令功能说明
整数/长整数算数运算指令		
├─┤ ├─[SUB (S1) (S2) (D)]	SUB	整数减法指令
├─┤ ├─[DSUB (S1) (S2) (D)]	DSUB	长整数减法指令
├─┤ ├─[INC (D)]	INC	整数增1指令
├─┤ ├─[DINC (D)]	DINC	长整数增1指令
├─┤ ├─[DEC (D)]	DEC	整数减1指令
├─┤ ├─[DDEC (D)]	DDEC	长整数减1指令
├─┤ ├─[MUL (S1) (S2) (D)]	MUL	整数乘法指令
├─┤ ├─[DMUL (S1) (S2) (D)]	DMUL	长整数乘法指令
├─┤ ├─[DIV (S1) (S2) (D)]	DIV	整数除法指令
├─┤ ├─[DDIV (S1) (S2) (D)]	DDIV	长整数除法指令
├─┤ ├─[VABS (S) (D)]	VABS	整数绝对值指令
├─┤ ├─[DVABS (S) (D)]	DVABS	长整数绝对值指令
├─┤ ├─[NEG (S) (D)]	NEG	整数取负指令
├─┤ ├─[DNEG (S) (D)]	DNEG	长整数取负指令
├─┤ ├─[SQT (S) (D)]	SQT	整数算术平方根指令
├─┤ ├─[DSQT (S) (D)]	DSQT	长整数算术平方根指令
├─┤ ├─[SUM (S1) (S2) (D)]	SUM	整数累加指令
├─┤ ├─[DSUM (S1) (S2) (D)]	DSUM	长整数累加指令
浮点算数运算指令		
├─┤ ├─[RADD (S1) (S2) (D)]	RADD	浮点数加法指令
├─┤ ├─[RSUB (S1) (S2) (D)]	RSUB	浮点数减法指令
├─┤ ├─[RMUL (S1) (S2) (D)]	RMUL	浮点数乘法指令
├─┤ ├─[RDIV (S1) (S2) (D)]	RDIV	浮点数除法指令
├─┤ ├─[RVABS (S) (D)]	RVABS	浮点数绝对值指令
├─┤ ├─[RVEG (S) (D)]	RNEG	浮点数取负指令
├─┤ ├─[RSQT (S) (D)]	RSQT	浮点数算术平方根指令
├─┤ ├─[SIN (S) (D)]	SIN	浮点数SIN指令
├─┤ ├─[COS (S) (D)]	COS	浮点数COS指令
├─┤ ├─[TAN (S) (D)]	TAN	浮点数TAN指令
├─┤ ├─[LN (S) (D)]	LN	浮点数自然对数指令LN
├─┤ ├─[EXP (S) (D)]	EXP	浮点自然数幂指令EXP
├─┤ ├─[POWER (S1) (S2) (D)]	POWER	浮点数求幂指令
├─┤ ├─[RSUM (S1) (S2) (D)]	RSUM	浮点数累加指令

续表

梯 形 图	指 令	指令功能说明
字/双字逻辑运算指令		
┤├─┤├─[WAND (S1) (S2) (D)]	WAND	字与指令
┤├─┤├─[DWAND (S1) (S2) (D)]	DWAND	双字与指令
┤├─┤├─[WOR (S1) (S2) (D)]	WOR	字或指令
┤├─┤├─[DWOR (S1) (S2) (D)]	DWOR	双字或指令
┤├─┤├─[WXOR (S1) (S2) (D)]	WXOR	字异或指令
┤├─┤├─[DWXOR (S1) (S2) (D)]	DWXOR	双字异或指令
┤├─┤├─[WINV (S) (D)]	WINV	字取非指令
┤├─┤├─[DWINV (S) (D)]	DWINV	双字取非指令
位移动旋转指令		
┤├─┤├─[ROR (S1) (D) (S2)]	ROR	16 位循环右移指令
┤├─┤├─[DROR (S1) (D) (S2)]	DROR	32 位循环右移指令
┤├─┤├─[ROL (S1) (D) (S2)]	ROL	16 位循环左移指令
┤├─┤├─[DROL (S1) (D) (S2)]	DROL	32 位循环左移指令
┤├─┤├─[RCR (S1) (D) (S2)]	RCR	16 位带进位循环右移指令
┤├─┤├─[DRCR (S1) (D) (S2)]	DRCR	32 位带进位循环右移指令
┤├─┤├─[RCL (S1) (D) (S2)]	RCL	16 位带进位循环左移指令
┤├─┤├─[DRCL (S1) (D) (S2)]	DRCL	32 位带进位循环左移指令
┤├─┤├─[SHR (S1) (D) (S2)]	SHR	16 位右移指令
┤├─┤├─[DSHR (S1) (D) (S2)]	DSHR	32 位右移指令
┤├─┤├─[SHL (S1) (D) (S2)]	SHL	16 位左移指令
┤├─┤├─[DSHL (S1) (D) (S2)]	DSHL	32 位左移指令
┤├─┤├─[SFTL (S1) (D) (S2) (S3)]	SFTL	位串左移指令
┤├─┤├─[SFTR (S1) (D) (S2) (S3)]	SFTR	位串右移指令
控制计算指令		
┤├─┤├─[PID (S1) (S2) (S3) (D)]	PID	PID 功能指令
┤├─┤├─[RAMP (S1) (S2) (D1) (S3) (D2)]	RAMP	斜坡信号输出指令
┤├─┤├─[TRIANGLE (S1) (S2) (D1) (S3) (D2)]	TRIANGLE	三角波信号输出指令
┤├─┤├─[HACKLE (S1) (S2) (D1) (S3) (D2)]	HACKLE	锯齿波信号输出指令
增强行位处理指令		
┤├─┤├─[DECO (S) (D)]	DECO	解码指令
┤├─┤├─[ENCO (S) (D)]	ENCO	编码指令
┤├─┤├─[BITS (S) (D)]	BITS	字中 ON 位统计指令
┤├─┤├─[DBITS (S) (D)]	DBITS	双字中 ON 位统计指令

续表

梯 形 图	指 令	指令功能说明
增强行位处理指令		
├─┤ ├─[ZRST (D) (S)]	ZRST	批量位清零指令
├─┤ ├─[ZSET (D) (S)]	ZSET	批量位置位指令
高速I/O指令		
├─┤ ├─[HCNT (D) (S)]	HCNT	高速计数器驱动指令
├─┤ ├─[DHSCS (S1) (S2) (D)]	DHSCS	高速计数比较置位指令
├─┤ ├─[DHSCR (S1) (S2) (D)]	DHSCR	高速计数比较复位指令
├─┤ ├─[DHSCI (S1) (S2) (S3)]	DHSCI	高速计数比较中断触发指令
├─┤ ├─[DHSZ (S1) (S2) (S3) (D)]	DHSZ	高速计数区间比较指令
├─┤ ├─[DHST (S1) (S2) (S3)]	DHST	高速计数表格比较指令
├─┤ ├─[DHSP (S1) (S2) (S3)]	DHSP	高速计数表格比较脉冲输出指令
├─┤ ├─[SPD (S1) (S2) (D)]	SPD	SPD测频指令
├─┤ ├─[PLSY (S1) (S2) (D)]	PLSY	计数脉冲输出指令
├─┤ ├─[PLSR (S1) (S2) (S3) (D)]	PLSR	带加减速的计数脉冲输出指令
├─┤ ├─[PWM (S1) (S2) (D)]	PWM	PWM脉冲输出指令
├─┤ ├─[PLS (S1) (S2) (D1)]	PLS	包络线指令
外设指令		
├─┤ ├─[FROM (S1) (S2) (D) (S3)]	FROM	特殊模块缓冲寄存器字读指令
├─┤ ├─[DFROM (S1) (S2) (D) (S3)]	DFROM	特殊模块缓冲寄存器双字读指令
├─┤ ├─[TO (S1) (S2) (S3) (S4)]	TO	特殊模块缓冲寄存器字写指令
├─┤ ├─[DTO (S1) (S2) (S3) (S4)]	DTO	特殊模块缓冲寄存器双字写指令
├─┤ ├─[VRRD (S) (D)]	VRRD	读模拟电位器值指令
├─┤ ├─[REFF (S)]	REFF	设置输入滤波常数指令
├─┤ ├─[REF (D) (S)]	REF	I/O立即刷新指令
├─┤ ├─[EROMWR (S1) (S2)]	EROMWR	EEPROM写指令
定位指令		
├─┤ ├─[ABS (S) (D1) (D2)]	ABS	当前值读取指令
├─┤ ├─[ZRN (S1) (S2) (S3) (D)]	ZRN	原点回归指令
├─┤ ├─[PLSV (S) (D1) (D2)]	PLSV	可变速脉冲输出指令
├─┤ ├─[DRVI (S1) (S2) (D1) (D2)]	DRVI	相对位置控制指令
├─┤ ├─[DRVA (S1) (S2) (D1) (D2)]	DRVA	绝对位置控制指令
校验指令		
├─┤ ├─[CCITT (S1) (S2) (D)]	CCITT	CCITT校验指令
├─┤ ├─[CRC16 (S1) (S2) (D)]	CRC16	CRC16校验指令
├─┤ ├─[LRC (S1) (S2) (D)]	LRC	LRC校验指令

续表

梯 形 图	指 令	指令功能说明
实时时钟		
[TRD (D)]	TRD	实时时钟读指令
[TWR (S)]	TWR	实时时钟写指令
[TADD (S1) (S2) (D)]	TADD	时钟加指令
[TSUB (S1) (S2) (D)]	TSUB	时钟减指令
[HOUR (S) (D1) (D2)]	HOUR	计时表指令
字触点指令		
BLD (S1) (S2) ( )	BLD	字位触点 LD 指令
BLDI (S1) (S2) ( )	BLDI	字位触点 LDI 指令
BAND (S1) (S2) ( )	BAND	字位触点 AND 指令
BANI (S1) (S2) ( )	BANI	字位触点 ANI 指令
( ) BOR (S1) (S2)	BOR	字位触点 OR 指令
( ) BORI (S1 (S2)	BORI	字位触点 ORI 指令
[BSET (D) S)]	BSET	字位线圈置位指令
[BRST (D) S)]	BRST	字位线圈清除指令
[BOUT (D) S)]	BOUT	字位线圈输出指令
日期比较指令		
[DCMP= (S1) (S2) (D)]	DCMP=	日期相等比较指令
[DCMP> (S1) (S2) (D)]	DCMP>	日期大于比较指令
[DCMP< (S1) (S2) (D)]	DCMP<	日期小于比较指令
[DCMP>= (S1) (S2) (D)]	DCMP>=	日期大于等于比较指令
[DCMP<= (S1) (S2) (D)]	DCMP<=	日期大于等于比较指令
[DCMP<> (S1) (S2) (D)]	DCMP<>	日期不等于比较指令
时间比较指令		
[TCMP= (S1) (S2) (D)]	TCMP=	时间相等比较指令
[TCMP> (S1) (S2) (D)]	TCMP>	时间大于比较指令
[TCMP< (S1) (S2) (D)]	TCMP<	时间小于比较指令
[TCMP>= (S1) (S2) (D)]	TCMP>=	时间大于等于比较指令
[TCMP<= (S1) (S2) (D)]	TCMP<=	时间大于等于比较指令
[TCMP<> (S1) (S2) (D)]	TCMP<>	时间不等于比较指令
通信指令		
[MODUBS (S1) (S2) (S3)]	MODBUS	MODBUS 主站通讯指令

续表

梯形图	指令	指令功能说明
	通信指令	
XMT (S1) (S2) (S3)	XMT	自由口发送（XMT）指令
RCV (S1) (D) (S2)	RCV	自由口接收（RCV）指令
EVFWD (S1) (S2)	EVFWD	变频器正转指令
EVREV (S1) (S2)	EVREV	变频器反转指令
EVDFWD (S1) (S2)	EVDFWD	变频器点动正转指令
EVDREV (S1) (S2)	EVDREV	变频器点动反转指令
EVSTOP (S1) (S2) (S3)	EVSTOP	变频器停止指令
EVFRQ (S1) (S2) (S3)	EVFRQ	设置变频器频率指令
EVWRT (S1) (S2) (S3) (S4)	EVWRT	写单个寄存器值指令
EVRDST (S1) (S2) (S3) (D1)	EVRDST	读取变频器状态指令
EVRD (S1) (S2) (S3) (D1)	EVRD	读取变频器单个寄存器值指令
	比较触点指令	
= (S1) (S2)	LD=	整数比较 LD=指令
D= (S1) (S2)	LDD=	长整数比较 LD=指令
R= (S1) (S2)	LDR=	浮点数比较 LD=指令
> (S1) (S2)	LD>	整数比较 LD=指令
D> (S1) (S2)	LDD>	长整数比较 LD>指令
R> (S1) (S2)	LDR>	浮点数比较 LD>指令
>= (S1) (S2)	LD>=	整数比较 LD>=指令
D>= (S1) (S2)	LDD>=	长整数比较 LD>=指令
R>= (S1) (S2)	LDR>=	浮点数比较 LD>=指令
< (S1) (S2)	LD<	整数比较 LD<指令
D< (S1) (S2)	LDD<	长整数比较 LD<指令
R< (S1) (S2)	LDR<	浮点数比较 LD<指令
<= (S1) (S2)	LD<=	整数比较 LD<=指令
D<= (S1) (S2)	LDD<=	长整数比较 LD<=指令
R<= (S1) (S2)	LDR<=	浮点数比较 LD<=指令
<> (S1) (S2)	LD<>	整数比较 LD<>指令
D<> (S1) (S2)	LDD<>	长整数比较 LD<>指令
R<> (S1) (S2)	LDR<>	浮点数比较 LD<>指令

续表

梯形图	指令	指令功能说明
比较触点指令		
= (S1) (S2)	AND=	整数比较 AND=指令
D= (S1) (S2)	ANDD=	长整数比较 AND=指令
R= (S1) (S2)	ANDR=	浮点数比较 AND=指令
> (S1) (S2)	AND>	整数比较 AND>指令
D> (S1) (S2)	ANDD>	长整数比较 AND>指令
R> (S1) (S2)	ANDR>	浮点数比较 AND>指令
>= (S1) (S2)	AND>=	整数比较 AND>=指令
D>= (S1) (S2)	ANDD>=	长整数比较 AND>=指令
R>= (S1) (S2)	ANDR>=	浮点数比较 AND>=指令
< (S1) (S2)	AND<	整数比较 AND<指令
D< (S1) (S2)	ANDD<	长整数比较 AND<指令
R< (S1) (S2)	ANDR<	浮点数比较 AND>指令
<= (S1) (S2)	AND<=	整数比较 AND<=指令
D<= (S1) (S2)	ANDD<=	长整数比较 AND<=指令
R<= (S1) (S2)	ANDR<=	浮点数比较 AND<=指令
<> (S1) (S2)	AND<>	整数比较 AND<>指令
D<> (S1) (S2)	ANDD<>	长整数比较 AND<>指令
R<> (S1) (S2)	ANDR<>	浮点数比较 AND<>指令
= (S1) (S2)	OR=	整数比较 OR=指令
D= (S1) (S2)	ORD=	长整数比较 OR=指令
R= (S1) (S2)	ORR=	浮点数比较 OR=指令
> (S1) (S2)	OR>	整数比较 OR>指令
D> (S1) (S2)	ORD>	长整数比较 OR>指令
R> (S1) (S2)	ORR>	浮点数比较 OR>指令
>= (S1) (S2)	OR>=	整数比较 OR>=指令
D>= (S1) (S2)	ORD>=	长整数比较 OR>=指令
R>= (S1) (S2)	ORR>=	浮点数比较 OR>=指令

续表

梯　形　图	指　　令	指令功能说明
比较触点指令		
< (S1) (S2)	OR<	整数比较 OR<指令
D< (S1) (S2)	ORD<	长整数比较 OR<指令
R< (S1) (S2)	ORR<	浮点数比较 OR>指令
<= (S1) (S2)	OR<=	整数比较 OR<=指令
D<= (S1) (S2)	ORD<=	长整数比较 OR<=指令
R<= (S1) (S2)	ORR<=	浮点数比较 OR<=指令
<> (S1) (S2)	OR<>	整数比较 OR<>指令
D<> (S1) (S2)	ORD<>	长整数比较 OR<>指令
R<> (S1) (S2)	ORR<>	浮点数比较 OR<>指令
数值转换指令		
[ITD (S) (D)]	ITD	整数转换长整数指令
[DTI (S) (D)]	DTI	长整数转换整数指令
[FLT (S) (D)]	FLT	整数转换浮点数指令
[DFLT (S) (D)]	DFLT	长整数转换浮点数指令
[INT (S) (D)]	INT	浮点数转换整数指令
[DINT (S) (D)]	DINT	浮点数转换长整数指令
[BCD (S) (D)]	BCD	字转换 16 位 BCD 码指令
[DBCD (S) (D)]	DBCD	双字转换 32 位 BCD 码指令
[BIN (S) (D)]	BIN	16 位 BCD 码转换字指令
[DBIN (S) (D)]	DBIN	32 位 BCD 码转换双字指令
[GRY (S) (D)]	GRY	字转换为 16 位格雷码指令
[DGRY (S) (D)]	DGRY	双字转换 32 位格雷码指令
[GBIN (S) (D)]	GBIN	16 位格雷码转换字指令
[DGBIN (S) (D)]	DGBIN	32 位格雷码转换双字指令
[SEG (S) (D)]	SEG	字转换七段码
ASC (S1~S8) (D)]	ASC	ASCII 码转换指令
ITA (S1) (D) (S2)]	ITA	16 位十六进制数转换 ASCII 码指令
ATI (S1) (D) (S2)]	ATI	ASCII 码数转换 16 位十六进制指令

参考文献

[1] 阮友德．电气控制与PLC实训教程．北京：人民邮电出版社，2006.

[2] 王兆义．小型可编程控制器实用技术．北京：机械工业出版社，2004.

[3] 张万忠．可编程控制器应用技术．北京：化工出版社，2003.

[4] 巫莉，黄江峰．电气控制与PLC应用．北京：中国电力出版社，2008.

[5] 大滨庄司．电气控制线路读图与识图．宋巧苓，译．北京：科学出版社，2005.

[6] 钟肇新，范建东．可编程控制器原理与应用．广州：华南理工大学出版社.

[7] 廖常初．PLC基础与应用．北京：机械工业出版社.

[8] 李俊秀，赵黎明．可编程控制器应用技术实训指导．北京：化学工业出版社.

[9] 张桂香．电气控制与PLC应用．北京：化学工业出版社，2003.

[10] 史国生．电气控制与可编程控制器技术．北京：化学工业出版社，2004.

[11] SWOD5C-FXTRN-BEG-C PLC培训软件.

[12] MC系列小型可编程控制器编程手册．深圳：深圳麦格米特电气技术有限公司，2007.

[13] SK系列变频器用户手册．深圳：艾默生工业自动化，2007.

读者意见反馈表

书名：可编程控制器实训项目式教程　　主编：张胜宇　　首席策划：陈健德

谢谢您关注本书！烦请填写该表。您的意见对我们出版优秀教材、服务教学，十分重要。如果您认为本书有助于您的教学工作，请您认真地填写表格并寄回。**我们将定期给您发送我社相关教材的出版资讯或目录，或者寄送相关样书。**

个人资料

姓名＿＿＿＿　年龄＿＿　联系电话＿＿＿＿＿＿＿＿（办）＿＿＿＿＿＿＿＿（手机）

学校＿＿＿＿＿＿＿＿＿＿＿＿专业＿＿＿＿职称/职务＿＿＿＿＿＿＿＿

通信地址＿＿＿＿＿＿＿＿＿＿　邮编＿＿＿＿＿　E-mail＿＿＿＿＿＿＿＿＿＿＿

您校开设课程的情况为：

本校是否开设相关专业的课程　□是，课程名称为＿＿＿＿＿＿＿＿＿＿＿＿＿＿　□否

您所讲授的课程是＿＿＿＿＿＿＿＿＿＿＿＿＿＿＿＿＿＿＿＿课时＿＿＿＿＿＿＿＿

所用教材＿＿＿＿＿＿＿＿＿＿＿＿＿＿＿＿出版单位＿＿＿＿＿＿＿＿＿使用册数＿＿＿

本书可否会作为您校的教材？

□是，会用于＿＿＿＿＿＿＿＿＿＿＿＿＿＿课程教学　□否

影响您选定教材的因素（可复选）：

□内容　□作者　□封面设计　□教材页码　□价格　□出版社

□是否获奖　□上级要求　□广告　□其他＿＿＿＿＿＿＿＿＿＿＿＿＿＿＿＿

您对本书质量满意的方面有（可复选）：

□内容　□封面设计　□价格　□版式设计　□其他＿＿＿＿＿＿＿＿＿

您希望本书在哪些方面加以改进？

□内容　□篇幅结构　□封面设计　□增加配套教材　□价格

可详细填写：＿＿＿＿＿＿＿＿＿＿＿＿＿＿＿＿＿＿＿＿＿＿＿＿＿＿＿＿＿＿＿＿＿

＿＿＿＿＿＿＿＿＿＿＿＿＿＿＿＿＿＿＿＿＿＿＿＿＿＿＿＿＿＿＿＿＿＿＿＿＿＿＿

您还希望得到哪些专业方向教材的出版信息？

＿＿＿＿＿＿＿＿＿＿＿＿＿＿＿＿＿＿＿＿＿＿＿＿＿＿＿＿＿＿＿＿＿＿＿＿＿＿＿

谢谢您的配合，请将该反馈表寄至以下地址。如果需要了解更详细的信息或有著作计划，请与我们直接联系。

通信地址：北京市万寿路173信箱　电子工业出版社　职业教育分社　**邮编：**100036

http://www.hxedu.com.cn　E-mail:chenjd@phei.com.cn　**电话：**010-88254585

反侵权盗版声明